工程建设项目过程安全实施指南

Guidelines for Integrating Process Safety into Engineering Projects

〔美〕Center for Chemical Process Safety 编著
张晓华 王昭华 刘 亭 等译
王廷春 万古军 校
牟善军 审

中国石化出版社

内 容 提 要

本书为美国化学工程师协会化工过程安全中心(CCPS)出版的过程安全指南与概念系列丛书之一，详细介绍了建设项目前期、详细设计、施工、试车与开车、退役各阶段影响建设项目全生命周期的安全环保因素，并从组织、管理流程、管理技术等方面阐述先进的建设项目管理策略和方法，特别是详细介绍了各阶段需要考虑的关键过程安全因素、建议采用的项目风险研究和风险评估方法以及审查内容。

本书介绍了国际上建设项目过程安全管理先进的做法，是一部我国炼油与化工企业和其他工业企业的投资人和项目管理人员、工程设计单位、施工单位乃至生产人员很好的学习和参考资料，同时本书也可为我国建设项目相关的立法人员提供参考。

著作权合同登记　图字：01-2020-0815 号

Guidelines for Integrating Process Safety into Engineering Projects
By Center for Chemical Process Safety(CCPS),ISBN:978-1-118-79507-1

图书在版编目(CIP)数据

工程建设项目过程安全实施指南 / 美国化工过程安全中心编著;张晓华,王昭华,刘亭等译 .—北京:中国石化出版社, 2020.9(2022.4 重印)
书名原文: Guidelines for Integrating Process Safety into Engineering Projects
ISBN 978-7-5114-5910-7

Ⅰ. ①工… Ⅱ. ①美… ②张… ③王… ④刘… Ⅲ. ①基本建设项目-工程项目管理-安全管理-指南 Ⅳ. ①F284-62

中国版本图书馆 CIP 数据核字(2020)第 145506 号

中国石化出版社出版发行
地址:北京市东城区安定门外大街 58 号
邮编:100011　电话:(010)57512500
发行部电话:(010)57512575
http://www. sinopec-press. com
E-mail:press@ sinopec. com
北京富泰印刷有限责任公司印刷

*

787×1092 毫米 16 开本 17. 25 印张 392 千字
2020 年 9 月第 1 版　2022 年 4 月第 2 次印刷
定价:118. 00 元

译者的话

我国21世纪初以来，通过发布《建设工程安全生产管理条例》《石油化工企业设计防火规范》等多个法规、标准，进一步规范了建设项目的设计、建设和竣工验收管理，政府或第三方安全与环保评价专业机构对各个阶段进行关口审查，目的是保证建设项目的本质安全和环保。然而我国法规标准的要求是保证安全环保的最低要求，建设项目管理者只有尽早地引入本质安全设计策略，使用科学的风险评估和过程控制等管理和技术方法，才能使装置设施在全生命周期中做到持久的成功，包括风险最低、效益最优。

鉴于此，中国石油化工股份有限公司青岛安全工程研究院与我国应急管理部化学品登记中心组织从事HSSE管理相关工作的人员，对CCPS于2019年出版的《Guidelines for Integrating Process Safety into Engineering Projects》一书进行了翻译，其中万古军、厉建祥、姜莉文负责第1章~第4章的翻译，崔靖文、张国之、王浩负责第5章、第6章、第10章的翻译，王昭华、张晓华负责第7章、第8章的翻译，刘亭、郭晓燕负责第9章、第11章的翻译，张晓华和王昭华对全书进行了统稿，王廷春、万古军对全书进行了校核，牟善军对全书进行了审阅。

该书系统地介绍了建设项目可行性研究、概念设计、详细设计、施工、试车、竣工验收、退役等阶段为确保项目全生命周期过程安全和安全健康环保的管理方法，以及各阶段应该考虑的关键因素。本书阐述了建设项目管理中涉及的术语和定义，以事故案例说明项目各阶段中影响建设项目全生命周期的安全环保因素，并从组织、管理流程、管理技术等方面阐述先进的建设项目管理策略和管理方法。特别是各阶段建议采用的项目研究和风险评估方法对提升我国建设项目的本质安全环保具有重要意义。

该书所介绍的国际上建设项目过程安全管理先进的做法，为我国炼油与化工企业和其他工业企业的投资人和项目管理人员、工程设计单位、施工单位乃至生产人员提供了很好的学习和参考资料，也为我国建设项目相关的立法人员提供了参考。

我们衷心希望本书能够为大家带来一些启发，为提高国内工业的本质安全环保贡献一点力量。

本书为美国化学工程师协会化工过程安全中心(CCPS)出版的过程安全指南与概念系列丛书之一。欢迎访问 www. wiley. com/go/ccps 获取该系列丛书完整书单。

衷心希望本书能推动工业过程安全水平显著提升。美国化学工程师协会(AIChE)、协会顾问，化工过程安全中心(CCPS)技术指导委员会和附属委员会成员、成员所在单位、所在单位工作人员及负责人，以及贝克风险管理公司®（BakerRisk®）及其雇员，均不以明示或者暗示的方式对本书内容的正确性或准确性做出保证或声明。在(1)美国化学工程师协会、协会顾问，化工过程安全中心技术指导委员会和附属委员会成员、成员所在单位、所在单位工作人员及负责人，以及贝克风险管理公司®（BakerRisk®）及其员工，与(2)本书用户之间，任何因用户对本书的使用或不当使用所导致的任何法律责任均由(2)本书用户自行承担。

目　　录

插图清单

表格清单

缩 略 语

ACC ——American Chemistry Council 美国化学委员会
AIA ——American Insurance Association 美国保险协会
AIChE ——American Institute of Chemical Engineers 美国化学工程师协会
AIHA ——American Industrial Hygiene Association 美国工业卫生协会
AIM ——Asset Integrity Management 资产完整性管理
ALARP ——As Low As Reasonably Practicable 最低合理可行原则
ANSI ——American National Standards Institute 美国国家标准协会
API ——American Petroleum Institute 美国石油学会
APM ——Association of Project Management 项目管理协会
ASME ——American Society of Mechanical Engineers 美国机械工程师协会
ASSE ——American Society of Safety Engineers 美国安全工程师协会
AST ——Aboveground Storage Tank 地上储罐
ATEX ——Appareils destinés à être utilisés en ATmosphères Explosibles(94/9/EC Directive)防爆设备(94/9/EC 指令)
BDL ——Building Damage Level 建筑物损坏等级
BEP ——Basic Engineering Package 基础工艺包
BM&M ——Benchmarking and Metrics program 基准和指标方案
BOD ——Basis of Design 设计基础
BPCS ——Basic Process Control System 基本过程控制系统
BSI ——British Standards Institution 英国标准协会
BST ——Baker-Strehlow-Tang blast model 爆炸模型
CAD ——Computer-Aided Design 计算机辅助设计
CAPEX ——Capital Expenditure 资本支出
CCPS ——Center for Chemical Process Safety 化工过程安全中心
CFR ——United States Code of Federal Regulations 美国联邦法规
CII ——Construction Industry Institute 建筑工业学会
CMMS ——Computerized Maintenance Management System 计算机化维修管理系统
CO/CO_2——Carbon Monoxide/Carbon Dioxide 一氧化碳/二氧化碳
COMAH ——Control of Major Accident Hazards 重大事故危害控制
CPT ——Client Project Team 业主项目团队
CRA ——Concept Risk Analysis 概念风险分析
CSB ——United States Chemical Safety Board 美国化学安全委员会
DCN ——Design Change Notice 设计变更通知单
DCS ——Distributed Control System DCS 控制系统

DHA ——Dust Hazards Analysis 粉尘危害分析
DHM ——Design Hazard Management 设计危害管理
DHS ——United States Department of Homeland Security 美国国土安全部
DIN ——Deutsches Institut für Normung(German standard)德国标准化研究所
DOT ——United States Department of Transportation 美国交通运输部
DSP ——Decision Support Package 决策支持包
EER ——Evacuation, Escape, and Rescue study 疏散、逃生和救援研究
EHS ——Environment Health & Safety 环境健康与安全
EI ——Energy Institute 能源研究所
EN ——European Norm standard maintained by CEN(European Committee for Standardization)欧洲标准化委员会(CEN)维护的欧洲规范标准
EPA ——United States Environmental Protection Agency 美国环境保护局
EPC ——Engineering, Procurement and Construction 设计、采购和施工
EPCM ——Engineering, Procurement, Construction and Management 设计、采购、施工和管理
ERPG ——Emergency Response Planning Guidelines(AIHA)　应急响应计划指南(AIHA)
ESD ——Emergency Shutdown 紧急停车
ESDS ——Emergency Shutdown System 紧急停车系统
ESDV ——Emergency Shutdown Valve 紧急切断阀
EU ——European Union 欧盟
F&G ——Fire and Gas 火灾及气体
FAT ——Factory Acceptance Test 工厂验收测试
FEED ——Front End Engineering Design 基础工程设计
FHA ——Fire Hazard Analysis 火灾危险分析
FID ——Final Investment Decision 最终投资决定
FEL ——Front End Loading 项目前期
FMEA ——Failure Modes and Effects Analysis 失效模式及影响分析
FSA ——Functional Safety Assessment 功能安全评估
FSS ——Facility Siting Study 工厂选址研究
GB ——Chinese national standard 中国国家标准
GTR ——Guarantee Test Run 性能考核
HAC ——Hazardous Area Classification 危险区域划分
HAZID ——Hazard Identification Study 危险源辨识研究
HAZOP ——Hazard and Operability Study 危险与可操作性分析
HCA ——High Consequence Area 高后果区
HIPS ——High Integrity Protection System 高完整性保护系统
HIPPS ——High Integrity Pressure Protection System 高完整性压力保护系统
HIRA ——Hazard Identification & Risk Analysis 危险源辨识与风险分析
HF ——Hydrofluoric Acid 氢氟酸
HP ——High Pressure 高压

HFA ——Human Factors Analysis 人机工程分析
HMI ——Human-Machine Interface 人机接口
HR ——Human Resources 人力资源
HSE ——United Kingdom Health and Safety Executive 英国健康与安全管理局
HVAC ——Heating, Ventilation and Air Conditioning 供暖通风与空气调节
I/O ——Input/Output 输入/输出
ICC ——International Code Council 国际法典委员会
IChemE ——Institution of Chemical Engineers 化学工程师协会
IEC ——International Electrotechnical Commission 国际电工委员会
IOGP ——International Association of Oil and Gas Producers 国际油气生产商协会
IPL ——Independent Protection Layer 独立保护层
IRI ——Industrial Risk Insurers 工业风险保险公司
ISA ——International Society of Automation 国际自动化学会
ISD ——Inherently Safer Design 本质安全设计
ISO ——International Organization for Standardization 国际标准化组织
ITP ——Inspection and Test Plan 检验和试验计划
ITPM ——Inspection, Testing, and Preventive Maintenance 检查、测试和预防性维护
JHA ——Job Hazard Analysis 作业危害分析
JIT ——Just-in-Time 零库存
JSA ——Job Safety Analysis 作业安全分析
JV ——Joint Venture 合资企业
KPI ——Key Performance Indicator 关键绩效指标
LHG ——Liquefied Hazardous Gas 液化有害气体
LNG ——Liquefied Natural Gas 液化天然气
LOC ——Loss of Containment 泄漏
LOPA ——Layer of Protection Analysis 保护层分析
LOTO ——Lock Out/Tag Out 上锁/挂牌
LP ——Low Pressure 低压
LPG ——Liquefied Petroleum Gas 液化石油气
MAH ——Major Accident Hazard 重大事故危害
MAWP ——Maximum Allowable Working Pressure 最大允许工作压力
MEL ——Master Equipment List 主设备清单
MOC ——Management of Change 变更管理
MODU ——Mobile Offshore Drilling Unit 移动式近海钻井平台
MTI ——Materials Technology Institute 材料技术研究所
N_2——Nitrogen 氮气
NACE ——National Association of Corrosion Engineers 美国腐蚀工程师协会
NDT ——Non-Destructive Testing 无损检测
NFPA ——National Fire Protection Agency 美国国家消防局

NGO ——Non-Governmental Organization 非政府组织

NIST ——National Institute of Standards & Technology 国家标准与技术研究所

NORM ——Naturally Occurring Radioactive Material 天然放射性物质

NOx ——Mono-nitrogen oxides：NO and NO_2(nitric oxide and nitrogen dioxide) 氮氧化物：NO 和 NO_2(一氧化氮和二氧化氮)

OEM ——Original Equipment Manufacturer 原装设备制造商

OM ——Operations Manager 运营经理

OPEX ——Operating Expenditure 营业支出

ORR ——Operational Readiness Review 运行准备审查

OSHA ——United States Occupational Safety and Health Administration 美国职业安全与健康管理局

P&ID ——Process and Instrumentation Drawing/Diagram 工艺管道和仪表流程图

PCB ——Polychlorinated Biphenyl 多氯联苯

PED ——Pressure Equipment Directive 压力设备指令

PEP ——Project Execution Plan 项目实施计划

PERT ——Program Evaluation Review Technique 项目评估审查技术

PFD ——Process Flow Diagram 工艺流程图

PLC ——Programmable Logic Controller 可编程逻辑控制器

PM ——Project Manager and Preventive Maintenance 项目经理和预防性维护

PMBOK ——Project Management Body of Knowledge 项目管理知识体系

PMI ——Positive Material Identification and Project Management Institute 精确材料鉴定和项目管理学会

PMT ——Project Management Team 项目管理团队

PPA ——Post-project Appraisal 项目后评估

PPE ——Personal Protective Equipment 个体防护装备

PQP ——Project Quality Plan 工程质量计划

PRA ——Project Risk Assessment 项目风险评估

PS ——Process Safety 过程安全

PSI ——Process Safety Information 过程安全信息

PSM ——Process Safety Management 过程安全管理

PSSR ——Pre-startup Safety Review 开车前安全审查

PSV ——Pressure Safety Valve 安全阀

PreHA ——Preliminary Hazard Analysis 预先危险分析

QA ——Quality Assurance 质量保证

QC ——Quality Control 质量控制

QM ——Quality Management 质量管理

QMS ——Quality Management System 质量管理体系

QRA ——Quantitative Risk Analysis 定量风险分析

RACI ——Responsible，Accountable，Consulted，Informed matrix/chart RACI 表(责任矩阵表)

RAGAGEP ——Recognized and Generally Accepted Good Engineering Practices 公认且普遍接受的良好工程实践
RAM ——Reliability, Availability, and Maintainability study 可靠性、可用性和可维护性研究
RBI ——Risk Based Inspection program 基于风险的检测方案
RBPS ——Risk Based Process Safety 基于风险的过程安全
RCM ——Reliability Centered Maintenance 以可靠性为中心的维修
RFC ——Ready for Commissioning 试车准备
RFI ——Request for Information 信息请求
RMP ——Risk Management Program 风险管理计划
ROV ——Remotely Operated Vehicle 遥控载具
RP ——Recommended Practice(i. e., API guidance) 推荐做法(即 API 指南)
RV ——Relief Valve 泄压阀
SAR ——Search and Rescue 搜救
SAT ——Site Acceptance Test 现场验收测试
SCADA ——Supervisory Control And Data Acquisition 监控与数据采集
SCAI ——Safety Controls, Alarms, and Interlocks 安全控制、报警和联锁装置
SCBA ——Self-Contained Breathing Apparatus 自给式空气呼吸器
SCE ——Safety Critical Equipment/Element 安全关键设备/元件
SDS ——Safety Data Sheet(formerly MSDS)安全说明书(原 MSDS)
SGIA ——Smoke and Gas Ingress Analysis 烟气分析
SIF ——Safety Instrumented Function 安全仪表功能
SIL ——Safety Integrity Level 安全完整性等级
SIMOPS ——Simultaneous Operations 交叉作业
SIP ——Shelter in Place 现场避难所
SIS ——Safety Instrumented System 安全仪表系统
SME ——Subject Matter Expert 某领域专家
SOR ——Statement of Requirements 技术说明
SOW ——Statement of Work 工作说明书
SOx ——Sulfur oxides: sulfur monoxide (SO), sulfur dioxide (SO_2), sulfur trioxide (SO_3), disulfur monoxide(S_2O), disulfur dioxide(S_2O_2), etc 硫氧化物:一氧化硫(SO)、二氧化硫(SO_2)、三氧化硫(SO_3)、氧化二硫(S_2O)、二氧化二硫(S_2O_2)等
SRS ——Safety Requirements Specification 安全要求规格书
SUE ——Start-up Efficiency review 开车效率审查
SVA ——Security Vulnerability Analysis 安保脆弱性分析
THA ——Task Hazard Analysis 任务危害分析
TQM ——Total Quality Management 全面质量管理
TR ——Temporary Refuge 临时避难所
UFD ——Utility Flow Diagram 公用工程流程图
UK ——United Kingdom 大不列颠联合王国

UKOOA ——United Kingdom Offshore Operators Association 英国海上作业者协会

UPS ——Uninterruptible Power Supply 不间断电源

US ——United States 美国

UST ——Underground Storage Tank 地下储罐

UV/IR ——Ultra Violet/Infrared 紫外线/红外线

VCE ——Vapor Cloud Explosion 蒸气云爆炸

VOC ——Volatile Organic Compound 挥发性有机化合物

WSA ——Waterway Suitability Assessment 航道适宜性评价

术　语

本术语表包含本指南专用术语和 CCPS 过程安全术语表中与过程安全相关的术语。本指南中与 CCPS 过程安全相关的特定术语在发布时是最新的；请访问 CCPS 网站了解 CCPS 术语表的更新。

设计依据（Basis of Design）：确定设计如何满足项目性能和操作要求的技术规范和文件。

变更管理（Change Management）：组织中融入平衡的变更文化的过程，即对项目变更的识别、计划和评估，以有效的管理项目变更。这些变更包括：范围、误差、设计开发、估算调整、进度调整、变更条件、选择或要求。

试车（Commissioning）：确保所有系统和设备在安全环境中进行测试和操作的过程，以验证在引入工艺化学品时装置将按预期运行。

可施工性（Constructability ）：在规划、设计、采购和现场操作中充分利用施工知识和经验，以实现总体项目目标。

装置（Facility）：一部分或一个完整的工厂、单元、场地、综合体或其任何组合。装置可以是固定的，也可以是移动的。

功能安全（Functional Safety）：与过程及其控制系统相关的整体安全的一部分，取决于安全控制、报警和联锁装置（SCAI）及其他保护层的正确功能。

把关人（Gatekeeper）：在每个阶段关口负责评估项目可交付成果的人员。

本质安全设计（Inherently Safer Design）：一种考虑化学过程和工厂设计的方法，其重点是消除或减少危害，而不是管理和控制危害。

经验学习（Lessons Learned）：从无论成功与否的经验获得知识，目的是提高未来的绩效。

机械竣工（Mechanical Completion）：设备、管道、电缆、仪表、电信、电气和机械部件的施工和安装在物理上均已完成，所有检查、测试和文件要求均已完成。

预试车（Pre-Commissioning）：检验系统的元件在模拟运行条件下的功能操作性以验证系统试车准备的情况。

项目治理（Project Governance）：项目决策的管理框架

项目生命周期（Project Life Cycle）：项目从开始到结束所经历的一系列阶段。

项目风险（Project Risk）：将对项目的最终价值产生积极或消极的实质性影响的潜在事件或状态。

项目范围（Project Scope）：为交付具有特定特征和功能的产品、服务或结果而进行的工作。

质量（Quality）：一组固有特性满足要求的程度。

质量保证（Quality Assurance）：为确保设备设计合理并确保设计意图不受损害而进行的活动，在整个产品或服务将持续满足设备整个生命周期的特定需求的过程中提供保证。

质量控制(Quality Control)：确保设计或制造的产品或执行的服务/活动遵循一套确定的质量标准或满足业主或顾客要求的一个程序或系列程序。

质量管理(Quality Management)：组织用来指导、控制和协调质量的所有活动。

安全关键设备/元件(Safety Critical Equipment/Element)：一旦发生故障或失效可能导致或促成重大事故的设备/元件，或以防止或减轻重大事故的影响为目的的设备/元件。

范围蠕变(Scope Creep)：项目范围内不受控制的变化或持续增长。

现场验收测试(Site Acceptance Test)：系统或设备按照业主批准的测试计划和程序进行测试，以证明其安装正确，并在其工作环境中与其他系统和设备接口。

开车(Start up)：将工艺化学品引入装置以启动运行的过程。

工作说明书(Statement of Work)：对项目要交付的产品、服务或结果的叙述性描述。

系统(System)：装置的一部分，可单独进行预试车，但与在建装置的其他部分同时进行。

致　　谢

美国化工过程安全中心（CCPS）对本书编制过程中工程项目过程安全管理分委会所有成员提供的技术支持表示感谢，同时对技术指导委员会成员的建议和支持表示感谢。

工程项目过程安全管理分委会主席是美国普莱克斯公司的 Eric Freiburger，化工过程安全中心的工作顾问是 David Belonger。同时，向在项目开始时担任化工过程安全中心工作顾问的 John Herber 致谢。

分委会的下列人员为主要贡献成员

Ignacio Jose Alonso	安全理事会程序专家
Christopher Buehler	倡议者
Donnie Carter	退休（原 BP 公司）
Robert Dayton	雪佛龙公司
Dr. S. Ganeshan	化学工程副教授，孟买
Andrew Goddard	阿科玛公司
Anil Gokhale	化工过程安全中心
Emmanuelle Hagey	诺瓦化学公司
Kevin Watson	雪佛龙公司

以下成员也对项目提供了支持：Susan Bayley（林德公司）、Jack Brennan（巴斯夫股份公司）、Phil Bridger（尼克森石油公司）、Jessica Chen（帝亚吉欧公司）、Sean Classen（壳牌公司）、Jonas Duarte（朗盛，原杜邦和科聚亚公司）、Marisa Pierce（DNV）和 Robert Wasileski（诺瓦化学公司）。

美国化学工程师协会和化工过程安全中心对 BakerRisk®工作人员对本版本的贡献，特别是主要作者 Michael Broadribb 及其同事表示感谢，他们对本版本的部分内容做出了贡献：Joe Zanoni（前期设计第 2 阶段）；Chuck Peterson（试车/开车）。同样感谢 BakerRisk®的 Moira Woodhouse 在编辑方面的帮助。

化工过程安全中心所有的出版物在出版之前，都要经过同行评审。化工过程安全中心对同行评审人员的深思熟虑的意见和建议表示感谢，同行评审人员的工作提高了这些指南文件的准确性和清晰度。

同行审核人员

Anne Bertelsmann	马拉松原油公司
Denise Chastain-Knight	Exida 公司
Marlon Harding	默克集团公司

Patti Jones	普莱克斯公司
Pamela Nelson	索尔维集团
John Remy	莱昂德尔巴塞尔公司
Steven Thomas	雪佛龙公司

网站上与本书相关的文件

以下文件可供本书的购买者使用。在 AIChE/CCPS 网站上应用密码“P250-files”可以获得下述文件。

www. aiche. org/ccps/publications/EngineeringProjects

- 项目生命周期内的典型过程安全研究
- 项目过程安全方案
- 典型危害和风险登记
- 工艺装置安全检查表
- 现场特定退役清单/调查表示例
- 典型项目文件
- 过程安全阶段评审规程

前　　言

40 多年来，美国化学工程师协会(AIChE)一直密切关注炼油、化工以及相关行业的过程安全、环境保护和泄漏控制问题。AIChE 通过与工艺设计人员、施工人员、运行人员、安全专业人员和学术界成员的紧密联系，加强了这些群体之间的沟通，并促进了这些群体之间的持续改进。AIChE 的出版物及相关研讨会为致力于过程安全、环境保护和泄漏预防工作的人员提供信息来源。

在 1984 年发生了墨西哥圣胡安尼科大爆炸和印度博帕尔农药厂毒气泄漏事件两起重大工业事故灾难后，AIChE 于 1985 年创建了化工过程安全中心(CCPS)。CCPS 致力于开发和传播用于预防事故的技术信息。CCPS 得到了 200 多个行业赞助者的支持，他们为其技术指导委员会提供必要的资金和专业支持。CCPS 工作的主要成果是制定系列的指南性文件，为实施基于风险的过程安全(RBPS)管理的企业提供指导。本书是此系列文件的一部分。

在炼油、化工及相关行业的工程项目开发过程中，过程安全应被重点关注。无论对于大型建设项目还是变更项目，在项目生命周期中纳入过程安全管理将有助于降低风险，并预防和减少事故发生。特别是在项目生命周期的早期采用过程安全管理可以实现项目本质安全，否则在以后的设计开发中变得更加困难和昂贵。CCPS 技术指导委员会发起了本指南的制定工作，以帮助公司将过程安全管理融入到工程项目中。

本指南包含了适用于工程项目的过程安全工作，对于具体项目可根据其特点选择适用的过程安全工作。因为指南中所包含的过程安全工作的方法在 CCPS 其他出版物中进行了介绍，所以本指南目的不是介绍过程安全工作方法。本指南还对项目术语进行了介绍，以便过程安全工程师和其他人员能够用项目管理团队易于理解的语言来对过程安全工作进行阐述。

1 引言

本章介绍了工程项目生命周期中涉及的过程安全活动。过程安全关注于防止化工过程装置火灾、爆炸和危险物质的意外释放。这就需要有效的管理体系，包括规范、程序、责任人的表现及行为，以确保设备设计和安装的正确性，以及运行期间装置的完整性。

项目是为创造一特定产品、服务或成果而进行的阶段性工作。以流程工业的工程项目为例，其成果通常是一个新建或改建装置。工程项目的范围和规模可能有很大的不同，本书提出了适用于项目生命周期不同阶段的过程安全目标和影响因素。

> ***项目生命周期***
>
> 项目生命周期是指项目从开始到结束所经历的一系列阶段。
>
> [摘自 PMBOK 术语表(PMI，2013)]

在石油和天然气以及化工企业等流程工业中，“阶段”一词也用于指项目的各个阶段。

> ***装　　置***
>
> 装置是指工厂、单元、场所的全部或一部分，或其联合或组合。
>
> 装置可以是固定的，也可以是移动的。
>
> (来自 AIChE/CCPS 术语表)

项目的阶段性是指项目实现其目标(例如新建或改建项目的试车)后结束或项目因目标无法实现而终止都代表项目结束。大多数项目的目标都是为了创造一个持久的产品或结果，在本书中项目成果是装置。

项目结束后，装置将继续运行若干年，直至退役、废弃或拆除。在此期间装置可能需要开停车、定期检查、维护和检修。因此，装置有自己的生命周期，可能与项目生命周期部分重叠。例如，在新装置达到产量和/或产品质量目标之前，项目可能不会结束；或者为增加产量，可能会对装置进行脱瓶颈项目改造或改建，则会启动另一项目。

本书不仅聚焦于在最佳时间框架内主动实施过程安全活动，也关注被动进行“冷眼旁观”审查，以确保没有遗漏任何重要内容。如果在正确的时间进行正确的过程安全活动，项目领导将拥有正确的(过程安全)信息，能够做出正确的安全风险管理决策。

本书目的不是详细描述如何执行特定的过程安全活动，而是确定在项目的每个阶段需要解决的问题。在其他 CCPS 出版物，以及行业规范、标准和推荐规程中所描述的过程安全活动方法，本书进行了引用。例如，功能安全的设计和管理在《化工过程安全自动化指南》

[*Guidelines for Safe Automation of Chemical Processes, 2nd edition* (CCPS 2017b)]和《功能安全——流程工业领域的安全仪表系统》第1部分:《框架、定义、系统、硬件和应用程序编程要求》[*Functional Safety-Safety instrumented systems for the process industry sector-Part 1: Framework, definitions, system, hardware and application programming requirements, IEC 61511-1* (IEC 2016)]中有详细描述,在本书多个章节中都有提及。

工程项目的过程安全涉及领导层、经理、工程师、操作和维护人员、承包商、供应商和支持人员。因此,本书受众广泛。本章最后介绍了本书的结构。

1.1 背景和范围

在陆上流程工业(如炼油厂和化工厂)以及北海等一些近海地区,过程安全管理系统在减少重大事故风险方面得到了广泛认可。虽然在颁布具体的过程安全法规之前,过程安全要素的范围和内容不甚一致,但大多数公司多个过程安全要素已运行多年,如操作程序和应急响应。

一些国际过程安全法规,如在欧洲多个国家实施的Seveso指令(Seveso 1982)和《海上设施(安全)法规》(HM 1992),为主要项目设施设计和运行设定了目标或基于性能的要求。在美国,职业安全与健康管理局(OSHA)引入了《过程安全管理(PSM)》法规(OSHA 1992)。随后,美国环境保护局(EPA)颁布了《风险管理计划》(EPA 1996)。这些法规虽然涉及了小型变更管理(MOC)项目的一些基本规范,但其重点还是关注于运行项目,而不是工程项目。

从历史上看,项目经理一直专注于项目成本、进度和技术相关风险及绩效指标的管理,即设施是否能正常运行并达到产量和质量目标。从项目经理的角度来看,安全问题通常主要集中在施工阶段和承包商员工的职业安全上。但是,越来越多的大型运营公司认识到,需要在其工程项目阶段中更全面地解决过程安全问题,以便在装置使用阶段更好地管理剩余安全风险。虽然此方面意识在不断增强,但是一些项目经理仍然抵制变革,继续关注成本和进度,几乎将过程安全排除在外。

本书主要针对流程工业的工程项目,概述了将过程安全运用到大型和小型项目(包括小型变更管理MOC)中的有效方法。部分内容可能适用于其他行业。许多工程和运营公司都有自己的建设项目管理做法,设定了各自的术语。本书遵循建筑工业学会(CII)倡导的《项目管理一般方法》(CII 2012),有些术语因行业而异。虽然成书于美国,但本书也尽力提供适用于世界各地项目的指导。

1.2 实施过程安全的意义

正如Trevor Kletz喜欢说的那样"……如果你认为安全是昂贵的,那就去尝试一次事故吧。意外事故会造成巨额财产损失。不仅造成了工厂损坏、伤害索赔,还损害了公司的声誉。"

过程安全活动需要大量的资源支持。然而,几起本质缺陷的新建项目重大事故证明了在未来的工程项目中系统建立过程安全的必要性。

案例研究：T2 实验室

T2 实验室是佛罗里达州杰克逊维尔的一个生产特殊化学品的小工厂。2007 年 12 月 19 日，一个间歇式化学反应器破裂，导致 4 名员工死亡，32 人受伤，其中包括 28 名公众，反应器碎片飞到工厂外 1 英里(1.609km)。反应器破裂时正在生产汽油添加剂甲基环戊二烯基三羰基锰(MCMT)。

美国化学安全与危害调查委员会(CSB)在其报告(CSB 2009)中确定，直接原因是反应器冷却水系统故障，导致失控放热反应。根本原因是 T2 实验室没有完全了解反应危害，特别是那些与 MCMT 失控反应相关的危害。没有发现任何证据表明已经进行了危险和可操作性(HAZOP)分析，开展 HAZOP 分析需要更多的热力学数据。

CSB 还确定了两个事故致因因素：超压保护不足和冷却水系统缺乏冗余。反应器爆破片的尺寸和压力释放的数据是在正常操作基础上确定的尺寸，没有考虑潜在的紧急情况。针对单点故障就会导致的冷却水系统失效(如阀门意外关闭、堵塞和热电偶故障)缺乏冗余设计。操作程序没有解决反应器冷却中断的问题。

工厂被毁，T2 实验室已停止所有操作。在设计过程中理解和实施基本的过程安全原则和规范(如保护层和 HAZOP)可以防止这一悲惨事件的发生。

风险管理

对于任何工程项目，无论其过程安全投入有多大，新安装和试车的装置都有剩余的安全风险。运营团队必须在装置的使用寿命内，通过有效的过程安全管理体系对风险进行管理。将过程安全应用到项目中的主要益处之一是减少剩余的安全风险。当然，在项目进行过程中，项目经理除了要考虑安全问题外，还要考虑其他事项，如财务、政治和其他的一些现实因素，最终的项目方案可能是一个折中方案。项目管理应通过仔细选择最终开发理念和良好的工程设计，力求将剩余风险优化到尽可能低的合理可行水平。这就需要采用本质安全设计(ISD)方法，减少对操作人员的要求，降低发生重大事故的可能性。

采用本质安全设计方法要求项目管理层在项目生命周期内尽早引入适当的本质安全设计政策和规范，而项目后期风险降低的机会将越来越少。理想情况下，本质安全设计政策和规范应整合到公司的资本项目管理系统中。在公司的工程项目中实施本质安全设计规范可以减少重大事故，并有助于长期的业务成功。公司发生重大事故，会导致业务中断和声誉受损，往往难以在竞争激烈的行业中生存。这与《CCPS 过程安全业务案例》[*CCPS Business Case for Process Safety* (CCPS 2006)]是一致的，该案例确定了开展过程安全活动的四个好处，包括证明企业责任、提高业务灵活性、降低风险和创造持续价值。

在正确的时间进行正确的过程安全活动也有利于在项目实施期间避免昂贵的变更，或者在开车后对装置进行更昂贵的改造。在项目的早期阶段，迭代式开发和更改书面设计，效率更高，成本更低。

为了成功地将过程安全应用到项目中，并实现上述全部益处，需要公司高管和项目管理层强有力和一致的领导，需要管理层理解基本的过程安全原则和规范。为了降低风险和提升价值，项目经理必须知道何时进行过程安全活动，进行何种过程安全活动，或者至少知道他们可以信任并依赖有经验的过程安全工程师来提供建议和做出正确的决定。项目经理还应知道在工作中要关注哪些具有挑战性的过程安全问题。管理者只有了解这些情况，才能知道正确的活动是按正确的顺序进行的，才有能力和信心向主管和其他利益相关者保证，装置准备开车时将一套功能完备的过程安全管理系统交付给运营部门。

1.3 项目类型

流程工业的工程项目有各种形式和规模——从变更管理(MOC)项目到新建大型建设项目。如表1.1所示，这些项目涵盖范围广泛的设施，包括但不限于石油和天然气、化学品和药品的研发、勘探、生产、运输和储存。

无论项目的性质如何，项目各阶段相关过程安全活动尽管范围和详细程度可能有所不同，但目标大体上是一致的。例如，以风险评估为例，对于仅涉及相对简单的变更项目，风险评估可以使用检查表或假设方法，而复杂的建设项目可能需要HAZID、HAZOP、LOPA和QRA等方法，但是其目标是一致的，即识别危害并评估保障措施是否足以管理危害及其风险。

表1.1 本指南涵盖的项目类型

项目类型	项目类型
新建和改建	钻机和移动式海洋钻井装置
陆上和海上	脱瓶颈
连续和间歇	控制系统(DCS、SCADA、SIS、HIPS等)
建筑内和建筑外	油罐和储存设施
变更(涉及MOC)	公用系统(电力、燃气、冷却水、氮气、压缩空气等)
模块化和构件式	建筑物(控制室、办公室、车间、仓库等)
中试装置和工业装置	装卸系统(公路、铁路、海运)
化工和炼油	管道(跨境、厂内、海底)
固定式和半潜式采油平台	其他基础设施

1.4 项目生命周期

CCPS以前的出版物描述了化学工业中项目的生命周期，以及环境健康与安全(EHS)活动(包括过程安全活动)的集成要求(CCPS 1996a，CCPS 2001b)。但是这些出版物更多地关注于单个EHS要求的集成，而不是它们与项目的集成。而且主要关注于实验室和中试规模工程项目的早期概念设计。

建筑工业学会(CII)非常重视前端规划。前端规划在项目生命周期的早期可提供足够的信息，使公司(即业主)能够明确风险，确保资源配置，以最大限度地保证项目的成功(CII 2012)。项目前端是影响设计变更的能力相对较高，而进行这些变更的成本相对较低的阶段。

建筑业项目前端规划分为三个主要阶段：

- 可研；
- 概念设计；
- 初步设计。

建筑工业学会(CII)前端规划流程见图 1.1。

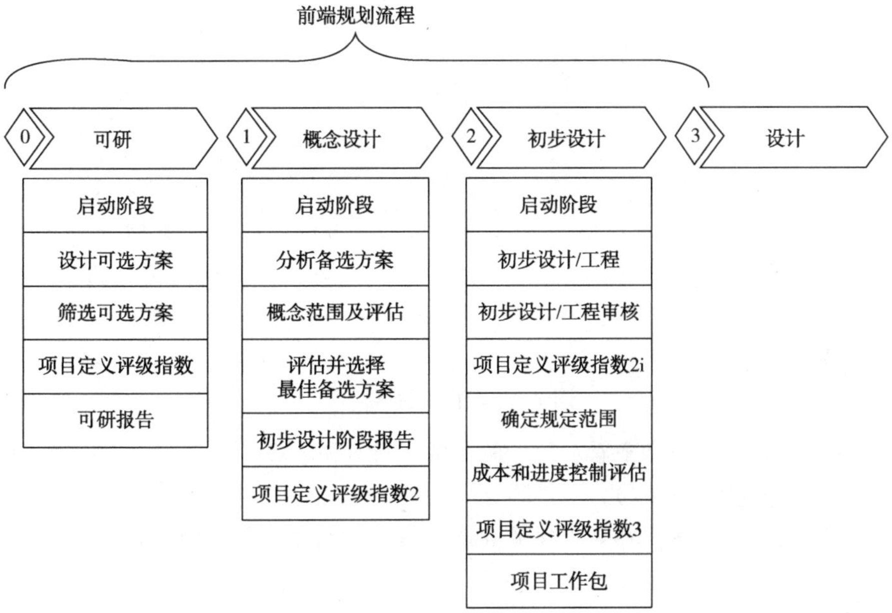

图 1.1　前端规划流程图(CII 2012)

前端规划也称为项目前期规划、基础工程设计(FEED)、可行性分析和概念规划。然而，在许多石油、天然气和化工企业等流程工业中，最常用术语是项目前期(FEL)。在本书中，将使用项目前期(FEL)术语。

项目前期(FEL)通常涉及三个阶段：

- FEL 1 可研；
- FEL 2 筛选；
- FEL 3 定义。

在项目前期和所有计划活动完成后，项目通常进入实施阶段，在项目前期中制定的计划在执行阶段付诸实施。在流程工业中，实施阶段至少涉及三个阶段：

- 详细设计；
- 施工；
- 试车。

预试车工作通常在施工阶段完成，但有些公司也可能将预试车作为一个独立的阶段，或在试车阶段完成预试车工作。

项目实施后，项目生命周期进入运营阶段。运营阶段一般从达到稳定生产持续到项目关闭。装置的生命周期可持续数年，20 世纪中叶投入使用的一些装置今天仍在使用。随着装置的使用寿命结束，最终将进入装置生命周期的最后阶段。

图 1.2 说明了流程工业中建设项目及其建设的装置在生命周期中的典型阶段。项目通常在装置投入运行后的早期阶段结束。此后，在装置运行期间，可能会进行一些小的项目和变

更改造。最后，该装置达到其使用寿命，新的项目启动，该装置退役。

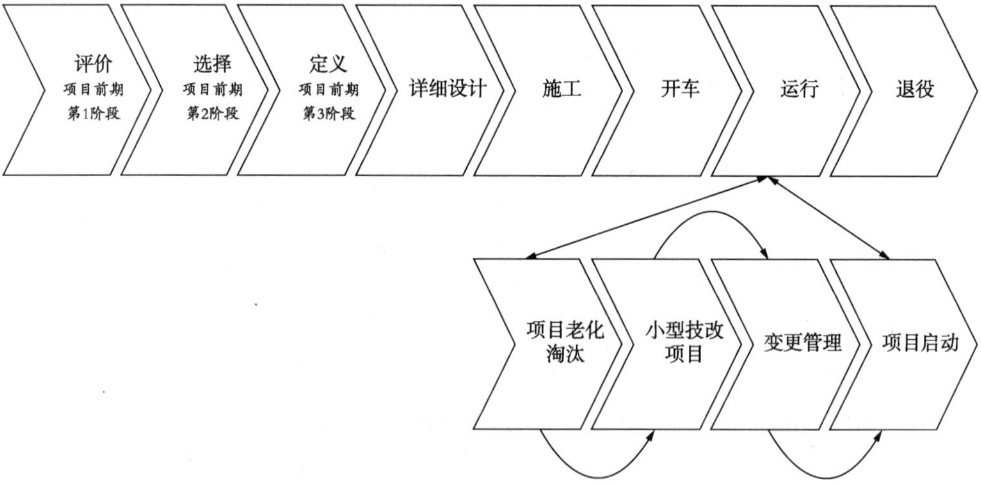

图 1.2　建设项目各阶段

从业务和项目管理的角度来看，每个阶段的目标如下：

项目前期第 1 阶段(FEL-1)

确定了广泛的开发方案，并对项目的商业可行性进行了评估。应确定一个技术和商业上可行的项目及备选方案，以便项目继续进行。

项目前期第 2 阶段(FEL-2)

评估备选概念方案，最大可能确定最佳项目，同时将风险和不确定性降低到可接受的水平。完成技术和商业研究后，确定唯一的概念。

项目前期第 3 阶段(FEL-3)

完善了项目的技术要求和实施计划，确定了项目的概念设计、成本和进度。完成基本设计，包括总图、初步工艺流程图、材料和能量平衡以及设备数据表。如果对项目有足够的信心，通常在这一阶段结束时批准投资。

详细设计

完成项目前期中规定范围的详细工程设计、范围变更管理、采购材料和设备。

施工

完成制造、施工、安装、质量管理和预试车活动。开展运行准备工作，为试车、开车和运行做准备。

试车

项目完成试车后，装置和文件移交给运营团队，以供正常运行。

运行

在项目结束之前，可能需要进行运行测试以确认性能满足要求。项目组可进行经验教训总结，为今后的项目提供借鉴。装置完全移交给业主运营团队后，项目团队逐步退出，建设项目结束。

退役

当企业决定停止运营时，该装置将退役。根据当地情况和法规，可拆除、废弃和/或改建以备将来使用。装置退役通常涉及一个新项目的开始。

尽管小型改造类型的项目变更可能不会完全遵循这些阶段，但每个项目变更都应实现类似的目标。小型建设项目或相同的重复项目可以选择合并两个或多个阶段以简化效率，同时满足总体目标。

项目的每个阶段都有具体的过程安全活动，以支持总体项目管理目标。这些过程安全活动将在后面的章节进行描述。

1.5 与其他项目的关系

成功的工程项目通常有一个安全计划，或者有一个包括健康、环境内容的 EHS 计划。该计划制定了项目生命周期内过程安全和职业安全活动的策略和时间表。从早期可研(FEL 1)开始，随着项目概念的建立，更多细节被添加，这些计划往往是随着时间推移而演变的“活”文档。将过程安全有效地集成到项目中，可以使得过程安全要素融合在日常工艺装置操作中。

虽然《基于风险的过程安全》(RBPS)(CCPS 2007b)主要是为运行而制定的，但其要素适用于项目的各个阶段。例如，RBPS 的所有四个支柱都包括在项目生命周期内，具体如下：

- 过程安全承诺
  项目环境健康与安全计划和工程标准体现了承诺。
- 了解危害和风险
  新装置的设计需要过程知识、危害识别和风险分析。
- 管理风险
  新装置需要合格人员保证其完整性、可操作性和可维护性。
- 从经验中学习
  类似装置的经验教训应纳入新装置。

项目活动与过程安全要素的重要关系如表 1.2 所示。从这个表可以看出，基于风险的过程安全管理系统的几乎所有要求都与项目开发有一定关系。然而，对许多项目来说，仅仅依靠整合 RBPS 要素可能还不够，还需要其他相关的过程安全规范，例如本质安全设计(ISD)和其他工程设计规范。

一个设计良好的装置应该从项目前期 FEL-1 阶段的本质安全设计(ISD)开始，详见《化工过程全生命周期本质安全应用指南》[*Inherently Safer Chemical Processes, A Life Cycle Approach, 2nd edition* (CCPS 2009d)]。随着项目的进展，《过程安全工程设计》[*Guidelines for Engineering Design for Process Safety, 2nd edition* (CCPS 2012a)]可供进一步参考。

根据工程项目的范围和规模，项目生命周期各个阶段的过程安全研究和活动可能有所不同。典型项目每个阶段的一些关键过程安全活动矩阵见表 1.2。其中一些活动可能由经验丰富的过程安全工程师进行。其他专业工程研究也将因过程安全专业知识的输入而受益。

附录 A 概述了项目生命周期每个阶段的典型过程安全研究。

表 1.2　项目活动与基于风险的过程安全要素的关系

RBPS 支柱	RBPS 要素	项目活动与 RBPS 要素关系
过程安全承诺	过程安全文化	所有项目活动均涉及
	符合标准	使用标准和公认且普通接受的良好工程规范
	过程安全能力	涉及合格员工和承包商
	员工参与	员工和承包商在设计、施工和操作方面的安全责任
	外部利益相关方沟通	在项目规划和执行过程中指导和告知潜在风险
理解危害与风险	过程知识管理	集合材料、技术和设备方面的知识
	危险源辨识与风险分析	识别危害并评估相关风险 确定降低风险的措施
管理风险	操作程序	制定试车和运行程序
	安全作业规程	制定施工活动计划、程序并进行安装和预试车
	资产完整性和可靠性	确保设备可维护性和可靠性，特别是安全关键设备/元件(SCE) 确保设计、采购和施工质量
	承包商管理	承包商资格预审 确保合同服务符合安全目标
	培训与绩效保证	培训员工和承包商 工程师、检查员和技术人员具有资质
	变更管理	HAZOP 后的设计变更 评估现场变更
	运行准备	确认安装的装置符合设计规范 确认没有未完成的措施和/或文件
	运行控制	所有项目活动 及时处理不安全活动/状态
	应急管理	为施工和运营制定应急响应计划(ERP)计划
从经验中学习	事件调查	吸取类似装置的经验教训 迅速调查事件
	测量与指标	收集、分析和归档数据
	审核	进行独立的技术/阶段审查
	管理评审与持续改进	评估所有的 RBPS 要素是否按预期运行并产生预期结果

1.6　本书结构

本书第 1 章介绍了工程项目的基础知识。第 2 章论述了建设项目的管理和组织，介绍了项目管理研究所(PPI)和建筑工业学会(CII)提出的项目结构和术语。讨论了各类项目的特点及实施策略。最后介绍了过程安全风险的管理和目标。

通过第 1 章、第 2 章建立对项目的基本理解后，本书随后章节将介绍工程项目生命周期每个阶段的过程安全目标、范围和活动，包括：

- 项目前期第 1 阶段(FEL-1)；
- 项目前期第 2 阶段(FEL-2)；

- 项目前期第 3 阶段(FEL-3)；
- 详细设计；
- 施工；
- 试车；
- 运行；
- 退役。

如表 1.3 所示，从第 3 章到第 7 章，以及第 9 章、第 10 章和第 11 章依次对上述阶段进行讨论。

表 1.3　涉及项目生命周期阶段的章节

项目阶段	新设备	采购	质量管理	文档
FEL-1 可研	第 3 章	—	—	第 12 章
FEL-2 筛选	第 4 章	—	—	第 12 章
FEL-3 定义	第 5 章	—	—	第 12 章
详细设计 详细工程	第 6 章	第 6 章	第 8 章	第 12 章
施工 预试车	第 7 章	第 7 章	第 8 章	第 12 章
试车 开车	第 9 章	—	—	第 12 章
运行 检查、测试和预防性维护(ITPM)	第 10 章	—	—	—
退役	第 11 章	—	—	—

第 3 章介绍了新上项目的可行性分析阶段。该项目可能在某一地点，采用几种工艺技术，生产特定产品。本阶段属于项目前期的初始阶段(FEL-1)，涉及多个开发方案的初步危险源辨识与风险分析(HIRA)，确定一系列可行的方案。

第 4 章讨论了项目前期的第二阶段(FEL-2)，概念设计阶段。本阶段通过更详细的危险源辨识与风险分析(HIRA)(包括场外重大事故风险)，筛选开发方案。根据本质安全设计(ISD)方法和初步的环境健康与安全(EHS)和过程安全方案，确定现场、工艺技术、设施和公用工程要求。

第 5 章讨论了项目前期的最后阶段(FEL-3)，在此阶段确定了最终开发方案的技术范围。由于潜在的火灾、爆炸和有毒物质释放，越来越详细的 HIRA 被用于确定现场布局、间距、分级和其他选址问题。该阶段应完成基础工程设计(FEED)，包括假设、原理、工程规范和标准，以及详细的 EHS 和过程安全方案。

第 6 章介绍了项目实施的第一阶段，详细设计阶段，包括单体设备的布局和详细工程设计。在最终的 HIRA 之后引入变更管理，并记录和汇编过程安全信息。采购设备的长周期项目也包括在内。

第 7 章涉及项目的施工阶段，包括施工计划和管理、设备和材料采购、制造、安装、工程和完整性基础文件的管理。

第 8 章涵盖质量管理活动，以确保新装置的设计、采购、制造和安装符合技术规范。

第 9 章涉及试车活动，从预试车、试车、检查和解决问题开始，并在开车前移交给运行部门。运行准备工作，如培训和试车前安全审查，是为操作和试车做准备。

第 10 章涉及当装置以可接受的产品质量运行时，项目运营的要求。项目已经结束，装置、数据和文件已经移交给运营部门。在整个运营阶段定期执行技术安全项目审查，以确保达到性能要求，最大限度地回报股东，按照运营许可证的要求运营。

第 11 章从过程安全的角度讨论了退役、废弃、拆除/拆卸和其他使用寿命终止问题。

第 12 章审查项目组必须编制的基本设计文件和过程安全信息，以便移交给运营部门。

2 项目管理理念和原则

本章讨论了项目及其管理的一般概念，项目组织和执行的基本原则。本章仅对项目常见的一些内容和术语进行了基本介绍，并不是深入的项目管理指南。具体的项目管理知识可参考以下出版物：

- 《项目管理知识体系指南》[*A Guide to the Project Management Body of Knowledge (PMBOK Guide), 5th edition* (PMI 2013)]
- CII 最佳实践指南：《提高项目绩效》[*CII Best Practices Guide: Improving Project Performance* (CII 2012)]

本章还介绍了大多数项目常用的术语。为了与项目人员进行有效沟通，过程安全工程师应熟悉这些术语，并确保充分考虑过程安全问题。

一个项目意味着在给定的资源、时间和投入下，一个最初的想法或概念成为现实。如果概念不充分或项目资源不足，最好的项目管理团队也无法保证项目成功。相反的，通过解决项目概念、组织和控制问题，并了解潜在的风险领域，通常可以避免陷阱。

从过程安全的角度来看，从项目的早期阶段开始，项目团队就应聚焦于过程安全。只有及早开展过程安全活动，才能以高收益和高效率的方式降低项目完成时固有的剩余风险。运营团队在装置的生命周期内，需要始终对剩余风险进行管理。过程安全应如本章所述纳入项目的共同策略和框架中。

2.1 共同策略和框架

2.1.1 技术说明

技术说明(SOR)是项目要达到的目标，也被称为工作说明(SOW)。无论项目规模大小，建立技术说明的原则都适用。

> ***技术说明***
>
> 对项目要交付的产品、服务或结果的叙述性描述。
>
> (PMI，2013)

对于公司来说，技术说明(SOR)可定义为：“对项目的基本业务需求和成功因素的描述，是制定项目目标、技术要求和执行计划的基础。”

项目团队(包括主要承包商)了解和理解技术说明很重要。项目的设计和执行需要多专业的参与，应该定期对照技术说明对设计进行检查。

2.1.2 项目范围

多专业共同确定项目的执行策略(设计、采购、施工、试车和运行)和满足用户需求的技术设计。这些信息通常被称为项目范围或工作范围，是将项目转化为现实的基础。项目范围可以作为一个单独文档集成到技术说明中。

> ***项目范围***
>
> 工程项目交付的产品、服务或结果的叙述性描述。
>
> [摘自 PMBOK 词汇表(PMI，2013)]

项目范围可包括交付项目所需的资源，以及项目持续时间。在设计、采购、施工、试车和整个项目管理中需要各种资源。增加资源可能会加快项目进度。

2.1.3 设计基础

技术说明和项目范围内的业务需求需要根据项目的技术和安全标准以及设计依据进行定义。这通常被称为设计基础(BOD)。

> ***设计基础***
>
> 确定设计如何满足项目性能和运行要求的技术规范和文件。
>
> [摘自 PMBOK 词汇表(PMI，2013)]

设计基础初稿通常在 FEL-2 期间形成，在 FEL-3 阶段更新和定稿。设计基础是项目成本和进度估算的主要依据之一。

2.1.4 项目预算

完成项目需要资金支持。项目预算是对项目实施所需费用支出的估计。项目成本可以根据历史经验和未来趋势估算。为了应对特定的项目风险(包括安全风险)，以及项目范围内任何不确定性因素，还需预留额外的财务准备金。随着项目定义在项目前期逐渐明晰，成本估算也越来越精确。应在项目前期早期阶段逐步评估这些成本，以确定项目的可行性。

2.1.5 项目计划

假设项目是可行的，就需要合理配置资源，制定项目完成计划。按照项目复杂程度的不同，编制计划的工具可以选择简单的甘特图，也可以选择更复杂的逻辑网络等。项目任务顺序的确定应旨在以最有效的方式部署可用资源，在批准的预算和时间表内完成项目。计划中应包括后几章讨论的过程安全任务和活动的开始时间、持续时间和资源要求。由于存在变更可能，计划的确定是一个迭代的活动，并且在整个项目生命周期中都相对稳定。

在项目前期和财务批准之后，应制定项目实施计划(PEP)。项目实施计划通常作为一个高级别计划，重点放在从项目实施阶段(即详细设计、施工和开车)到全面生产的主要战略上。项目实施计划在项目执行中采用最有效的方法和最大化的效率，建立执行、监控和控制项目的方法。项目实施计划通常由项目经理领导的关键项目参与者(即业主、项目团队、承包商)制定，并由公司管理层批准，并随着未来计划和程序的变化而更新。

2.1.6 项目生命周期

石油天然气和化工行业一般将建设项目的生命周期划分为若干个阶段。典型阶段如第一章所示(图1.2)，分为两个大的阶段：项目前期(FEL)和项目实施。项目前期(FEL)阶段主要涉及战略信息开发，公司利用这些信息来应对风险，决定资源投入，制定项目计划。项目实施(或执行)阶段是将项目前期计划付诸实施以交付项目。

每个阶段的术语和目标将在接下来的章节中详细描述。较小的项目和变更管理(MOC)工作可能无法清楚地划分为独立的阶段，或者可能合并几个阶段。然而，这些小项目仍应明确每个阶段的总体目标。

根据项目的范围，项目的每个阶段有适用的一系列的过程安全活动，这些活动将在后面的章节中详细讨论。其中一些活动甚至适用于小型项目和变更。

作为项目控制过程的一部分(见第2.3节)，在连续的阶段之间放置一个虚拟关口。当项目在某一特定阶段结束达到某一关口时，相对独立的把关人将判断项目是否仍然满足业务需求，是否充分实现了阶段目标，是否充分管理了项目和安全风险，是否可以继续进行下一阶段。

> ***把关人***
>
> 负责在每个阶段关口评估项目可交付成果的人员。
>
> [摘自PMBOK词汇表(PMI，2013)]

为了协助把关人，建设项目团队通常会安排技术同行评审，并在每个阶段关口开发某种形式的决策支持包(DSP)。过程安全应在阶段关口(见附录G，例如过程安全问题)和决策支持包(DSP)时评审，解决与项目相关的技术风险，并采取必要措施确保其得到妥善管理。小型变更(MOC)工程在批准实施前应接受独立的技术审查。过程安全应纳入技术评审范围。

2.2 项目管理

如表1.1(第1章)所示，从小型变更(MOC)到大型建设项目，项目的范围和规模可能有很大的不同。尽管有些项目中可能存在一些重复的元素，如第二个基本相同的工艺单元可以添加到现有装置，但每个项目都是独特的。每个工艺装置都具有不同的位置、不同的原料和产品管道路线等，可能具有不同的技术和过程安全影响。重复性项目之间的另一个区别可能涉及具有不同团队成员、承包商和供应商的项目组织。

不论项目的类型或规模如何，项目的独特特点要求系统规范地应用良好的项目管理做法。所有项目都有一个组织和一个执行计划，都涉及某种形式和程度的风险，需要尽可能理解和最小化这些风险。

项目管理的一个关键职责是平衡相互制约的项目约束，包括但不限于：

- 范围；
- 质量；
- 时间表；
- 预算；
- 资源；
- 风险(PMI 2013)。

此外，业主可能会对过程安全、EHS、法规符合性和利益相关者沟通提出要求，进一步增加了项目约束。特别是过程安全风险，需要谨慎管理，以将运营部门必须管理的剩余风险降低到符合公司容忍标准的水平。

如果这些因素中的任何一个在项目过程中发生变化，将产生影响其他因素的连锁反应。例如，计划更改会增加(或减少)资源和预算需求。因此，大多数项目实施变更管理程序(见下文第2.8.6节)来控制变更，特别是要控制范围蠕变。范围蠕变是在不调整时间、成本和资源的情况下逐渐发生的项目范围的不受控制或未经批准的扩展，其增加的安全风险需要识别、评估和管理。

> ***范围蠕变***
> 项目范围内不受控制的变化或持续增长。
> [摘自PMBOK词汇表(PMI，2013)]

一旦详细的工程设计开始，范围的任何变更都应受到控制。只有经适当的高级管理层批准才允许。范围变更对过程安全的影响与否需要对潜在增加的风险进行评估判断，并应在下一阶段审查。

尽管质量和EHS绩效等因素也是项目成功与否的衡量指标，但项目经理更倾向于将成本和进度(及时性和完成百分比)作为项目成功的衡量指标。然而，过程安全需要被视为一个关键专业，并纳入范围、预算和进度，包括适当处理过程安全研究和活动所需的时间。

成功的项目经理开展的其他活动包括调整项目团队和与利益相关者的互动。为使项目团队保持一致，应为所有人员制定明确的目标，并为实现这些目标作出承诺，以便每个成员都专注于同一套项目目标(CII 2012)。利益相关者包括项目发起人、公司高管、公司职能部门(如过程安全、环境健康与安全、工程等)、项目团队、运营管理、承包商、供应商、监管机构和当地社区。他们有不同的需求、关注点和期望，需要定期的协作沟通，需要管理，以满足项目需求和可交付成果(PMI 2013)。

2.3 项目管控

高级管理人员由项目发起人或“业主”担任。投资人认可项目目标，并对商业可行性、可行性研究和实施战略感到满意，则可建议项目进入公司批准流程。项目管控中决策项目实施的过程因公司而异，但可能都包括监督职能以及一些内部财务和技术政策和标准。

> ***项目管控***
> 项目决策的管理框架。
> [摘自PMBOK词汇表(PMI，2013)]

项目批准后，项目组负责对批准的设计、采购和施工策略实施。项目组将定期向发起人报告各种关键绩效指标(KPI)。这些关键绩效指标可能包括成本、进度、过程安全和环境健康与安全绩效(即伤害、泄漏/失控、研究和评审中的开放行动项等)。项目管控过程通常在项目生命周期中持续进行。接近项目竣工时，新装置将逐步移交给运营单位验收，并在施工和试车完成后最终投入运营。

2.4 项目类型

表1.1(第1章)举例说明了本书所涵盖的项目类型。每种类型的项目都有其自身的特点以及技术和过程安全挑战。下面讨论一些重要的项目类型。

2.4.1 绿地项目

绿地项目，顾名思义，是在一个完全未开发的区域(即“绿地”)实施的项目。虽然绿地项目开发几乎没有任何限制，但挑战可能包括但不限于：

- 基础设施受限，如公路、铁路、公用事业、应急服务、医院等；
- 当地劳动力、支持服务和物流受限；
- 第一批工人/建筑工人住宿受限；
- 绿色环保和环境影响；
- 潜在的退役限制(即恢复到绿地)；
- 当地社区接受(如有)。

此外，新装置在投产前还需要建立一套完整的政策、标准和程序管理体系。该管理体系将涉及财务、人力资源、法律、技术/工程、环境健康与安全以及过程安全的要素。

2.4.2 棕地项目

棕地项目不同于绿地项目，是在已有一定开发的区域实施的项目。这些区域上可能存在属于公司、合作伙伴或其他人经营的设施和建筑物，如化工园区。棕地项目也适用于海上项目以及现有设施的扩建、改造或升级。

上述绿地项目所面临的挑战在棕地项目中可能恰恰相反。例如，可能存在现有的基础设施、当地劳动力和服务。棕地项目的挑战可能包括但不限于：

- 新项目的区域有限；
- 邻近当地社区、邻近设施；
- 拆除旧装置(见下文第2.4.5节)；
- 新部件和现有设施的接口(例如不同的标准、技术)；
- 获取工程文件，包括过程安全信息；
- 定位地下设施；
- 升级现有公用设施和消防水系统；
- 与现有工艺和公用工程管道连接；
- 交叉作业(如施工、操作、维护、钻井)；
- 对现有设施的施工和/或运行造成干扰(例如全部或部分关闭)；
- 根据现有环境、社区或法律要求调整范围。

2.4.3 改扩建项目

改造、扩建、脱瓶颈、升级、优化等都属于棕地项目，它们面临着许多相同的挑战。有些项目只是在保持现有生产能力下更换或更新现有设施。

上游油气行业这类项目很多。一个新的生产装置可能会在几年内保持高峰产量，但最终产量会下降。重大项目，如天然气再注入和/或注水，可以稳定甚至扭转产量下降的趋势。由于近海环境的腐蚀性，可能需要进行其他修复和改造项目，以增加产量或修复老化装置。

此类项目可能会带来新的或更大的过程安全隐患挑战。本质安全设计(ISD)方法有时会受到棕地(见上文2.4.2)的限制，可能需要兼顾工程设计和程序措施。这将使运营领导层承担更多责任，以保持稳健的过程安全管理和严格的运营纪律。

2.4.4 控制系统升级项目

控制系统和/或安全系统升级项目是棕地项目的一个子项目，面临同样的挑战。导致控制系统升级的因素之一可能是技术的进步使得现有硬件在10~20年后很难获得备件。虽然控制系统升级重点可能是人机接口(HMI)、控制器和输入/输出接口(I/O)，但也可能涉及与现有现场设备和布线的接口连接、网络基础设施和连接、辅助系统(如电源和UPS)和空间要求，以及现有系统的文档更新。从过程安全的角度来看，对操作和维护人员都需要进行控制系统的升级的培训。

2.4.5 拆除项目

拆除通常是棕地项目的一部分，也可能是独立项目(见第11章)。典型的挑战包括但不限于：

- 邻近设施和建筑物可能需要拆除，并禁止倾倒/爆破；
- 解构和/或拆除的设备可能将来会使用；
- 运营装置的部分退役；
- 旧装置中存在石棉和多氯联苯；
- 与相邻设施同时运行；
- 振动可能影响相邻操作；
- 地下电缆、管道和下水道位置不明；
- 与其他相邻设施连接；
- 环境修复。

拆除项目需要健全的过程安全和EHS计划和程序，特别是危害识别和安全工作规程。大多数业主不熟悉此类项目的管理，因此，想要确保适当的能力和行为，承包商的选择和监督非常重要。

2.4.6 变更项目管理

变更管理(MOC)项目往往相对较小，是棕地项目的子项目。虽然大型项目通常采用建设项目管理的方式进行管理，然而较小的改造项目可能不完全遵循建设项目的阶段划分，而是根据当地的变更管理程序进行管理。尽管如此，每个变更管理项目都应识别危害、评估与这些危害相关的风险以及管理风险，以预防和/或减轻过程安全事故和EHS事故。

一些改造项目可能由现场维护部门发起，例如，当原装设备制造商(OEM)设备和备件不易获得时进行的替换。重要的是，这些项目必须遵守变更管理程序，以确保风险得到管理。

更多信息和指导参见：《过程安全变更管理指南》[*Guidelines for Management of Change for Process Safety* (CCPS 2008c)]。

2.4.7 封存项目

装置暂时关闭一段时间并以某种形式保护起来通常被称为封存。封存的主要挑战是防止装置恶化，以便其可以重新投入生产或在晚些时候完成项目。采用何种保护技术取决于装置的特点，如设备类型、冶金和当地环境。常见的做法包括定期电机转动、封闭通风口/放空口、氮封、用油涂覆或填充机械，以及使用干燥剂/杀菌剂。包括过程安全在内的多专业项目团队应与原始设备制造商协商，确定适当的保护措施，以确保资产完整性。

有关封存设施资产完整性的更多信息和指导参见：《资产完整性管理指南》[*Guidelines for Asset Integrity Management*（CCPS 2017a）]；《工艺装置封存指南》[*Guidelines for Mothballing of Process Plant*（MTI 1989）]。

2.4.8 重新试车项目

封存装置的重新试车在一定程度上取决于装置封存的时间和预防措施的细致程度。如果装置关闭超过几个月，很可能需要一个多专业项目组检查和测试设备，以确定其完整性。即使是短期停工，也需要有一个团队来撤销已采取的保护措施。无论停用时间长短，都应进行运行准备审查。

2.4.9 重新启动项目

由于商业原因，例如产品的市场价格大幅下降，在某个开发阶段停止一个项目可能是有利的。一两年后市场状况好转，项目可能会重新启动。在项目重启过程中，团队成员（可能还有项目经理）、文件控制、决策历史和技术变更方面的非持续性是管理关注的主要问题。当项目临时停止时，项目管理团队也应考虑这些问题。此外，还要考虑为了利用有利的市场条件承受压缩项目进度的压力。除了能力和连续性问题外，还应更新项目计划，包括过程安全和 EHS 计划。对技术说明（SOR）或工作说明书（BOD）的任何改变也需要新的危险源辨识与风险分析（HIRA）。

2.4.10 事故后项目

重大事故（如火灾、爆炸、洪水或飓风）后的装置重建是一种特殊情况。由于供货压力，重建生产可能有相当大的紧迫性。在这种情况下，本书中描述的一些良好做法（如本质安全设计）可能会被有意忽略。公司可能会复制原始设计规范或程序，但即使技术和原工厂相同也不应忽视材料能否在短时间运输到。公司还可以签订独家施工合同，加快重建进度。尽管如此，公司应仔细评估和管理与装置重建相关的风险（即拆除和施工风险），并将事故调查结果纳入重建工作。

2.5 项目组织

项目生命周期的每个阶段都将有一个项目团队，其中包括一个项目经理和一个多专业的团队，他们执行实现项目目标所需的工作。随着项目定义和实施的进展，项目团队的规模、结构和组织将在整个生命周期中不断变化。

项目有共同的特点，如有限的生命周期，多专业的团队，渐进的环境，以及控制成本和进度的要求。但是每个项目也有其特点，因此项目组织不尽相同。例如，项目的复杂性决定了项目团队的规模，而项目设计基础（BOD）需要特定的技术专长。项目的设计、采购和施工策略也会对项目组织产生影响。下面介绍一些常见的方法。

2.5.1 项目前期团队

公司项目前期团队可能进行可行性研究，并在 FEL-1 中和可能的 FEL-2 中制定概念方案。如果是这样，这个团队很可能是一个小型的、经验丰富得多的专业团队。理想情况下，项目前期团队包括一名过程安全专家。如果没有，团队应该能够获得并具有适当的过程安全方面的专业知识。如果没有过程安全专家的参与并尽早应用本质安全设计原则，项目前期团队就不可能确定最佳的开发方案，这最终可能影响项目的成本和剩余风险。在项目前期阶段结束时，项目前期团队将项目的进一步开发工作移交给由项目经理领导的项目团队。

2.5.2 典型项目组织结构

典型项目组织结构如图 2.1 所示。这个简化的图表说明了一些基本原则。基本结构确定了支持项目经理的若干子团队经理。每个子团队应清晰界定角色和责任，以促进良好的团队合作，并尽量减少团队之间发生冲突的可能性。第 2.5.7 节讨论了每个子团队的角色和职责。

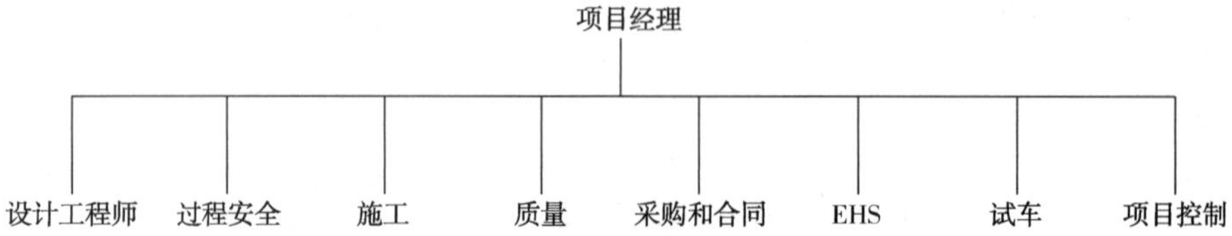

图 2.1 典型项目组织结构简图

在小型项目中，项目组可以直接管理所有任务，而在大型建设项目中，可能雇佣承包商来执行部分或全部工作。如果雇用了承包商，他们将在公司管理团队[有时称为项目管理团队或业主项目团队(CPT)]的控制下，按照合同要求履行其职责范围内的工作。承包商的选择和管理可参见：《基于风险的过程安全》[*Guidelines for Risk Based Process Safety* (CCPS 2007b)]。

虽然项目管理团队的组织结构可能与图 2.1 相似，但其角色和职责将受到合同策略的重大影响。过程安全专业可以是独立的，也可以与设计工程或 EHS 相结合。其他管理分支机构可能与采购、质量和合同有关，这取决于是否有直接的项目参与或外包。不管管理团队如何扩展，都遵循基本的项目组织，层次结构需要在组织之间建立良好的衔接。

设计子团队、工程设计承包商和/或公司职能部门可能都涉及过程安全工作。过程安全工作也可将其外包给专业咨询公司，例如危险与可操作性(HAZOP)分析、定量风险分析(QRA)、装置选址分析和附录 A 中确定的其他过程安全工作。还需要向项目经理及其团队简要介绍过程安全的基本原则，以及相关的公司政策、标准和规范。

2.5.3 基于单元的团队

在图 2.1 中的整个简化项目组织结构中，大型建设项目的工程设计、采购和/或施工职能可以在不同承包商之间按单元划分。例如，承包商 A 可能负责是特定工艺技术，而承包商 B 可能专门从事跨国管道或热电厂。业主可能也有能力处理整个工作范围的一部分，例如现有工艺装置的脱瓶颈项目。每个承包商可能需要一名过程安全事务专家(SME)。

2.5.4 基于设备的团队

另一种更适合小型项目的方法是在设备的基础上组建项目团队。在这种情况下，不同的技术专业负责特定设备的工程设计，如压力容器、管道、转动设备和控制系统。但是，工艺工程师应在其他专业(包括过程安全)的参与下制定总体设计。

2.5.5 基于现场的团队

一个特大型的项目可能有许多工作场所和装置，在这种情况下，项目可能由几个设计和施工团队并行工作。例如，在未开发区域进行的海上项目可以包括一个或多个海上生产平台、海底管道和陆上终端。项目组可以扩展多个并行团队，并遵循相同的工作原则。各现场可能需要配备过程安全事务专家(SME)。

2.5.6 小型项目

小型项目的组织特点和原则相似。公司可通过组织内其他部门为项目提供临时的多专业支持(包括过程安全)，也可以通过合同进行支持。项目经理对在成本和进度范围内交付项目负有全面责任。

2.5.7 角色和职责

组织能力是任何项目成功的关键。仅有足够的资源支持不足以满足项目进度，以及装置移交时安全、可靠和高效的运营要求。项目人员必须具备相关的技术和管理能力，明确并理解角色和职责。常见的做法是制定一套项目协调程序，明确说明项目团队内的职责、权限和报告关系[包括责任矩阵表(RACI 图)]。主要项目人员的角色和职责如下所述。

项目经理

项目经理(PM)的基本职责是在预算和进度范围内按照约定要求完成项目。项目经理最终对约定要求的所有技术方面(包括过程安全在内)负责。项目经理应该对众多专业有基本的了解，特别是对过程安全及其重要性有基本的了解。为了实现这些目标，项目经理必须得到一个团队的支持，该团队以目标为导向，能够处理项目的所有方面。因此，项目经理的首要职责之一是在组织内所有关键岗位上任命称职的(知识、技能、经验)人员。项目经理将应根据项目的阶段特点调整项目团队，以确保团队能力与项目要求的最佳匹配。项目经理还需要通过人员激励和确保不同专业和子团队之间的交流来保证团队活力。

项目经理(PM)的另一个关键职责是界面管理。大多数项目都有大量的利益相关方和内部、外部界面。一些最重要的界面是与承包商和分包商的界面，需要项目经理将其作为承包商管理的内容。项目经理应监测每个承包商的绩效，如果绩效不令人满意，则应采取纠正措施。另一个重要的界面是与项目发起人之间，项目经理应定期向其报告进展情况。

为履行这些和其他职责，项目经理应具备一些重要的人际交往技能(见表 2.1)。

表 2.1 项目经理的重要人际交往技能(PMI 2013)

人际交往能力	人际交往能力
领导能力	政治文化意识
团队建设	谈判
积极性	诚信建设
沟通	冲突管理
影响力	指导
决策	

有时需要在项目的中间阶段更换项目经理。这在项目前期进行可行性研究以确定商业项目是否可行时很常见。一般项目经理只有在项目正式立项后才能被任命。如果任命新的项目经理负责项目，项目过渡期应被视为需要进行管理的一个风险。

项目管理团队

组成项目管理团队的人员如图 2.1 所示。这些管理人员在支持项目经理工作方面发挥着关键作用，项目经理可能希望任命他以前共事过的员工，以实现技能和经验的良好结合。项目管理团队根据项目的范围及其执行策略还可能任命子团队经理(如采购、质量、合同)。

通常情况下，项目管理团队是基于职能组建的，每个子团队经理根据责任范围在每个阶段向项目经理负责。例如，设计经理(也称为工程经理)负责项目的基本工程，包括但不限于管理工程风险、技术完整性、设计安全、遵守当地法规和行业标准、变更管理和工程文件(包括过程安全信息)。

项目管理团队还可能负责评估与既定工程规范和标准的任何偏差。

技术人员

项目技术人员应根据项目特点而定。例如，控制系统升级将需要仪表/控制和电气工程技术人员，并需要工艺工程师和操作人员参与。对于大多数项目来说，需要包括过程安全、环境健康与安全、采购和质量管理等专业技术人员参与到项目中。

技术人员的职责通常是在其职能范围内为项目的可交付成果做出贡献。这可能涉及建立工程规范和标准、技术研究、设计活动(如计算)、技术评审和特别输入的组合。

承包商

如果部分或全部任务外包，则必须从一开始就有效地界定各承包商之间的责任和接口。每份合同都应明确说明可交付成果，但项目协调程序可能会进一步明确。这一点至关重要，因为业主和承包商有不同的目标。例如，业主希望装置按计划、按计划/提前和低于预算运行；而承包商希望赢得合同，然后评估成本，最大化利润，并赢得重复工作，并将责任和风险降到最低。第 2.6 节讨论了各种承包策略。

辅助人员

项目的复杂性可能决定了管理和控制系统的复杂性。大多数项目的关键功能是项目控制(即计划和成本控制)，定期向项目经理提供基本信息。特别是，他们有责任识别和建议任何偏离计划的情况，以便项目经理能够最大限度地减少变化带来的不良影响，如采购设备和材料的延迟交付，或全球商品价格(如钢、铜等)的突然上涨。

运营者

运营经理(OM)或在代表在与设计经理团队沟通中起到重要作用以确保设计充分支持可操作性。运营经理应在项目早期指定，以确保良好的工程设计易于操作，因为后期更改设计将很昂贵。

运营管理的主要职责是制定项目的运行和维护策略/理念，提供运行经验教训的输入，并准备移交后的运行团队。除了参与危害和风险研究以及设计评审(如 P&ID、模拟、阶段关口)外，运营部门也应在整个项目生命周期内提供特别输入。

合作伙伴

对于公司来说，与一个或多个合作伙伴共同进行项目尤其是特大型项目的开发，是分担项目成本和风险的常用策略。合资企业(JV)中合作伙伴的权益可能不同。一个合作伙伴可能负责管理工程设计、采购、施工，在项目移交后可能由同一个或不同的合作伙伴负责对建成的合资企业进行运营。

虽然管理方(运营单位)的责任与本章中介绍的概念相似，但其他合伙人的责任则有所不同。非运营方但拥有股权的公司是共同发起人，可能会期望影响业绩以及与运营单位的管理关系。监管力度应该足以保护公司的投资。一些关键人员甚至可以借调到项目组和/或参与阶段关口审查。

2.6 实施战略

项目的设计和建设有多种策略，有些情况下会倾向于使用内部资源，而不是使用承包商。如何选择主要由资源决定。由于项目工作量波动原因，大多数公司都没有大量能够进行工程设计和施工的内部资源。影响决策的其他因素可能包括成本(例如，承包商可能更便宜)和专业知识(例如，承包商可能具有来自以往经验的专业知识)。而小型项目往往是由内部人员实施，或是在有限的承包商支持下进行的。例如，一家大型化工或石油公司可能会自我承担小型项目(即<2 亿美元)的所有工程，包括项目前期工作(FEL)。而对于大型项目，如乙烯裂解炉，如果公司没有资源或技术专长，公司可能会承包给有经验的技术承包商。在这种情况下，公司的项目职责将集中在监督上。

在确定项目实施策略之前，有必要了解业主公司和承包商的目标的不同之处。业主要求：(i)新项目按照技术说明(SOR)中的规定运作；(ii)按时或提前完成；和(iii)最低成本(即低于预算)，资本支出(CAPEX)和运营支出(OPEX)之间保持可接受的平衡。而承包商的目标是：(i)赢得合同，然后确定价值/工时等；(ii)利润最大化，同时保持声誉，以赢得重复业务；(iii)最小化责任和面临的风险。这些不同的目标显然存在冲突，如果不提前解决，可能会导致不利结果。因此，对角色、责任、权利和风险进行明确，并在订立合同协议时建立对双方公平的关系是非常重要的。最后，应找到解决目标冲突的方法，以便成功地激励承包商为业主的利益而工作。

服务合同中的典型文本如下：

“……公司希望承包商提供符合基础设计要求的装置设计，并且能够安全地开车、运行和停车。承包商应提供符合公司定性和定量风险接受标准(附件××)的装置设计，在对设计进行危险源识别与风险分析(HIRA)后，任何高风险(即不可接受、不可容忍)都应采取削减措施(研究行动项/建议)，将风险降低到公司风险管理流程和程序(附件××)规定的可接受、可容忍的水平。高风险削减措施应按照风险削减措施优先顺序来落实本质安全设计策略。风险削减措施优先顺序是指首先考虑固有的安全设计选项，再考虑工程控制，再考虑行政控制(附件××)。对开车前仍然存在的任何高风险应进行沟通，并经公司批准/……”

承包商可能很难理解并应用业主的风险接受标准，因此，为确保按照业主的可接受标准降低风险，业主应对危险源辨识与风险分析(HIRA)、本质安全设计(ISD)和设计危害管理(DHM)工作，以及参与工程设计审查和阶段关口审查进行定期监督。本质安全设计/风险削减措施优先顺序的详细信息应清楚展示，该策略可记录在风险管理程序中，但在合同的最高层次予以重点强调，以避免误解。

不同的承包策略涉及业主和承包商之间风险和控制的程度不同。例如，压缩开发和执行时间表的快速通道项目可能会限制本质安全设计原则的应用。由多个承包商分担项目是分散项目风险的常用方法(见第 2.7 节)。合同策略的最终决定可能基于项目目标、约束条件、首选交付方法、合同形式/类型和业主合同管理规范等多个方面的综合考虑。表 2.2 列出了三种常见承包策略的影响：成本补偿合同、固定总价合同和交钥匙合同。

成本补偿合同是一种将承包商所有在限值内花费的费用加上额外的报酬作为承包商利润的合同。这种类型的合同给出了服务的最低预先定义，为业主提供最大的控制，从而对控制过程安全活动产生潜在的积极影响，但对业主的财务风险敞口最高。

固定总价合同是指承包人在合同约定的固定成本内负责完成工程的合同。与成本补偿合同相比，这类合同需要对服务进行更多的预先定义，为业主提供最大的控制，从而对控制过程安全活动产生潜在的中等影响，但财务风险敞口较小。固定总价合同通常授予如工程或施工等单一项目阶段的承包商。

在成本补偿合同和固定总价合同项目中，承包商可将危险源辨识与风险分析(HIRA)建议视为潜在的变更指令，但是，如果合同中包含上述建议性语言，业主可通过声明承包商未满足合同要求来反驳，并且必须提供符合要求的设计。对于固定总价合同和成本补偿合同项目，应明确确定设计“冻结”点。设计“冻结”点通常设置在设计危害管理(DHM)(见第6章第6.1节)过程，即识别并采取安全措施将高风险降至可控水平的详细设计阶段。设计“冻结”点后应充分实施变更管理流程(见下文第2.8.6节)并通过设置高障碍来阻止任何可能考虑到的变更。

交钥匙合同项目是指承包商完成项目后，移交给业主即可运营的项目，业主只需“转动钥匙”即可进行试运行。这种类型的合同要求最高的服务预先定义，业主对项目有较少的控制权，因此对控制过程安全活动有潜在的负面影响，但对业主的财务风险最小。交钥匙合同项目中一个承包商通常承包项目的多个阶段，如工程总承包(EPC)，有时甚至包括试运行阶段。

表2.2　承包策略的影响

承包商类型	定义必要性	业主风险	承包商风险	业主端控制	对过程安全的影响
成本补偿合同	最低	最高	最低	最高	积极
固定总价合同	中间	中间	中间	中间	中间
交钥匙工程	最高	最低	最高	最低	负面

对于交钥匙合同项目，在承包商选择过程中，必须对承包商的过程安全能力、程序和实践进行评估和商定(见下文第2.6.1节)。

合同策略通常记录在项目实施计划(PEP)(见上文第2.1.5节)，同时附有适用的监督监测和控制做法。下文对一些合同安排进行了讨论。

2.6.1　承包商选择

一旦确定了雇用承包商的战略，选择承包商有如下三种方式：

- 竞争性招标；
- 延长现有合同；
- 唯一承包商。

每种方式都有其优缺点，根据情况进行选择。大多数重大基建项目的合同是在竞标之后签订的。较小的项目，特别是对于可连续性服务和人员更加重要的运营和维修项目，可以选择在可行的情况下延长现有合同。在需要立即行动、需要保密或承包商是特定技术或专门知识的唯一来源的紧急情况下，与唯一承包商谈判的可能性更大。

竞标需要大量的准备工作和时间，以便潜在的承包商了解工作范围，提交标书。在授予合同之前，需要较多时间来评估每一份标书，并在必要时澄清疑问。如果业主事先了解承包商的资源、技术能力和财务状况，则可采用选择性招标或资格预审来减少评估工作。

成本不是决定合同授予的唯一标准。许多公司还通过评估对承包商的技术和环境健康与安全(包括过程安全，如果委托给承包商)能力进行排序。如果承包商对过程安全负责，则必须在授予合同前对承包商的过程安全能力进行全面评估。遵守业主的过程安全标准也应写入合同。业主和项目管理团队应保持对承包商的密切监督，以确保过程安全活动得到适当执行。

有关承包商管理的更多信息和指导，请参阅以下 CCPS 出版物：《基于风险的过程安全》[*Guidelines for Risk Based Process Safety*(CCPS 2007b)]。

2.6.2 单一工程

在流程工业中，使用设计承包商相当广泛，工作范围包括从使用当地承包商的在役装置的简单变更项目，到使用国际化工程承包商的大型基建项目。

可行性研究、基础工程设计(FEED)研究和成本估算可作为成本补偿合同的基础。具有详细工程设计时可选择交钥匙合同或成本补偿合同，尽管这两个极端之间存在许多差异。与成本补偿合同相反，交钥匙合同需要一个全面详细的工作范围，以提高了承包商风险，减低业主风险。

设计承包商的选择受技术专长、前期经验、组织(包括关键人员)和成本的影响。一些承包商已经开发或获得了专业工艺技术的知识，并可能提供熟悉该技术的关键工程人员。如果关键人员对项目的成功至关重要，业主应要求承包商将这些人员保留在项目上。

2.6.3 工程和采购

设计承包商通常负责采购与其设计和规范相关的设备和材料。长周期项目尤其如此，如一些工艺压缩机项目。或者，业主公司可以自行处理采购事宜，也可以聘请独立的采购承包商。无论哪种方式，业主都将补偿实际的订单成本。

业主通常批准供应商和投标清单、报价以及采购订单的任何修改。业主还需确保设计承包商有健全的、可审计的管理系统，用于管理商业决策、采购订单、承诺和及时提供供应商文件。

2.6.4 工程总承包

大型建设项目通常采用由承包商负责工程(Engineering)、采购(Procurement)、建设(Construction)三项功能的总承包(EPC)战略。在某些情况下，业主还可以将项目管理外包(即 EPCM 战略)。一些大型工程承包商可能自身拥有完全的工程总承包能力，雇佣分包商和/或雇佣具有项目相关专业知识的个人。一些改造项目特别是复杂的改造或业主自身不具备相关技能的情况下，也可能采用 EPC 策略。无论如何，都应确保过程安全。因此，工程总承包商自身或其分包商应具备项目所需的过程安全能力。

简单项目的施工和改造可由业主自己的工程和维护团队进行。但是，如果需要打桩和土木工程等技能，业主可以将这些工作外包，而由自身人员完成机械/电气/控制方面的工作。

无论是采用工程总承包(EPC)还是分包的施工策略，施工活动都需要对总体规划、材料控制、质量管理、分包商界面管理、劳资关系、职业安全、环境问题、后期设计变更和合同进行管理。业主通常希望采取预先审核、或由主要施工承包商进行选择的方式来确定所有分包商。

承包商的选择受专业经验、施工规划能力、管理经验、监督、现场人员和施工设备、质量控制和财务稳定性的影响。尽管不得不经常采用工程量清单法，并支付固定的利润和管理费用，业主通常更喜欢固定总价合同项目。

2.6.5 运营

尽管在试运行和早期运营期间可能需要设计承包商、技术许可方和供应商的专业协助，大多数业主公司在项目竣工后会自己运营其新装置。在某些情况下，业主会将装置运营外包给第三方，总承包商或负责部分工程的承包商有时也会承担装置运营的工作。

最常见的外包合同包括公用工程的运营和维护，如热电和废水处理厂以及其他配套基础设施的运营和维护。在这种情况下，业主保留装置的所有权，而承包商通过负责装置的技术和/或商业运营为业主提供服务。由于承包商经常向其他业主提供类似的服务，因此具有很强的运营业主非核心业务的能力。大多数此类项目都是以固定的利润和管理费用为基础。

虽然还不是非常普遍，但在流程工业中，出现了一些公司将工厂运营进行外包的趋势。外包的范围可能包括新装置的运行和维护，也可能仅限于维护和/或仓储。承包商还可负责招聘工厂管理人员和工人。

2.6.6 承包商监督

无论采用何种承包策略，都必须明确界定工作范围以及业主和承包商的角色和责任。业主项目管理团队和承包商之间建立良好的工作关系对项目的成功非常重要。然而，业主的项目管理团队应根据项目规模对承包商进行相应程度的监督，以使承包商提供满足合同条款中商定条款的服务。

如上所述，业主应通过项目管理团队对危险源辨识与风险分析(HIRA)、本质安全设计(ISD)和设计危害管理(DHM)进行密切监督，以确保降低风险，使其符合业主的风险承受标准。对其他设计和采购活动的监督可以通过对文件和计算的审计和随机检查来实现。另外，业主需要重点关注关键项目人员(如项目管理人员和技术专家)的连续性，这些人员对项目的成功至关重要，业主应对此类承包商人员的变动进行监督。

虽然可能不存在正式合同，但同样的理念应适用于自身提供服务的团队，如实施工程项目的团队，或正在进行可行性研究和/或设计工作的团队。

施工承包商和分包商的一个重要考虑因素是其安全绩效。虽然承包商有责任监督其员工的行为并执行适当的安全要求，但业主通常对工地安全负有最终责任。业主可以通过对承包商活动进行随机、未经通知的检查来对承包商、分包商安全工作进行规范，以及对其他安全程序和安全工作条件的遵守情况进行监督。偶尔的正式审计还应对培训和资质记录等文件进行评估。

最后，应尽快提请承包商注意监督和监测活动中发现的所有问题，并商定满意的解决方案。如果无法达成协议，业主应考虑解雇承包商并终止合同。

2.7 风险管理

除了项目定义/实施、运营、环境健康与安全和过程安全风险外，项目还可能面临一系列不同的风险和不确定性，包括政治、地理、市场/商业、经济、监管、技术、安全和文化问题。

项目风险

对项目的最终价值产生积极的或消极的实质影响的潜在事件或情况。

项目风险(PMI)的另一个定义是“对项目目标有正面或负面影响的不确定事件或情况”。可以看出，与安全风险不同，项目风险既有积极的一面，也有消极的一面。具有负面影响的项目风险通常称为威胁，而具有正面影响的项目风险称为机遇。识别、评估和管理所有这些风险贯穿于整个项目生命周期。评估工作复杂，需要进行全面调查潜在影响及其发生可能性。应在FEL-1阶段制定削减风险的行动计划，然后随着项目的进展定期审查和更新。项目风险通常分为两级管理，即专业级和项目级。

对于专业级项目风险管理，项目工程师应使用特定方法进行详细的风险评估。每个专业通常都有评估风险的工具、标准和方法。例如，过程安全工程师经常使用HAZID、HAZOP、QRA、LOPA等的组合，以减少火灾、爆炸和有毒危害的风险(后面的章节中详细描述)。无论使用哪种工具，都应在项目生命周期的早期对风险进行评估，并后续回顾和更新结果。在早期设计阶段，项目范围不断演变，并可能发生变化，最初看起来可以接受的风险可能会变大。例如，在设计过程中初始布局可能是令人满意，而后期设计得越来越拥堵，致使控制室陷于爆炸的风险中。将剩余风险降低到一个可容忍的水平是终极目标，运营人员应在装置的全生命周期内进行管理。

项目风险评估(PRA)适用于建设项目(也可应用于较小的改造项目)，用于识别、评估和管理项目层面的关键风险和不确定性风险。风险可能是一种威胁，也可能是一种机遇；例如，如果延期4个月才能获得监管部门的批准，则可能是一种威胁，如果能够在2个月内获得批准，则可能是一种机遇。项目风险评估要求强有力的项目管理承诺，全面管理风险，并在项目团队内明确人员和职责，以实施项目风险评估。风险评估需要系统的、有文件记录的方法，配有有足够的资源，并且通常遵循闭环管理，如图2.2所示。

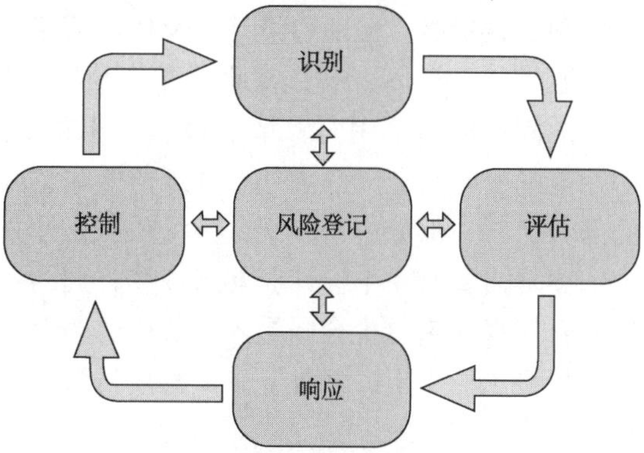

图2.2 风险评估循环

图2.2中的风险评估循环包括四个步骤：风险识别、风险评估、风险响应和风险控制。应对项目全盘进行风险评估，以避免以后出现意外，并严格地对所有风险进行优先级排序。通常采用检查表和由经验丰富的经理、工程师和操作人员头脑风暴相结合的方式，但也不断从专业层面的详细评估中获取信息。应为每个重大风险指定一名“责任人”，并负责确保有效的行动计划有足够的资源来管理风险。考虑到建设项目面临的风险复杂性，有效的风险管理需要定期跟踪每个风险的行动计划进度，并将其状态与项目团队沟通。项目的各个阶段都在执行此循环，通常嵌入到项目工作过程中。

记录项目风险的一种越来越普遍的方法是使用风险登记册(附录C)。风险登记册详略不一，但一般是包含每个识别的风险、风险描述、责任人、评估(影响、可能性)，以及采取的行动等电子表格或数据库工具。在项目生命周期的各个阶段，当更新风险或添加新识别的风险时，应讨论风险登记册。重大风险通常采用货币化表达对项目价值的财务影响。

大多数项目在项目生命周期的各个里程碑阶段进行某种形式的独立审查。这些审查多种多样，如“同行评审/同行协助”“阶段审查”“冷眼审查”等。它们的范围可能大不相同，但主要集中在项目级和/或专业级的风险管理上。

有关项目风险评估的更多信息和指导，请参阅出版物：《项目风险分析和管理指南》[*Project Risk Analysis and Management Guide*（APM 2004）]。

2.8 项目控制

大多数项目经理采用一系列控制措施来管控各种风险、不确定性、行动项、承诺、界面和其他要求以在预算和进度计划内获得满足规范要求的安全可靠设施。管控范围涉及计划、进度、评估、预算、成本控制、报告、财务和管理。

2.8.1 计划与进度

计划的主要作用是确保工作有序、协调地开展。这要求对工作任务、工作范围和资源进行识别并合理配置以提高效率，降低成本。然后定期对照目标日期，分析延误情况。通常使用甘特图、逻辑网络或其他复杂的计划工具制定两个或多个层级的详细计划。例如在项目的施工阶段，详细的计划可以在系统或区域的基础上分解成各个专业或班组计划，以识别出可提高生产力的改进措施。

应制定并定期更新项目安全计划，以识别整个项目生命周期内执行的过程安全活动。过程安全计划可与 EHS 计划合并，但两个计划中的任务应包含在项目总体计划中。附录 A 说明了过程安全活动，根据项目范围，这些活动可能适用于项目生命周期的每个阶段。

2.8.2 概算、预算和成本控制

所有项目都有必要进行成本估算，以确定其是否是一项可行的商业活动。初步估计可能只精确到数量级，但随着设计以及技术信息水平的确定会越来越精确。在项目批准时，估算精度通常优于正负 20%，将此预算作为项目预算。当详细设计基本完成，且采购订单和合同中的固定价格适用时，精度可能高于正负 15%，考虑市场条件、货币波动、天气延误、后期范围变化等造成的意外事件预留浮动空间。典型的成本控制方法是把项目分解成可管理的部分，每一部分进一步细分为反映项目计划的任务工作包。

项目需要有一个会计职能来核算收到的货物和服务，并对支出与预算进行监控。虽然交钥匙合同和固定总价合同是固定价格的，但需要密切监测变更单和其他成本补偿合同定期成本报告显示的支出、任务，并提醒项目管理层关注预算超支，以便采取纠正措施。

2.8.3 报告

通过报告定期将项目进度、关键事件、统计数据以及未来目标告知业主。报告中应包括承包商和主要供应商向业主提供报告的关键事项。如果合作伙伴参与项目，项目经理可能会定期向合作伙伴的技术代表作简报。

2.8.4 指标

除上述成本和进度指标外，项目可能还需要收集和报告其他绩效指标，如本地雇佣与外派人员、本地货物和服务合同、过程安全、伤害、疾病和环境统计以及其他业主公司要求。

2.8.5 行动项跟踪

风险评估以及技术、商业、EHS研究会形成大量的项目建议，针对这些建议，必须根据法律要求、规划许可、相关协商落实具体行动。因此项目需要建立机制来确定优先级、记录决策并跟踪每个建议和措施的进度。

2.8.6 项目变更管理

项目变更管理系统对大多数项目都至关重要。在项目前期工作(FEL)，随着从多个方案到单一概念的发展，可能会发生许多变化。项目文件的变更管理是评估和控制项目范围、设计、成本、进度等变化的过程，而通常所说的变更管理(MOC)一般适用于化学品、设备、程序和现有设施的变更。不管怎样，变更管理(MOC)的基本原则，即危害/风险评估、技术评审和正式批准，同样适用于项目变更管理。项目变更管理通常在危险源辨识与风险分析(HIRA)研究和设计危害管理(DHM)过程完成后实施，需要严格控制变更。

> ***项目变更管理***
>
> 项目变更管理即在组织中融入一种项目变更的识别、规划和评估的文化，以有效地管理项目变更。变更包括范围、误差、设计开发、估算调整、进度调整、变更条件、选择或要求。
>
> (来自 CII)

范围变更几乎总是需要对项目预算和/或进度进行调整，而且更有可能导致增加项目成本和延期完成项目。未经业主正式同意，项目经理需要警惕项目范围不受控制的扩展，即项目范围蠕变。许多项目在最终危害/风险评估后冻结了设计，此后的任何变更都需要一个正式的审批流程，包括评估技术理由、危害/风险和成本影响，并适用于所有专业变更和财务变更。有些项目甚至在项目进入执行阶段时引入了一种向无变更管理过渡的理念。

有关变更管理的更多信息和指导，请参阅以下CCPS出版物：《基于风险的过程安全》[*Guidelines for Risk Based Process Safety* (CCPS 2007b)]；《过程安全变更管理指南》[*Guidelines for the Management of Change for Process Safety* (CCPS 2008c)]。

2.9 其他考虑

2.9.1 物资管理

物资成本在建设项目总成本中占很大比例，一个物资综合管理系统可以通过降低成本、提高效率和质量，为项目的成功做出贡献。物资管理包括供应商资质、寻找货源、采购、质量管理(见下文)、催交、运输、物流、在项目施工现场的设备和其他物资处置。设备和物资的正确处置对于确保收到的物资符合采购规范并被正确储存，在安装之前和之后保存得当，以及正确识别看起来相似但规格不同的物资是非常重要的。为了检查和进行质量管理，所有物资资料应进行整理，并最终移交给运营部门。

2.9.2 质量管理

项目需要建立质量管理体系(QMS)来规定和传递从设计到运行的整个供应链的质量要求。质量管理体系确保将质量特性纳入设计规范，并建立有效的流程，以确保设备和其他物资的采购、制造、施工和移交交付符合规范要求。第8章对质量管理进行了详细讨论。

2.9.3 经验学习

执行多个项目的大型运营公司通常会实施某种形式的项目后评估(PPA)，以寻求经验学习和改进未来项目的机会。

> **经验学习**
>
> 从经验、成果或其他方面中获得知识，目的是提高未来的业绩。
>
> (来自 CII)

项目后评估(PPA)的经验学习涉及投资决策、技术、成本估算、利益相关者关系、运营投入、合资、承包商管理、设计危害管理(DHM)和一般项目管理等的经验教训(正面和负面)。设计危害管理(DHM)的经验学习对未来项目的过程安全应用具有重要意义。这些经验以电子表格、数据库或小册子的形式进行汇编，以便将来项目的项目管理团队可以随时使用。

2.9.4 项目竣工

应考虑收尾活动，并在早期项目进度策划时进行充分的规划。这一点与棕地开发尤其相关，与现有工厂附属设施的结合可能需要安排在工厂停车期间。项目管理团队在项目竣工后整理要移交给未来运营单位的信息[包括过程安全信息(PSI)]资料，以便于移交。

项目竣工后的其他活动包括：

- 与未来运营团队协调竣工查核事项清单和运行准备审查[即开车前安全审查(PSSR)]；
- 与业主达成协议，确定已竣工装置的财务责任和所有权，并在限定时间内继续为项目提供技术责任；
- 与未来运营团队协试车运行；
- 对于承诺有担保的特定设备，与业主达成设备后续责任的协议；
- 进行项目后评估(如上所述)，和业主或合作伙伴要求的任何其他审计；
- 管理承包商或供应商的索赔；
- 保存和归档项目文件、记录和数据，以供将来的项目使用；
- 业主组织内部借调或外部承包人员逐步退出；
- 编制项目竣工报告。

2.10 阶段关口审查

流程工业中的许多运营公司在建设项目生命周期的关键里程碑时进行审查。这些审查被称为阶段关口评审、盲审、同行评审、项目 EHS 评审等，通常由熟悉相关设施/过程和技术的独立且经验丰富的多学科团队进行。

不同公司审查的目标、范围和程度不同，但通常侧重于与项目开发阶段相关的技术和环境健康与安全(EHS)问题，特别强调过程安全。审查的主要目标之一是评估项目管理团队是否充分识别和评估了项目固有的危害及其相关风险，并制定了(或能够制定)计划来有效管理这些风险。项目的过程安全和环境健康与安全(EHS)计划为阶段关口评审提供信息。阶段关口评审小组可使用协议和/或检查表来指导其评估。协议示例见附录G。

如果评审小组发现项目管理团队没有完全达到其在该阶段的技术、EHS目标(活动和可交付成果)，则需提出改进建议。建议可能涉及项目未来阶段的计划。后续审查可以核实前几个阶段的建议是否得到充分解决。尽管最终决定权由把关人决定，阶段审查组可以向把关人建议项目是否准备好进入下一阶段。

扩 展 阅 读

Rosentrater, G., *Manage Projects Effectively*, Chemical Engineering Progress, November 2001.

Rosentrater G., *Preliminary and Final Engineering Scopes of Work*, Chemical Engineering Progress, December 2001.

Rosentrater G., *Complete Your Capital Project Efficiently*, Chemical Engineering Progress, January 2015.

Walkup G. W., Ligon J. R., *The Good, the Bad, and the Ugly of the Stage Gate Project Management Process in the Oil and Gas Industry*, paper presented at the SPE Annual Technical Conference and Exhibition, San Antonio TX, 2006.

3 项目前期第 1 阶段

任何项目的第一阶段都包括一系列的可行性研究，以评估潜在项目的商业和技术可行性。项目前期第 1 阶段(FEL-1)有时被称为“评价、评估或形象化”。图 3.1 说明了项目 FEL-1 阶段在项目生命周期中的位置。

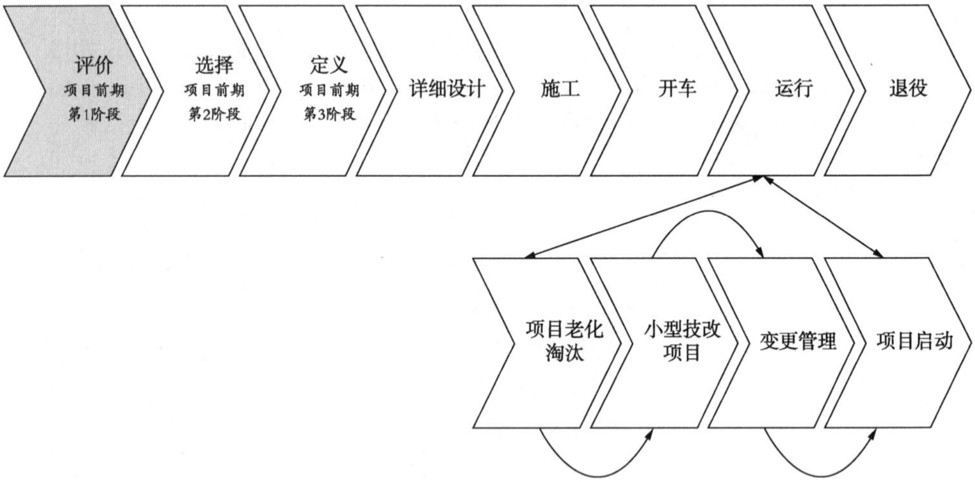

图 3.1　项目前期第 1 阶段

如第 2 章(见 2.5.1)所述，前期的评价阶段可能由项目前期团队或项目正式团队实施，这取决于业主公司的经验和对项目进展可能性的信心。本书后续部分使用“项目管理团队”表示该团队。

项目管理团队

在一个潜在项目的前期 FEL-1 阶段，项目管理团队根据公司的业务战略和目标开发多个项目，评估项目的商业可行性。每个备选方案都根据价值、风险(威胁和机会)和不确定性进行评估。关键的挑战包括对替代技术、过程和位置的评估。替代选择的例子可能包括分馏与吸收、间歇生产与连续生产、靠近基础设施，如海洋、道路、铁路、和/或管道以及毗邻社区和敏感地区。

按照技术和商业可行性两方面确定最有发展前景的项目。项目的技术说明(SOR)大纲通常被开发得足够详细，作为在项目前期 FEL-2 阶段进一步开发和评估各种选项的基础。正如下面所讨论的，项目管理团队还应该根据环境健康与安全(EHS)和过程安全对每个开发选项进行评估。

环境健康与安全

除了技术和商业目标外，项目管理团队还需要确定每个备选方案中可能影响项目可行性的任何重要的环境健康与安全(EHS)问题。特别是，对于在敏感区域的发展选项，应制定充分的风险管理计划以保护公司声誉。项目管理团队应确定是否有所需的信息以评估 EHS

风险、责任、法规符合性、承诺和不利影响，或是否有相应的措施来获取这些信息。最后，项目管理团队必须考虑每个建议选项的设计和操作是否能够满足公司的 EHS 政策和标准。

过程安全

从过程安全的角度来看，项目前期 FEL-1 阶段的主要目标是：

- 确定与正在考虑的项目相关的任何潜在过程安全风险，如新技术或工艺；
- 确保在开发每个项目时考虑本质安全设计原则；
- 评估任何过程安全问题，如对当地社区、环境和其他行业的潜在影响。

其他重要的过程安全目标，包括识别每个开发项目的任何不确定性，如未知的化学反应性/稳定性或腐蚀性，以及任何可能显著影响过程安全绩效的问题，例如在棕地项目建设中涉及重型起重设备在带电设备附近作业。基于这些目标和目的，本阶段的主要过程安全输入将包括危险源辨识与风险分析(HIRA)，下面将详细讨论。

3.1 预先危险辨识

预先危险辨识，又称预先危险分析(PreHA)，项目管理团队考虑的每个选项都应实施。在项目的早期阶段，只提供基本的资料。例如进料量和产品产量、位置、技术、工艺、总体布局，现有基础设施和原料/产品的运输方式，这些信息可能足以识别其他的基本信息，如工艺流程框图、工艺流程图(PFDs)、潜在的中间体/副产品、废水、环境排放和装置占地面积估算、库存等。不管怎样，这些信息应该足以进行初步的危险辨识。

之后，当备选方案的数目减少时，应随着概念设计的演变提供更详细的资料。在必要时，适当更新预先危险辨识。

进行预先危险辨识研究的最常用方法是检查表和头脑风暴，或二者的结合。大多数大公司和一些较小的公司都有自己的内部清单。头脑风暴应该由一个有技术、工艺和过程安全/损失预防知识的小组来进行。危险源辨识研究(HAZID)的范围通常非常广泛，通过依次检查每个区域/单元/模块/系统来查看项目的所有可能的主要危险来源。危险源辨识研究(HAZID)应该关注对人、环境和设施的潜在影响。

一些公司用于预先危险辨识的其他方法包括陶氏火灾/爆炸指数、陶氏化学指数、蒙德指数和 What If 分析。

表 3.1 给出了危险辨识中需要考虑的关注点和问题的简化且通用的清单。

表 3.1 危险辨识简化检查表

关注点/问题	关注点/问题
物料特性(毒性、易燃性/爆炸性、反应性、腐蚀性等)	第三方破坏(车辆、飞机、船舶、耕种、挖掘、载荷下降等)
工艺条件(物理状态、严重性、压力、温度、热力学等)	位置——对/来自邻近工业、社区、劳动力的影响
物理过程(失效模式、起重、钻孔、传送、补给燃料等)	位置——场地地形(自然、稳定性等)
环境因素(地震、洪水、风、浪、飓风、雪/冰等)	原材料/产品搬运及运输(公路、铁路、海运、管道等)
泄漏(过程、公用工程、管道、储罐、井喷等)	后勤(运输、物料、零件、支援服务、应急响应/互助等)
结构失效(沉降、冲刷、腐蚀、疲劳、超重等)	类似技术/工艺的事故历史
失稳/浮力、系泊/锚泊完整性(仅指漂浮设施)	类似技术/工艺的危险评价
升级/多米诺场景	

将可能产生的职业健康和环境影响，例如主要排放物、危险废物、排放(有各种处理方法)和自然资源的使用等列入危险辨识也是合适的，也可对这些因素进行单独的研究。

有关危险辨识方法的进一步信息和指南，包括更详细的清单，可从《风险评估程序指南》，第三版[*Guidelines for Hazard Procedures*，*3rd edition* (CCPS 2008b)]获得。

3.2 初步本质安全设计审查

本质安全设计是避免危险而不是控制危险，特别是通过减少有害物质的数量、设计抵制最坏情况的设备、减少装置中危险操作的数量来避免危险。

> ***本质安全设计(ISD)***
> 一种考虑化学工艺和工厂设计，
> 关注消除或减少危害而不是管理和控制危害的方法。
> (CCPS，2009)

本质安全设计(ISD)应用在项目的最初阶段是最有效的。虽然在后期有机会应用本质安全设计，但灵活性可能会降低，或造成重大的成本影响。因此，项目在开发每个备选方案时应考虑本质安全设计原则。本质安全设计的四个原则是：

强化/最小化：减少有害物质的数量(例如，在给定的生产速率下，连续搅拌釜式反应器危险要小于间歇式反应器)。

替换/替代：用危险性小的物质代替危险物质(例如用次氯酸盐代替氯气来处理水)。

稀释/弱化：使用低危险条件，低危险物料，或者最小化有害物质影响的设施(例如，稀释——使用含水氨代替无水氨)。

简单/简化：设计消除非必要复杂性的设施以降低操作错误的可能性，并冗余错误[例如，通过低压分离器分流避免上游高压爆破，减少安全仪表系统(SIS)]。

> **案例研究：新的海上平台**
>
> 一个小型海上气田的项目管理团队面临的挑战是如何新建一个商业上可行的开发方案。当时的标准设计规范是包括一个载人平台、处理分离凝析油、两条天然气和凝析油出口管道、发电机组、住宿、机组人员轮班的直升机。
>
> 各种载人平台的选择都被考虑过，但被证明是不经济的。通过遵循本质安全原则，项目管理团队开发一种新颖的无人操作设计，在岸上进行远程操作。通过选择一条通往岸上处理设施的多相出口管道，该平台就可以通过取消处理设备、发电机组(由岸上电缆提供)和住宿设施而简化。直升机也被取消，因为在风平浪静的天气里，每月都可乘船过来检修。其他措施包括使用耐腐蚀合金制作顶部节流压井管汇。
>
> 限制人员，消除直升机交通，并尽量减少危险库存，大大降低了安全风险。

这些本质安全设计原则通常被认为比其他降低风险的策略或方法更可靠。其他的策略包括增加被动的、主动的和程序性的风险降低措施，更适用于在以后的工程中处理剩余风险。

一些公司发现在项目前期 FEL-1 阶段进行本质安全设计的初步评审是值得的，以便更好地了解危害，并找到减少或消除拟开发方案中的固有危险。评审通常基于 What-If 分析、检查表和/或头脑风暴的组合。

有关本质安全设计的进一步信息和指导可参考以下 CCPS 出版物：《化工过程全生命周期本质安全应用指南》(第二版)[*Inherently Safer Chemical Processes, A Life Cycle Approach, 2nd edition* (CCPS 2009d)]；《危害评估程序指南》(第三版)[*Guidelines for Hazard Evaluation Procedures, 3rd edition* (CCPS 2008b)]。

3.3 概念风险分析

概念风险分析(CRA)评估重要的安全(有时是环境和健康)方面以及可能影响潜在项目可行性的任何不利影响。它通常处理关键问题，如位置(土地占用、社区、敏感环境、基础设施、物流等)和技术/工艺(危险、本质安全设计等)。预先危险源辨识研究(Pre HAZID)为确定重要情景提供了基础。

概念风险分析(CRA)是定量风险分析(QRA)的一种简化形式，基于通用技术/工艺数据和现场具体数据。根据项目这个阶段获取的有关技术和工艺的信息，使用了行业数据进行分析，如类似装置发生火灾/爆炸的可能性。可用的现场具体数据包括气象数据、危险库存位置、当地社区、员工总数和其他相关领域。

这种简化的定量风险分析在绝对意义上不太可能像在项目后期详细设计已经形成时所进行的定量风险分析那样精确。然而，将概念风险分析应用于多个选项的比较时，在很大程度上克服了在缺乏精确数据的情况下估算不准确的问题。选项之间的风险差异是重要因素，而不是绝对风险水平。这使得项目管理团队能够比较不同选项之间的安全风险，并对它们进行相应的排序。它还可以提供有关选项之间潜在的业务中断和财产损失相关风险的思考。所有风险都应记录在风险登记册中(见下文 3.4.2)。

概念风险分析应由有能力和经验的风险分析人员进行，该分析人员具有使用估算和假设代替精确数据的敏感性。风险分析由熟悉每个开发项目的技术和工艺人员组成。

项目管理团队应该仔细权衡每个开发方案的商业和技术属性，以及它们的过程安全和 EHS 风险。在选择首选方案之前，可能需要对项目前期 FEL-2 阶段有前途的方案进行进一步分析。

有关质量保证体系的进一步信息和指南可参考以下 CCPS 出版物：《化工过程量化风险分析指南》[*Guidelines for Chemical Process Quantitative Risk Analysis, 2nd edition* (CCPS 2000)]。

3.4 其他活动

许多其他活动支持项目前期准备。这些活动将在整个项目生命周期内持续进行，并需要定期更新。

3.4.1 过程安全和 EHS 计划

应在项目前期 FEL-1 阶段制定过程安全和 EHS 的初步计划，以确定每个开发方案所需的所有分析(附录 B)。这些计划可以合并在一个文件中。该计划应强调每项分析的详细程度及其时间进度。

3.4.2 风险登记

对于每个开发方案，预先危险源辨识研究(Pre HAZID)、本质安全设计(ISD)审查和概念风险分析(CRA)中确定的危害和风险应记录在风险登记册中(附录 C)。该风险登记册可以是整个项目风险登记册的单独部分，也可以是整个项目风险登记册的一个子集。

3.4.3 行动项跟踪

在项目前期 FEL-1 阶段确定的任何行动项都应该记录在项目数据库或电子表格中，并跟进解决。

3.5 阶段关口审查

流程工业中，在项目前期 FEL-1 阶段结束时进行阶段关口审查是很常见的。审查的范围因公司而异，通常技术和 EHS 问题要么单独处理，要么合并审查。过程安全通常包括在 EHS 审查中。审查由一个独立的、经验丰富的多学科团队进行，他们评估项目管理团队是否完成了其阶段的过程安全(和 EHS)目标(活动和交付物)。在评审结束时，评审小组将对任何需要的改进提出建议，并基于过程安全向关口管理员表明，项目是否准备进入下一阶段——项目前期 FEL-2 阶段。

阶段关口评审小组可以使用协议和/或检查表。附录 G 包括一个阶段关口审查协议的例子。表 3.2 说明了项目前期 FEL-1 阶段关口审查的典型过程安全范围。

表 3.2 项目前期第 1 阶段关口审查范围

项目范围	项目范围
审查技术和工艺中潜在的安全风险	检查能显著影响过程安全性能的项目选项
确认所有项目方案都经过了本质安全设计评估	识别每个项目选项的过程安全不确定性/未知数
审查所有可能对邻近设施、当地社区和环境产生过程安全影响的潜在地点	

案例研究：油田扩建

一个小油田稳定在一个集输中心，提取轻馏分，然后用有轨电车输出。一项勘探钻井计划发现了该储层的显著扩张，因此成立了一个项目小组，以制定增产 5 倍的方案。

对各种开发方案进行了评估，包括新井和输油、扩大具有液化石油气(LPG)回收的集输中心和增加轨道车装载设施。由于担心通过环境敏感地区，放弃了石油输出管道的选项。在项目前期 FEL-1 阶段结束时，项目组只有一个技术上和商业上可行的石油输出选择(铁路)。

项目前期 FEL-1 阶段评审小组审查了包括铁路输出在内的所有选项，这需要一列 12 节车厢的火车每小时、24 小时/天、365 天/年装运。几英里外，只有一条单轨线路连接着铁路终点站和干线，下面是下一趟列车的空车厢，而满载的车厢每小时都要向相反的方向运输。装车前和装车结束时都要对车厢进行安全检查，如果检查得当，装车时间大大少于一小时。由于同一条单轨上每天有三列火车输出液化石油气，这一选择更加复杂。

阶段关口评审小组认为，涉及原油和/或液化石油气轨道车的重大事故风险过高。特别是空车厢或早或晚到达，任何装载设备的问题都可能影响操作纪律，导致草率的安全检查和走捷径。关口管理员同意了，项目团队开发了一个包括一条管道的替代石油输出方案。

3.6 总结

对大型建设项目的生命周期产生积极影响的最佳时机是在产生资本支出之前的早期概念和规划阶段。项目前期 FEL-1 阶段是在多个符合业务目标的潜力项目上识别充分的战略信息。从过程安全的角度来看，这包括应用本质安全设计原则理解每个选项和位置的危害、风险和不确定性。这一认识为进一步开发和选择项目前期 FEL-2 阶段的优选方案奠定了基础。

附 加 阅 读

Amyotte P. R., Goraya A. U., Hendershot D. C., Khan F. I., Incorporation of Inherent Safety Principles in Process Safety Management, Proceedings of 21st Annual International Conference, Center for Chemical Process Safety, Orlando FL, 2006.

Bridges W., Tew R., Controlling Risk During Major Capital Projects, Chemical Engineering Progress, April 2009.

Ebert J. M., Front-end loading for a successful capital project, Inform Magazine, Vol. 27(6), 2016.

van der Weijde, G. A., Front-end loading in the oil and gas industry: towards a fit front-end development phase, Master Thesis, Delft University of Technology. 2008. Accessed online on May 26, 2017 at: http://repository.tudelft.nl/

4 项目前期第 2 阶段

假如可选项目通过项目前期第 1 阶段(FEL-1)评估认为在技术上和商业上可行，项目就进入下一阶段的项目前期第 2 阶段(FEL-2)，有时被称为选择、挑选或概念阶段，即改良和评估选项以获取最优项目，同时将威胁和不确定性减少到一个可接受的水平。图 4.1 说明了项目前期第 2 阶段(FEL-2)在项目生命周期中的位置。

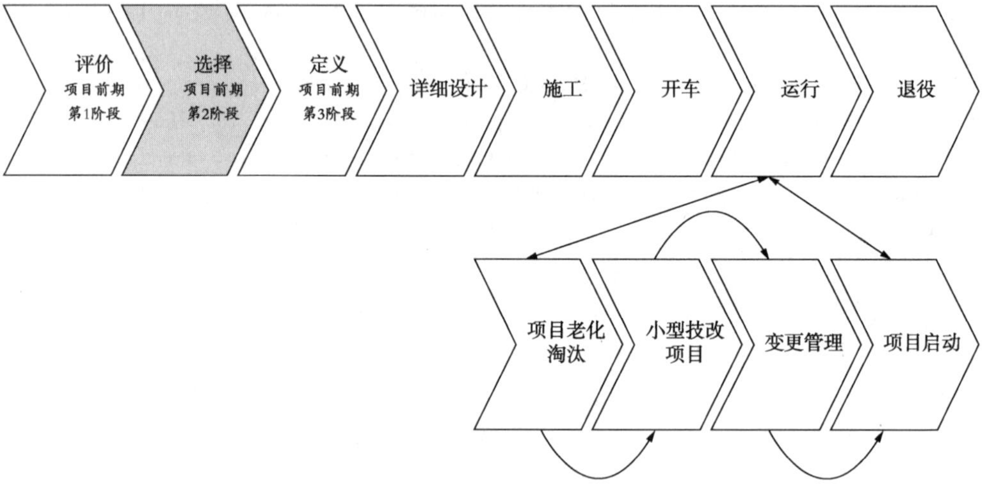

图 4.1　项目前期第 2 阶段

项目管理团队

项目管理团队的重点是完成技术和商业研究，以达到足够的水平来选择一个单一的最佳概念设计和初步开发计划，包括场地、设施和基础设施需求，以推进项目前期 FEL-3 阶段。为了在项目前期 FEL-2 阶段为每个技术上和商业上可行的选项开发所需的详细信息，项目团队需要高层次的跨学科集成和适当的功能专业知识的参与，包括过程安全。

典型的可交付成果包括：

- 最终技术说明(SOR)；
- 针对任何新技术/未经验证的技术的计划；
- 基本工程包，包括但不限于：
  - 设计大纲；
  - 物料与能量平衡；
  - 初步工程图纸(布局图、PFDs、P&ID 等)；
  - 过程描述；
  - 过程控制描述；
  - 设备和仪器的初步清单；
  - 设备和仪器数据表；

- 长周期项目的采购计划；
- 项目组织、运行和维护的初步策略；
- 更新的项目风险登记册；
- 项目成本估算和初步进度计划。

从项目前期 FEL-2 到项目前期 FEL-3 的转换是项目生命周期中的一个重要决策点，因为项目前期 FEL-2 通常是最后一个修改或终止项目而不会产生重大财务和进度影响的机会。

环境健康与安全

从环境健康与安全(EHS)的角度来看，项目团队需要识别和更新所有 EHS 风险，解决项目的整个生命周期特别是那些与新技术和位置特征相关的风险。制定项目 EHS 计划，以确定在未来项目阶段如何管理 EHS 风险。该 EHS 计划是一个动态文档，它将随着生命周期后期阶段的发展而不断更新和进化。其他项目前期 FEL-2 阶段的活动包括开发符合公司政策的项目 EHS 管理系统，识别所有适用的法规、标准和相关的公司期望，并确认已经获得了适用的监管和批准许可或已经制定了获得这些许可的计划。最后，团队需要确保所选项目的设计和操作能够满足公司的 EHS 政策和标准。

过程安全

项目前期 FEL-2 阶段的过程安全目标一般建立在项目前期 FEL-1 阶段的基础上，即：

- 识别与设备全生命周期、新技术/未经验证的技术和位置特征相关的所有过程安全问题(重大危险、不确定性等)；
- 确定所有适用的过程安全法规、标准和相关的公司期望；
- 建立过程安全计划(可能包含在项目 EHS 计划中)；
- 建立风险管理策略，包括未来的危险源辨识与风险分析(HIRA)研究。

在各开发项目必须满足项目可行的某些技术和商业标准的同时，这些选项的过程安全方面也必须满足既定的企业风险标准。评价项目前期 FEL-2 阶段的过程安全方面通常涉及更详细的危害评价和风险分析研究，包括对场外重大事故风险的评价。为将设计变更的成本损失减少到最低，早期识别和评估危害为项目决策提供了关键性输入。在确定最佳选址、工艺技术、设备和基础设施需求时慎重应用本质安全设计方法。

适当的过程安全研究和活动将在下面讨论：

ⅰ. 评估开发选项并选择唯一开发项目(第 4.1 节)；
ⅱ. 进一步明确所选择的开发方案(第 4.2 节)；
ⅲ. 其他过程安全活动(第 4.3 节)。

4.1 开发方案的评估

项目前期 FEL-2 阶段的一个主要目标是选择将要使用的工艺技术。对每个开发方案进行的过程安全研究将取决于项目范围。大多数研究将集中在危险源辨识与风险分析(HIRA)上，并根据不同项目选择不同的风险评估方法，包括高水平的识别重大危害的 HAZID 方法和简单的基于类似装置的行业数据评估预期风险的量化风险评估(QRAs)方法。本质安全设计和备选布局也可以进行评估，以确定在每个选项中可以实现风险降低。可对每处可能选择的项目地点都评估潜在的事故情景。风险评估结果的排序将确定工艺和位置，确保最低剩余风险。

根据项目范围和对项目生命周期的 HIRA 分析结果和建议，一些项目可能需要进行额外的专家分析。例如，靠近航道的海上石油开发可能需要评估船舶碰撞风险。其他专业分析的例子包括管道水击、地震活动、运输等相关的风险。

4.1.1 风险辨识

应就项目小组审议的每一个备选方案进行 HAZID 研究。在项目前期 FEL-2 阶段，HAZID 是对潜在重大事故风险的高水平、系统性的审查，以帮助项目选择单一的最优概念。对于较小的项目，可能只需要单一的 HAZID 研究。

在该阶段，可获得的资料将比项目前期 FEL-1 阶段所提供的资料更多。如果预先准备了初步的 HAZID，那么应该随着每个选项的定义发展使用可用数据进行更新。如果之前没有进行初步的 HAZID，则风险辨识应集中在危险材料和关键工艺部分，这些部分能产生影响人、环境和/或财产的重大事故风险。

进行风险辨识最常用的方法类似于第 3 章中描述的初步 HAZID，即：检查表和头脑风暴，或两者的结合。也可以使用"What If"方法。应由一个具有技术、工艺和过程安全/损失预防知识经验丰富的小组进行风险辨识。

为了使 HAZID 有效，过程安全工程师或其他有能力的推动者需要制定检查表，以充分覆盖开发项目的范围。一个检查表可能不足以涵盖所有需要的分析，根据开发选项的具体性质，可以增加表 3.1 中的简化检查表。潜在的职业健康和环境影响也可能包含在 HAZID 中。

HAZID 研究还为风险登记提供了初步基础，该登记汇总了装置中存在的风险及其来源、位置、重要性和控制设施。风险登记册为风险管理提供了一个起点，也是某些地方政府的一项监管要求。

关于 HAZID 研究方法的进一步信息和指南，包括更详细的检查表，可从《危险评估程序指南》(第三版)[*Guidelines for Hazard Evaluation Procedures, 3rd edition* (CCPS 2008b)]获得。

4.1.2 初步本质安全设计审查

本质安全设计原则是通过消除或减轻危害来降低重大事故风险，而不是通过实施控制和其他保障措施。本质安全设计应在项目前期 FEL-2 阶段对每个发展方案进行审查，以确定减少或消除固有危险的方法。如果以前进行过本质安全设计审查，那么应该在每个选项的定义发展时使用可用信息进行更新。如果没有，本质安全设计审查应该在项目前期 FEL-2 阶段进行，因为在项目早期阶段应用本质安全设计原则的重要性怎么强调都不过分。这是将风险降低到与公司政策一致的可接受水平的关键方法。审查考虑了场地、工艺技术、设施和基础设施需求的本质安全设计因素，因此在筛选开发选项时可看出明显差异。这样项目团队就可以确立风险概况，以便各选项的成本预算进行比较，帮助选择工艺。

审查通常基于 What If 分析、检查表和/或头脑风暴的组合，并遵循第 3 章概述的原则。

如果项目策略是压缩进度，则可能无法充分融入重要的本质安全设计内容。如果是这样，项目管理团队应该建立机制，在项目结束和/或项目后评估时继续讨论，为将来的项目总结经验教训。

可从以下 CCPS 出版物获得进一步的信息和指导：《化工过程全生命周期本质安全应用指南》(第二版)[*Inherently Safer Chemical Processes, A Life Cycle Approach, 2nd edition* (CCPS 2009d)]和《危害评估程序指南》(第三版)[*Guidelines for Hazard Evaluation Procedures, 3rd edition* (CCPS 2008b)]。

4.1.3 概念风险分析

如果在项目前期 FEL-1 阶段进行了概念风险分析(定量风险分析的一种),以评估每个开发选项的重要安全方面和不利影响,那么随着每个选项定义的进展,可能会对其进行更新,以反映其他信息。在新项目的早期,信息有限也限制了分析的深度。随着项目的推进,信息约束逐渐减少。危险源辨识研究(HAZID)还可以识别相关的其他危险场景,不同选项之间的风险差异对最佳选项的决策有重要的影响。

虽然项目前期 FEL-2 阶段的分析深度可能会增加,但是概念风险分析的范围和方法仍在第 3 章中讨论的内容一致。有关质量保证体系的进一步信息和指南可参考以下 CCPS 出版物:《化工过程定量风险分析指南》(第二版)[*Guidelines for Chemical Process Quantitative Risk Analysis, 2nd edition* (CCPS 2000)]。

在选择了最佳开发选项之后,项目团队将该选项的定义提升到与公司对项目前期 FEL-2 阶段的需求一致的级别。一些公司对选项进行了更详细的初步风险分析,这将在下面的 4.2 节中讨论。

4.1.4 选择开发选项

最终开发方案的选择将取决于许多因素。最重要的是,从商业角度来看,这个选择必须在商业和技术上可行,否则项目将无法进行。然而,所选择的选项也必须符合公司的 EHS 政策和风险标准。一些地方政府还制定了风险标准,在这种情况下,项目管理团队必须满足最苛刻的标准。

公司的 EHS 政策和风险标准可以是定性的,也可以是定量的。在后一种情况下,项目前期 FEL-2 阶段的备选方案的定义水平及初步风险分析结果还不精确。因此将评估结果与公司的个体或社会风险标准进行比较前都需要仔细评估,特别是有关公众安全方面。

有关风险准则的进一步资料和指导,可参阅 CCPS 出版物:《定量安全风险准则指南》[*Guidelines for Developing Quantitative Safety Risk Criteria* (CCPS 2009b)]。

优先考虑的其他过程安全和 EHS 因素包括:

- 危险物质与人群(包括当地社区)安全距离足够,避免不必要的拥挤,并保留缓冲区/未来扩展区(棕地项目可能存在面积和间隔距离的限制,需要特殊设计安全措施来降低风险)。
- 提供足够的空间,以便灵活安排和控制出入口、安全的交通、走廊和可靠的公用设施(棕地项目可能需要高架管道和其他妥协,如新/旧控制系统的接口)。
- 施工可能涉及将重型压力容器和/或其他设备提升到现有的工艺设备之上,风险辨识应考虑这一风险。
- 本地区具备相关技能的员工和其他资源的可用性。
- 当地应急响应人员能够处理与设施操作相关的危险的可用性和充分性,包括消防、救援、医疗、安全和警察。
- 可能影响现场的邻近设施。
- 棕地项目可能需要升级现有设施以满足当前的环境要求。

项目团队还需要确定选择哪种技术。如果该技术是需许可的工艺,则应向许可方提供足够的过程安全信息。此外,参观使用相同技术的工厂可能有助于选择。如果该技术是在公司内部开发的,可获得的信息可能包括实验室研究、中试工厂开发或类似设施的操作经验。

如果该技术是新的或未经验证的，那么分析风险的数据可能就很少，最终的决定可能有些主观。如果新选项的优点很大，项目团队可能会选择两个选项，同时用更传统的技术进行并行开发。在这种情况下，最后的选择可能要等到项目前期 FEL-3 阶段。

一些替代技术的选择代表了产品质量/产量、现场/场外风险和成本之间的平衡。例如，烷基化催化剂通常选择硫酸或氢氟酸。后者在辛烷值和催化剂消耗方面具有优势，但需要显著的风险降低措施(冶金、水喷剂、自卸罐等)，如果接近当地社区，可能不满足企业的风险标准。

海洋石油平台设计是另一个技术替代的例子，它可以是固定式平台(钢或混凝土支腿、顺应塔式平台)、人工岛、自升式、水下或浮动(半潜式、钻井船、浮式生产储油船、张力腿、柱体式平台)。每个选项都需要解决不同的过程安全问题。最终的选择是基于水深和成本，但其他因素，如机动性、上层甲板设备、人员规模、管道出口、钻井也被考虑在内。一些经济可行的典型水深如表 4.1 所示。

表 4.1　经济可行的平台类型及水深

平台类型	水深*
自升式平台	最高 550 英尺(170m)
顺应塔式平台	1500~3000 英尺(450~900m)
固定导管架平台	最高 1700 英尺(520m)
张力腿平台	600~6000 英尺(200~2000m)
Spar 平台	最高 8000 英尺(2440m)
半潜式平台	200~10000 英尺(60~3050m)
钻井船	最高 12000 英尺(3660m)

* 持续的技术进步可能会增加水深。

项目团队可能会在系统化和结构化分析每个选项时使用项目价值进行衡量，从而在功能、性能、质量、安全性和成本之间实现最佳平衡。这个过程识别和去除不具竞争力的选项和不必要的设备，以降低成本，从而增加项目的价值。具有适当平衡的选项会产生最大价值，并可能被选中用于项目。

应该指出，从安全的角度来看，最佳的开发方案不一定是剩余风险最低的方案。尽管如此，所有重要的过程安全和 EHS 的潜在危险都应该有可接受的解决方案，或者能够在项目的时间范围内开发出解决方案。

4.2　所选方案的进一步定义

成功地将过程安全融入项目中的主要好处之一是减少了剩余安全风险。项目团队必须平衡相互的优先级，因此最终的解决方案常常是折中的。然而，项目团队应该设法将剩余风险降到合理可行的最低限度。这一目标提出了一种本质安全设计方法，即减少对操作人员的要求，同时限制发生重大事故的可能性。关于“最低合理可行原则”(ALARP)的风险控制原则的进一步信息和指导可从以下 CCPS 出版物获得：《定量安全风险标准指南》[*Guidelines for Developing Quantitative Safety Risk Ceiteria* (CCPS 2009b)]。

项目团队根据对业务案例和开发中固有风险和不确定性的理解选择了更优的开发方案后，需进一步开发该方案以产生一个初步的项目开发/执行计划。

为编制这项计划需进行更多的技术和商业研究。下面将讨论相关的过程安全性研究和活动。

4.2.1 设计危害管理流程

项目团队面临的一个核心挑战是如何在保证项目按计划和预算的同时将风险提升到合理可行的最低限度。面对这一挑战时，出现了几个问题：

- 有什么风险？
- 它们的影响有多严重？
- 它们发生的频率如何？
- 哪些风险是最大的威胁？
- 什么是经济有效的替代方案？

许多公司采用某种形式的设计危害管理（DHM）来识别和评估重大风险，并通过功能安全和其他设计安全措施不断降低风险。IEC 61511 提供了一个动态的功能安全生命周期，以确保安全仪表系统（SIS）的设计和完整性（IEC，2016）。同样重要的是要避免控制系统及其数据完整性的漏洞，这些漏洞可能会显著增加风险。

> ***功能安全***
>
> 与过程及其控制系统相关的整体安全的一部分，
> 它取决于安全控制、警报和联锁以及其他保护层的正确运作。
> （CCPS 2017）

主要的事故危险包括泄漏（LOC）导致的爆炸、火灾和有毒物质释放。应考虑导致泄漏的初始事件如腐蚀、外部撞击（坠物、车辆/船只碰撞等）、操作失误和环境危害（地震、飓风、洪水等）。利用设计危害管理（DHM）有助于将本质安全设计和过程安全原则整合到项目中。

表 4.2 说明了在项目前期设计危害管理（DHM）中的典型关键步骤。下面将讨论项目前期 FEL-2 阶段这些典型的关键步骤和其他过程安全活动。

表 4.2 设计危害管理过程中的典型步骤

项目阶段	步　骤
项目前期 FEL-1	• 在每个开发选项中确定主要的事故危害
项目前期 FEL-2	• 危险源辨识与风险评估（HIRA） • 优化装置布局和设计 • 建立安全设计概念/关键设计措施（包括功能安全）
项目前期 FEL-3	• 继续本质安全设计优化 • 完善安全设计概念/关键设计措施（包括功能安全） • 制定绩效标准 • 重新评估重大事故风险 • 完成重要的设计安全决策 • 设计基础（BOD）定案

虽然项目团队可以开发一个风险设计管理理论/策略在早期的项目前期 FEL-1 阶段定义目标和标准，设计危害管理通常在项目前期 FEL-2 阶段选择开发选项时开始，并在项目生命周期中迭代地持续实施。项目团队制定设计危害管理实施计划，确定所需的风险分析、环境和安全研究。该计划应在随后的项目前期 FEL-3 阶段进行更新，以便在项目执行开始之前就知道所有需要的研究。设计危害管理计划可纳入 EHS 计划和/或过程安全计划(见下文)。

在某些行政辖区，业主及/或运营单位负责识别、分析及管理他们所造成的重大事故风险。准备的设计和操作安全案例研究，详细说明了识别的风险，记录了为评估风险而进行的研究，描述了用于管理风险或减轻风险潜在后果的措施。在项目前期 FEL-2 阶段，需要收集安全设计和研究所需的信息。文件要求将在第 12 章中讨论。

设计中的危害管理包括从源头上消除或最小化重大事故风险(即本质安全设计原则)，并防止残留风险发展为重大事故(即管理剩余风险)。总体目标应该是将剩余风险降低到至少符合公司政策的水平。设计过程中的剩余风险管理通常包括应用本质安全设计(ISD)和添加风险降低措施，即保护层或屏障。

保护层可能是：

- 硬件设备、控制系统(包括 SIS)、容器、管道等。
- 程序化的操作程序、安全操作规程、维护程序等。

在项目前期和详细工程阶段的优秀实践是尽可能避免依赖程序和人为干预来管理剩余风险。表 4.3 说明了各种风险降低措施的有效性层次。

表 4.3　风险降低措施的层次

风险降低措施	
• 消除 • 预防 • 控制 • 减轻 • 应急响应	↑ 增加有效性

该层次结构中的一些风险降低措施的例子：

- 使用替代方法消除(例如使用危险性较低的化学品；水处理采用液体或固体次氯酸盐代替氯气)；
- 源头预防(例如，使用抗腐蚀合金来防止腐蚀或压力容器设计可承受最坏情况下的极端压力)；
- 通过设计措施或管理程序(如火灾/气体探测器和紧急停车系统)进行控制；
- 保护人员的缓解措施(例如个体防护装备及防爆建筑物)；
- 防止事态升级的应急响应(如消防用水)。

一般来说，被动措施(如堤坝、排水、防火)比主动措施(如紧急停车系统、安全仪表系统)更可靠，因此人们更倾向被动措施。对于为降低风险而选择的措施的可靠性有一个优先等级，如下：

- 被动措施比管理或程序化措施更可靠；
- 主动措施比管理或程序化措施更可靠。

例如，设计一个能承受爆燃的气囊比安装灭火系统可靠，安装灭火系统又比依赖操作者的监视和控制更可靠。

这些原则应该反映在风险设计管理过程中。然而，最终的设计可能会包括被动、主动和一些程序性的安全措施。

风险设计管理的其他重要方面包括提供：

- 通过降低重大事故的严重性和潜在的升级来控制其后果的完整性设计；
- 减轻和保护人员、设施免受火灾、爆炸和有毒气体(包括烟雾和燃烧产物)的危害。

附录D是可用于识别和管理设计安全问题的检查表。一些公司有一个设计安全"路线图"，概述了在不同的项目阶段推荐的活动。

关于功能安全的进一步信息和指导可从以下出版物获得：《化工过程安全自动化应用指南》(第二版)[*Guidelines for Safe Automation of Chemical Process*, *2nd edition* (CCPS 2017b)]；《功能安全——过程工业部门的安全仪表系统》-第1部分：框架、定义、系统、硬件和应用程序编程要求[*Functional Safety——Safety Instrumented Systems for the Process Industry Sector-Part 1: Framework, Definitions, System, Hardware and Application Programming Requirements, IEC 61511-1*(IEC 2016)]。

案例研究：海洋平台——Piper Bravo

北海的Piper Alpha平台设计源于在墨西哥湾使用的设计。1980年进行了改造，以节约和输出天然气。为了将最危险的操作与住宿分开，Piper Alpha平面布局最初计划是方形的，但转为气体处理后破坏了这个安全概念，将敏感区域与气体压缩结合在一起，这可能是风险最高的。1988年，Piper Alpha遭受了最严重的海上石油行业灾难，167人丧生，成为行业变化的分水岭事件。

随后的公众调查提出了一些与本质安全设计相关的建议，包括对火灾和爆炸危险、进入住所的烟雾和气体、临时避难所的有效程度、关键安全设备的脆弱性以及疏散、逃生和救援的研究。这些研究导致了平台设计的根本变化。

后来的生产平台设计总是采用更加夸张的矩形规划/布局，从而增加了舱室与危险模块之间的分隔。取代Piper Alpha的Piper Bravo的布局，为新一代海上平台设定了标准，安全是其固有的特征。除了矩形的平面布局，其他的Piper Bravo设计特点包括：

- 防爆墙(以及防火墙)有助于敏感模块的分离；
- 房舱增压和HVAC系统配备自动防火阻尼器；
- 临时避难，至少承受2h防火/防爆；
- 控制室远离危险模区块；
- 冗余通信系统，以避免共模故障；
- 管道紧急切断阀(ESDVs)由外壳保护，防止火灾和爆炸；
- 管道提升管远离舱室，配备水下紧急切断阀，在液压损失时自动关闭；
- 工艺设备具备快速排污以除去烃类；
- 远距离起动消防泵的空间分离；
- 从临时避难所到自由下落救生艇的逃生路线。

参考：Broadribb, M. P.,《我们真正学到了什么？25年后的Piper Alpha》。*Prpcess Safety Progress*，第34卷：第1期：2015年3月16-23日。

4.2.2 初步的本质安全设计

设计危害管理(DHM)需要多层次的设计措施来降低风险。本质安全设计是设计危害管理方法的一个元素，包括尽可能消除危害、优化布局和主要结构与系统的完整性，以最小化风险的影响。因此，本质安全设计避免了危险，而不是控制危险，例如，替换成危险性较低的物料、减少危险物料的数量、为最坏情况设计设备或减少危险操作的数量。

在项目的早期阶段应用本质安全设计原则的重要性怎么强调都不为过。实现具有成本效益、本质安全设计的最好机会是在项目前期，因此在项目前期 FEL-2 阶段尽最大力量以确定所选方案的关键本质安全设计措施是很重要的。

关于本质安全设计的进一步指导可参考以下 CCPS 出版物：《化工过程全生命周期本质安全应用指南》(第二版)[*Inherently Safer Chemical Processes, A Life Cycle Approach, 2nd edition* (CCPS 2009d)]。

4.2.3 危险源辨识和风险分析

对所选项目的危险源辨识研究(HAZID)可以在设计可用时进行更新，更新的风险分析随后被用作风险评估的输入。

一些公司对所选项目进行更详细的初步风险分析。风险分析的范围与第 3 章讨论的概念风险分析相似，但所选项目更详细信息的可用性使初步风险分析比概念风险分析更深入。例如，所选项目的设计已经发展到可以从基础工艺包获得关于主要设备尺寸、设计理念、初步 P&ID、隔离阀布置和概念布局的信息。安保风险可以添加到初步风险分析的范围内，也可以单独进行初步安保脆弱性分析(SVA，见第 4.2.13 节)。

初步风险分析还可用于评估布局、设备选址/间距、拥挤/限制、排水、脆弱建筑/设备造成的业务中断等方面的变化，以及设计防火和防爆等安全措施。主要目标是：

- 识别最坏的和/或最有可能的风险，以便制定替代设计计划以消除或减少风险或减轻风险的后果。
- 确定通过本质安全设计可实现的风险降低，用于成本效益分析。
- 量化风险或对风险进行定性排序，以便在设计中加入任何所需的风险降低措施，以满足业主既定的风险承受标准。

可从下列出版物获得进一步的资料和指导：

CCPS，《风险评估程序指南》(第三版)[*CCPS, Guidelines for Hazard Evaluation Procedures, 3rd edition* (CCPS 2008b)]；

CCPS，《化工过程定量风险分析指南》(第二版)[*CCPS, Guidelines for Chemical Process Quantitative Risk Analysis, 2nd edition* (CCPS 2000)]。

API，《海上生产设施设计和危害分析推荐规范》(第二版)，API RP 14J，美国石油学会，2001(*API, Recommended Practice for Design and Hazards Analysis for Offshore Production Facilities, 2nd edition, API RP 14J, American Petroleum Institute, 2001*)。

ISO，《石油和天然气工业——海上生产装置——识别和评估危险事件的工具和技术指南》，ISO/DIS 17776，国际标准化组织，1999[*Petroleum and Natural Gas Industries-Offshore Production Installations-Guidelines on Tools and Techniques for Identification and Assessment of Hazardous Events* (ISO 1999)]。

CMPT，《海上和石油技术中心海上装置定量风险评估指南》[*Guide to Quantitative Risk*

Assessment for Offshore Installations, *The Centre for Marine and Petroleum Technology* (CMPT 1999)]。

4.2.4 工程设计法规、规范和标准

在详细设计开始之前，确定哪些法规、规范和标准将适用于新项目是至关重要的，应该在所有设计研究中使用。国家和/或地方法规可规定一系列设计要求，包括但不限于：

- 设计工程师和技术人员的能力(如认证，P.E.，C.Eng.，中国设计协会等)；
- 分区、建筑物高度限制等；
- 工程文件(如 OSHA PSM PSI，安全案例等)；
- 设计因素(如承重结构的安全系数等)。

国际性的和/或国家规范和标准有可能适用。例如：

- 国际标准：ISO，IEC 标准；
- 美国：API，ASME，ANSI，NFPA，ISA，OSHA 或 DOT；
- 欧盟：ATEX，PED，EN，BS 或 DIN；
- 其他国家：中国、日本等；
- 公司：业主公司政策/标准，承包商标准。

所有选定的工程规范和标准应该在详细设计之前进行更新和“冻结”，以避免以后的更改和重复工作。该项目还应建立一个正式的程序，以评估和批准任何偏离选定的工程规范和标准。

此外，地方政府可能会要求特定的原材料和自然资源供应商，或特定的设备制造承包商。保险公司可指定最低要求，例如间距/安全措施，以减少火灾升级/财产损失。

4.2.5 设计理念/策略

同样，在进行详细设计之前，有必要建立一些初步的设计理念和策略，这些思想和策略指定了在设计过程中要遵循的某些方法和标准。设计理念的典型例子涉及但不限于以下主题：

- 放空、减压和火炬系统；
- 控制系统(如 DCS、SIS、报警系统)；
- 火警及气体探测；
- 消防；
- 应急响应；
- 操作和维护。

基于过去的运营经验和控制失效事件、火灾和气体检测理念，例如可以指定如下相关标准：危险区域探测器、热/火焰/烟/气体/蒸气探测、烟/气体/蒸气的浓度检测、速度/时间的检测、检测微量气体/蒸气云大小等等。这意味着设计人员准备接受的泄漏或火灾量级将不会被检测到。其他方面，例如探测器类型(点传感器、光路或声路)和数量，可以在评估现场特性之后添加。这种理念会影响停车、放空、防火等方面的策略，并且总是需要迭代方法来优化设计。

其他可能重要的细节举例包括在一个特定项目的设计理念中：

ⅰ. DCS 设计应该允许常规导出各种数据和信息。这应包括但不限于：配置信息、人机接口(HMI)、标签数据库、历史操作信息——包括连续和事件驱动、警报和警报响应。导出

的信息应该以可访问/可读的格式存储，以便快速和完全访问。

ⅱ. 极端事件以及自然灾害如洪水、地震等的应急反应计划，应该包括识别关键过程变量进行记录和保存，以便理解历史过程的操作条件，使其可用于处理安全事故调查和其他分析。

许多较大的建设项目也有 EHS 理念，包括过程安全。EHS 理念定义了将在项目生命周期中应用的原则和规范，并成为制定 EHS 和过程安全计划的基础(见 4.3.1 节)。

4.2.6 装置选址初步研究

工艺区域中永久性和临时性建筑的选址需要仔细考虑爆炸、火灾和有害物质意外释放产生的有毒气体的潜在影响。美国石油学会(API)发布了永久性(API 2009)和可移动/临时(API 2007)建筑物及住所(API 2014)的推荐规范。一些国家和/或地方司法行政辖区可能有其他建筑法规，如国际建筑法规® (ICC 2018)。

应对所选项目进行初步选址研究，以评估与陆上装置操作相关的潜在爆炸、易燃和有毒危险，以及这些危险对现场人员和建筑物的影响。本研究的范围可与初步风险分析(见第 4.2.3 节)相结合，必要时还可与初步安全脆弱性分析(见第 4.2.13 节)相结合，以评估任何潜在的场外影响。需要提供关于初步布局/地块计划、危险库存、初步 PFD(如果有的话，还有初步 P&ID)、初步热量和质量平衡以及关键建筑位置的信息。

装置选址研究的结果通过识别潜在的缓解策略来识别危险的薄弱环节。由于布局和设备可能会发生变化，因此这个过程被设计为迭代的(贯穿项目前期 FEL-3 阶段和详细设计阶段)，以帮助项目团队从安全角度做出布局决策。特别重要的是，应在开始建造之前确定项目临时建筑物的位置。

可从下列出版物获得进一步的信息和指导：

《装置选址和布局指南》(第二版)[*Guidelines for Siting and Layout of Facilities, 2nd edition* (CCPS 2018a)]；

《化工厂建筑物外部爆炸、火灾和有毒物质排放评价指南》(第二版)[*Guidelines for Evaluating Process Plant Buildings for External Explosions, Fires and Toxic Releases, 2nd edition* (CCPS 2012b)]；

《与化工厂永久性建筑物位置相关的危害管理》，API RP 752(第三版)[*Management of Hazards Associated With Location of Process Plant Permanent Buildings, API RP 752, 3rd edition* (API 2009)]；

《与化工厂临时建筑物位置相关的危害管理》，API RP 753(第一版)[*Management of Hazards Associated With Location of Process Plant Portable Buildings, API RP 753, 1st edition* (API 2007)]；

《与化工厂住所位置相关的危害管理》，API RP 756(第一版)[*Management of Hazards Associated with Location of Process Plant Tents, API RP 756, 1st edition* (API 2014)]。

4.2.7 火灾爆炸初步分析

虽然初步的火灾和爆炸分析对海上设施特别重要，但一些陆上设施也可能受到距离限制和/或堵塞限制。因此，海上分析的一般原则可适用于陆上概念设计的布局和设备。

在 1988 年北海的 Piper Alpha 灾难之后，引入了海上火灾和爆炸分析的法规(英国政府，1995 年)。对于海上开发，应使用初步平台或钻机布置图进行初步的火灾和爆炸分析。如果适用，也可以评估有毒物质的潜在后果，如释放 H_2S。

鉴于海上设施的固有特点，人员与危险的空间间隔有限，因此研究的重点应放在对人员、临时避难所(通常为生活区)和平台/钻机结构和设备的影响：

- 火灾　热、视力模糊、氧气消耗、燃烧产物的吸入；
- 爆炸　受伤/死亡、设备/结构损坏(爆炸超压、高温、抛射物等)；
- 毒性　吸入有毒气体/蒸气。

当布局和设备可能改变时，采用迭代评估，以帮助项目团队从安全的角度做出布局决策。在项目前期 FEL-3 阶段和详细设计阶段，除了完成火灾和爆炸分析外，可能还需要研究：进入临时避难所/生活区/避难所的烟雾和气体、临时避难所以及安全关键设备的脆弱性。

可从下列出版物获得进一步的资料和指导：

- (HSE 2016)《海上设施防火防爆与应急响应》[*Prevention of fire and explosion, and emergency response on offshore installations* (HSE 2016)]；
- 《海上设施(防止火灾和爆炸和紧急反应)条例》，1995 年健康与安全管理局批准的标准、规范和指南，L65，2016 年第三版[*Offshore Installations (Prevention of Fire and Explosion, and Emergency Response) Regulations*, 1995. Approved Code and Practice and Guidance, L65, 3rd Edition, Health and Safety Executive, 2006]；
- UKOOA，《火灾和爆炸危险管理指南》，1995 年[UKOOA *Guidelines for Fire and Explosion Hazard Managemen* (UKOOA 1995)]。

4.2.8　交通运输

许多项目包括不同的运输方式来输送原料、催化剂和润滑油，输出产品，处理废弃物等，如公路、火车、管道和海运。

根据项目具体因素和当地的情况，可能需要一个或多个研究来评估运输的危害和风险。评估的范围和精细程度将根据具体情况而有所不同，但可能涉及后果分析和/或风险分析。

交通运输的具体例子如下：

野外管道

对于野外管道项目，高后果区(HCA)评估确定了可能对敏感地区造成影响的管道段，如居民区、饮用水源、生态资源、公园和森林、商业捕鱼和休闲用水以及其他对环境有重要影响的地区。

根据管道路线、运行条件和管径的初步数据，在项目前期 FEL-2 阶段进行高后果区评估。高后果区评估应包括管道从小孔到完全破裂导致的不同后果，研究应该以迭代的方式进行，以帮助项目团队从安全的角度进行管道决策。

海上运输

如果计划建造新的滨水设施来处理液化天然气和液化危险气体(LPG 和其他化学品)，或者扩建或改建现有的海运码头，美国要求业主或经营者进行航道适宜性评估。初步航道适宜性评估必须在运营前至少一年提交，而且应该解释项目情况[港口特点、设施和水路交通路线(海上到设施)]，并完成海上安全/安保风险评估、风险管理策略、海上安全的资源需求以及保卫与应急。

航道适宜性评估基于航道路线、货物细节、操作频率，建议研究团队中包括一名具有与海岸警卫队队长类似丰富经验的成员。可在 33 CFR 127《处理液化天然气和液化危险气体的滨水设施》中获得进一步的信息和指导(第 007 部分，意向书和航道适宜性评估)。

国际海事组织(IMO)和地方法规可能影响危险货物船舶的设计和航行路线。类似的后果/风险分析研究可能有助于理解和减少风险。

关于后果分析和风险分析的进一步信息和指导可参考以下 CCPS 出版物：《化工过程定量风险分析指南》(第二版)[*Guidelines for Chemical Process Quantitative Risk Analysis, 2nd edition*(CCPS 2000)]。此外，以下 CCPS 文献还包含了后果分析和风险分析各方面的信息：(CCPS 1989，1994a，1996b，1998a，1999，2002，2008b)。

4.2.9 放空和减压初步研究

泄压和减压初步研究确保了降压过程中自动制冷产生的温度不会导致工艺设备和火炬系统的脆性断裂风险。该研究通常用于确定设备部分的最低设计温度和建筑材料。

研究应基于放空、压力释放和火炬系统原理，以及 P&ID 的初步信息、火炬布局(如可行使用轴测图)和被保护设备。

有关的进一步资料和指引，可参阅以下 CCPS 出版物：《泄压处理及排放系统指南》[*Guidelines for Pressure Relif and Effluent Handling Systems* (CCPS 1998b)]。

4.2.10 火灾和气体检测初步研究

火灾和气体检测初步研究意味着在装置中确定火灾和气体检测设备的位置，火灾和气体检测设备包括火灾探测、可燃气体检测、有毒气体检测、二氧化碳检测或其他检测和报警设备。

该研究应基于火灾和气体与控制系统原理，并要求初步设计信息和场地规划、装置选址研究(或海上火灾和爆炸研究)的输入，以及建议首选的火灾和气体探测位置和类型(如果有的话)。

进一步的信息和指导可从以下 CCPS 出版物获得：《有害物质释放的持续监测》[*Continous Monitoring for Hazardous Material Releases* (CCPS 2009a)]；《化工、石化和烃加工装置防火指南》[*Guidelines for Fire Protection in Chemical, Petrochemical, and Hydrocarbon Process Facilities* (CCPS 2003b)]。

4.2.11 火灾危害初步分析

火灾危害初步分析开发了一种经济有效的防火策略，包括主动和被动(防火、排水和密封)防火系统、表面保护和隔绝。该研究应与本质安全设计工作相结合，纳入诸如间隔、布局、危险隔离和材料替代等战略，以尽量减少风险。

火灾危害初步分析确定潜在火灾的位置、规模和持续时间，并基于防火理念/策略、初步规划、过程描述和易燃/可燃材料库存。

更多信息和指南可参考以下 CCPS 出版物：《化工、石化和烃加工装置防火指南》[*Guidelines for Fire Protection in Chemical, Petrochemical, and Hydrocarbon Process Facilities* (CCPS 2003b)]。

4.2.12 消防水初步分析

消防水初步分析是对消防水供应和分配的初步评估，包括供应、分配、泵、泵控制、固定消防系统(水喷淋、泡沫、监视器、消防栓)和便携式设备。根据装置的特点和位置(如北极地区的开发)，可能不适合或不需要消防水系统。火灾危害初步分析应确认这些要求。

消防水分析应以消防理念、火灾危害分析和初步配置图为基础。

更多信息和指南可参考以下 CCPS 出版物：《化工、石化和烃加工装置防火指南》[*Guidelines for Fire Protection in Chemical, Petrochemical, and Hydrocarbon Process Facilities* (CCPS 2003b)]。

4.2.13 安保脆弱性初步分析

安保脆弱性分析是一种管理生产、处理危险化学品场所安保脆弱性的方法。包括对处理、储存和加工危险物料的人员从个体到群体的思想的审查，判断这些个体或群体有无造成伤亡或供应中断的重大事故的意向。

初步的安全脆弱性分析和对可能情景的风险分级是通过评估危险物质的库存和工艺、潜在的攻击途径以及提出的安全对策来识别可能的情景并对其进行风险排序。在项目前期 FEL-3 中，随着设计的发展，需要评估其他的应对措施来降低风险，应该进一步处理高风险情景。

有关的进一步资料及指引，可参阅以下的 CCPS 出版物：《分析及管理固定化学废物处理场安全脆弱性指南》[*Guidelines for Analyzing and Managing the Security Vulnerabilities of Fixed Chemical Sites* (CCPS 2003a)]。

4.2.14 其他工程设计注意事项

项目管理团队需要交付一个既可安全操作又符合业主 EHS 政策(包括风险承受标准)的项目。良好的过程安全绩效要求：(i)识别危害，(ii)理解与这些危害相关的风险，(iii)通过“做正确的事情”来管理风险。妥善管理风险以防止重大事故的发生，或在事故发生时减轻事故的后果，一定需要高于地方法规。当然，地方法规也可能需要特定的交付物。

不同的地区有不同的方法来备案和沟通工程设计要求。重要的是要了解当地在设备仪表、图纸和程序方面的惯例和测量体系。清楚地理解度量单元是至关重要的，如果原始设计使用的测量单位没有在当地使用，则应进行单位转换，需要转换为在当地国家使用的公制/国际单位。

4.3 其他活动

除了需要进行各种过程安全研究以进一步定义所选的开发选项之外，还有许多其他活动支持项目前期和项目执行。这些活动在整个项目生命周期中持续进行，应定期更新。

4.3.1 EHS 和过程安全计划

应更新项目前期 FEL-1 中制定的初步 EHS 计划和过程安全计划，以管理与项目开发概念相关的固有剩余风险。特别是，该计划应确定将为项目进行哪些过程安全性、功能安全性和额外的专家研究、详细程度和时间安排以及实施该计划所需的资源。如果功能安全辨识出由 SIS 来管理剩余风险，则应根据 IEC 61511 制定功能安全计划。附录 B 给出了一个典型的计划内容。

4.3.2 风险登记

应更新项目前期 FEL-1 阶段的风险登记册，以供选择开发方案使用。随着设计的发展，为确保充分管理风险而必须保持的任何设计要点(如关键安全设备)和管理过程(如员工能力)都应该被记录在案。必须清楚地理解这些设计要点和管理过程，不维护好其中之一或两者都可能导致风险增加。附录 C 中是项目风险登记册样例。

4.3.3 行动项跟踪

对于所选的开发项目，应该更新项目行动项跟踪数据库或电子表格。有些项目将行动项跟踪登记和项目风险登记(见上面的 4.3.2 节)结合在一起，在这种情况下，在项目结束时，任何未解决的风险和行动项必须移交给运营者。例如，开车后可能需要进行噪声研究。

4.3.4 危险源辨识和风险分析策略

作为前瞻性规划的一部分，项目团队应该为未来的危险源辨识和风险分析(HIRA)研究制定策略，解决危害识别、危害评估、后果分析和风险分析。此策略可纳入过程安全计划。

该策略应处理以下各方面：

- 危险源辨识和风险分析方法的选择应该基于项目的特性和复杂性。
- 在最终的危险源辨识和风险分析研究之前，可以进行初步和/或中期研究。
- 最终的危险源辨识和风险分析研究应该是全面和高质量的，包括领导和团队的能力/操作经验、P&ID 和设计信息的质量、过程安全信息以及文档要求等。
- 最终的危险源辨识和风险分析研究范围覆盖项目的所有方面，包括具有潜在危险的供应商包装。如适合，最终的危险源辨识和风险分析研究应考虑装置选址和人为因素。
- 完善的问题闭合系统，包括职责分配和处理项目职责之外的任何建议。
- 最终危险源辨识和风险分析研究时间进度表应延伸到将研究发现纳入早期订购项目规范中。
- 变更管理启动应不晚于最后的危害识别研究(如 HAZOP)。
- 最后的危险源辨识和风险分析研究后的变化将进行危害评审。

对于简单的变更管理和非工艺工程项目，使用检查表和/或 What If 作为危险识别方法可能是合适的。对于流程复杂的大型项目，主要化工和油气公司首选的危险源辨识和风险分析方法是 HAZOP、LOPA 和 QRA 的组合。如上所述，在缺乏任何规范方法的情况下，方法的最终选择应基于项目的性质，并应足以确保彻底解决重大危险。

4.3.5 文档

关于所选开发项的过程安全信息和其他文档的编制需要从项目前期 FEL-2 阶段开始，并在项目前期 FEL-3 阶段和项目执行期间继续进行。随着详细设计的发展，早期的过程安全信息将需要修改和/或更新。这将在第 12 章中详细讨论。

4.3.6 阶段关口评审

当项目前期 FEL-2 阶段接近完成时，应进行阶段关口评审，以确保项目充分管理了过程安全(和 EHS)风险。阶段关口评审小组可以使用协议和/或检查表，如附录 G 中的详细协议。表 4.4 说明了项目前期 FEL-2 阶段关口评审的典型过程安全范围。

阶段关口评审小组应该独立于项目，熟悉类似的设施/过程/技术，通常由经验丰富的领导者、工艺工程师、操作代表、过程安全工程师、其他学科工程师(视情况而定)和 EHS 专家组成。在评审结束时，评审小组将对任何需要的改进提出建议，并基于过程安全向把关者指出项目是否准许进入下一阶段，即项目前期 FEL-3 阶段。

表 4.4 项目前期 FEL-2 阶段关口评审范围

项目范围
确认需要特别注意的固有的过程安全和 EHS 危害，或识别出需要进一步调查的不确定情况
确认对于危险和不确定情况的解决方案是可行的，或者能够在项目的时间框架和组织内被开发出来
确认识别了所有与项目全生命周期特征、新技术和位置性质相关的过程安全和 EHS 关注点
确认识别了所有适用的法规、标准和相关公司的期望
确认建立了完善的过程安全和 EHS 计划，并与项目组进行了沟通，管理层批准了后续工作
确认建立了完善的过程安全和 EHS 风险管理策略，包括后续的危害辨识与风险评估研究

4.4 总结

综上所述，对重大建设项目产生积极影响的最佳机会是在生命周期早期的概念阶段。项目前期 FEL-2 阶段继续评估从项目前期 FEL-1 阶段开始的每个开发选项的危害、风险和不确定性，直到可以确定一个首选选项。然后，应用本质安全设计原则进一步开发此选项，编制包含物料、技术和设备的过程安全信息(PSI)的基本工艺包(BEP)。该基本工艺包代表了项目前期 FEL-3 阶段进一步开发的基础和前端工程设计包的准备工作，可以提供给工程承包商来完成详细工程。

5 项目前期第 3 阶段

一旦在项目前期第 2 阶段(FEL-2)选择了一个单一的、商业上可行的开发选项，项目就进入了项目前期的下一个阶段——项目前期第 3 阶段(FEL-3)，有时称为定义、详细设计或基础工程设计(FEED)，该阶段包括完善技术定义和项目执行方案，使项目人员对所选项目的设计、费用估算和进度安排更有信心。图 5.1 说明了项目前期第 3 阶段(FEL-3)的位置。

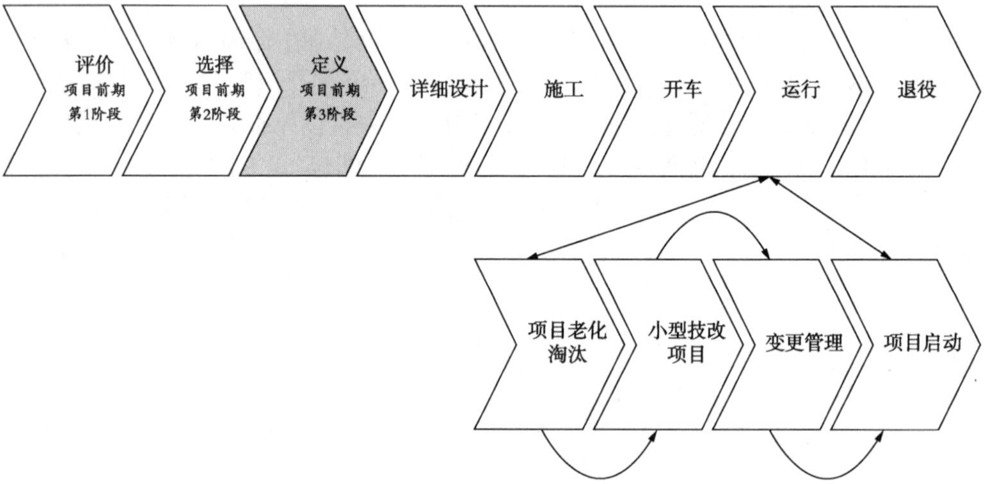

图 5.1　项目前期第 3 阶段

项目管理团队

项目管理团队的最终目标是获得业主对项目的确认和项目实施推进所需的财务许可。项目前期 FEL-3 阶段末期典型的交付资料包括：

- 项目授权所需要的商业协议；
- 为管理合作伙伴和监管机构批准而制定的计划；
- 最终决定的设计基础(BOD)；
- 基础工程设计(FEED)包；
- 成本估算(一般为+25%/-15%或更高)和项目进度计划；
- 合同和采购策略/最终计划，包括主要设备的合同/实际价格；
- 最终确定的试运行/开车计划和操作/维护策略；
- 培训计划；
- 股东的推广计划；
- 总体项目风险和不确定性被证明是可接受的；
- 所实施的变更管理流程。

从工程角度来看，项目管理团队关注于完成基础工程设计(FEED)，其包含所有完成项目工程建设所需的关键信息。这些信息包括：例如，关键设备的初始信息、建筑材料、管道/接头、电力/控制系统连接、钢结构、布线、建筑物等，在项目前期 FEL-2 阶段（第 4 章）的活动被更新和最终定案，并编制初步图纸（例如总图/3D 模型、P&ID、因果关系）和准备数据表单（例如救援方案、释压阀门）。

环境健康与安全

从环境健康与安全（EHS）的角度来看，项目团队需要更新项目生命周期内所有 EHS 风险。环境健康与安全（EHS）相关研究获得的建议（包含专家建议）应该被采纳和执行。项目需要更新环境健康与安全计划，以确保准备就绪可以启动建设。其他项目前期（FEL-3）阶段活动包含确认与 EHS 相关的工程设计符合或者超出法规以及公司要求，确认了令人满意的项目规范和标准以及设计理念。最后，团队需要确保 EHS 文件内的要求得到满足。

过程安全

在 FEL-3 阶段的过程安全目标通常建立在项目前期 FEL-1 阶段和项目 FEL-2 阶段形成的基础之上，即：

- 最终确定过程安全计划（可能包括在项目环境健康与安全计划中）；
- 确保设计符合适用的过程安全法规、标准，以及相关的公司期望；
- 进一步实施设计危害管理（DHM）流程，以：
  - 根据指定的风险管理策略，通过各种危险源辨识与风险分析（HIRA）方法评估主要风险；
  - 通过优化本质安全设计（ISD），持续降低风险；
  - 完善功能安全、安全关键设备（SCE）和其他 FEL-2 阶段开始的安全措施设计（见第 5.2.4 节）；
  - 制定性能标准。

随着项目定义水平的提高，与项目前期 FEL-2 阶段相比，重大风险评估涉及更多更详细、定量的危险源辨识与风险分析（HIRA）研究。这进而允许通过应用本质安全设计（ISD）原则优化剩余风险，并通过各种被动和主动安全设计措施进行风险管理。额外的过程安全活动包括策划资源和培训策略，以及确保完整性管理/工程保证流程到位。这些过程安全研究和活动将在下面讨论：

- 如果没有在项目前期 FEL-2 阶段完成评估开发选项，选择单个选项（第 5.1 节）；
- 进一步定义所选的首选选项（第 5.2 节）；
- 其他过程安全活动（第 5.3 节）。

5.1 评估开发选项

在 FEL-2 阶段，需要完成开发选项的评估和优选单一方案。在首选方案中还是有一些小的选择，例如往复式或离心式压缩机。然而，当出现不止一个开发选项可能被带入 FEL-3 阶段时，尤其当某个选项涉及未被验证的新技术时，这是不理想的，而且意味着在 FEL-2 阶段内没有完成需要的工作。

在这些情况下，选择单个开发选项的必要过程反映了第 4 章 4.1 节中描述的内容。因为每个选项的定义可能都有所增加，对每个开发方案进行的过程安全研究可能更详细。例如，高水平的 HAZID 方法，如果初步 P&ID 是可用的那么初级 HAZOP 方法可能是可行的。定量风险分析(QRAs)甚至可以比较评估哪个选项的残余风险最低。

5.2 进一步定义开发选项

在项目前期 FEL-2(第 4 章)阶段，当项目管理团队选择了他们倾向的开发选项时，这一项目将被进一步发展到制定一个初步项目开发/执行计划。在项目前期 FEL-3 阶段，选项的设计进展到可以在项目的执行阶段进行详细工程设计的程度。为实现这一步，进行了更多的技术和商业研究，形成基础工程设计(FEED)包，通常包括可交付成果，详见表 5.1。

表 5.1 基础工程设计(FEED)包中的典型可交付成果

可交付成果	可交付成果
成本估算	初步的因果图
项目进度计划	管道规格
最终的设计基础(BOD)——原料、产品产量和规格	最终设计原则[泄放、紧急停车(ESD)、火灾及气体(F&G)监测、备用设备、废水处理等]
流程设计	
详细工艺描述	布局/装置布置图
工艺流程图(PFDs)——批准设计	危险区域划分(HAC)
热和物料平衡	初步电气单线图
运营理念	电缆和管道布线图
实用设计基础、原理、负荷、供应状况和详细描述	土建工程图(地基、建筑物)
公用工程流程图(UFDs)——批准用于设计	长周期设备目录及规格
设备清单(含标签号码)	长周期许可
设备和仪器数据表(维护、尺寸、操作和设计条件)	关键安全设备登记
初步 P&ID	安全仪表系统(SIS)安全规格要求

备注：该表不意味着必须全包括。

某些先决条件必须在过程安全和技术研究之前制定好，并形成基础工程设计(FEED)包。一些必要的基本决策和数据可能已在项目前期 FEL-2 阶段确定，包括但不限于：

- 技术说明(SOR)；
- 项目前期策略；
- 初步成本估算；
- 项目前期 FEL-3 阶段的财务审批；
- 设计规范和标准，可以是国家、行业或企业的；
- 设计原则，如泄压、放空和火炬；火焰及气体探测；控制系统；安全仪表系统(SIS)，紧急关闭，操作和维护；防止极端事件等的数据保护；
- 危险源辨识与风险分析(HIRA)的策略；
- 气象及地形数据；
- 项目审批的第三方要求，如规划部门、环境监管机构、合资伙伴；
- 语言和计量单位，尤其是海外项目。

除了绿地开发，新项目可能会要求提供有关现有设施和基础设施的信息。基础工程设计(FEED)研究将需要竣工图和最新设备记录，以及操作和检查记录。根据对现有记录的信任程度，可能需要对地面和地下范围内的设备、管道和电缆进行现场勘察。

与基础工程设计相关的过程安全研究和活动将在下面进行讨论。值得注意的是，虽然研究和活动在下面依次列出，这是一个需要定期更新不断迭代的过程，有时甚至在特定场景下需要重复。附录 D 中的清单也可用于识别和管理设计安全问题。

5.2.1 设计危害管理过程

设计危害管理(DHM)是一个识别和评估重大事故风险(MAH)的过程，而且通过不断地设计安全措施降低风险。主要目的是从源头消除或减少重大事故风险(MAH)，防止一般风险演化成重大风险。当经过制定设计危害管理(DHM)实施计划和完成初步危险源辨识与风险分析(HIRA)方案选择后，设计危害管理过程通常在 FEL-2 阶段启动。

在前期工作基础上，FEL-3 阶段着重于通过本质安全设计(ISD)和更详细的危险源辨识与风险分析(HIRA)研究持续降低风险。如果发生重大事故，其他目标是为了确保：

- 足够的设计完整性来控制后果的严重性(例如火灾、爆炸、有毒物质释放等)和潜在的演变恶化；
- 减轻事故后果和保护人员、环境和财产。

设计危害管理实施计划应当及时更新，确保在项目启动执行阶段前完成所有危险源辨识与风险分析。总体目标是将剩余风险降低到最低限度，通过结合应用本质安全设计原则和增加风险管控措施即设计安全措施来满足公司政策要求，参见第 4 章第 4.2.1 节所提供的降低风险措施的更多信息和示例。

在项目前期 FEL-3 阶段的典型设计危害管理(DHM)的步骤是：

- 继续本质安全设计优化；
- 改善安全措施设计，包括功能安全；
- 设定绩效标准；
- 重新评估重大事故风险；
- 确定重要的安全决策；
- 最终确定设计基础(BOD)。

以下将讨论项目前期 FEL-3 阶段的这些关键步骤和其他过程安全活动。

5.2.2 本质安全的设计优化

降低项目剩余风险的最有效方法是在 FEL-2 阶段和 FEL-3 阶段的早期采用彻底有效的危险源辨识与风险分析(HIRA)，贯穿整个项目执行阶段高性价比的本质安全设计(ISD)选项被定义和维护。因此，本质安全设计工作随着项目定义水平的提升，从 FEL-2 阶段开始(见第 4 章 4.2.2)持续到 FEL-3 阶段，直到风险控制、可操作性和成本之间的优化平衡得以实现。在项目前期 FEL-3 阶段结束时，项目应该在项目执行的准备阶段，确认所有关键的本质安全设计措施。这些措施应记录在项目的风险登记册中，尤其是当不同的人员(业主工程部/或承包商)负责项目前期和详细工程时。

如果之前对所选选项进行了本质安全设计(ISD)审查，则应使用可用信息作为项目定义，并在项目前期 FEL-3 阶段更新。审查应考虑消除风险的机会，优化站点布局，优化结构和系统完整性，以控制剩余风险的影响。What IF、检查表和/或头脑风暴等方法将被结合使用。可使用以下分级方法降低风险(CCPS 2009d)：

- 消除和最小化设计引起的风险；
- 预防(降低可能性)；
- 监测(向控制点传输信息)；
- 控制(规模、强度和持续时间的限制)；
- 减轻后果(保护免受影响)；
- 应急响应。

关于本质安全设计(ISD)审查的进一步信息和指导可从以下 CCPS 出版物获得：

《化工过程全生命周期本质安全应用指南》(第二版)[*Inherently Safer Chemical Processes, A Life Cycle Approach, 2nd edition* (CCPS 2009d)]和《风险评估程序和指南》(第三版)[*Guidelines for Hazard Evaluation Procedures, 3rd edition* (CCPS 2008b)]。

5.2.3 设施选址和布局

场地布局和间距会影响材料和施工成本、重大事故风险和未来运行的安全性。通常，在布局设计中优化本质安全设计(ISD)可以降低成本、复杂性和风险。为了优化本质安全设计，需要进行工厂设施选址研究(FSS)以解决场外和现场受到潜在的火灾、爆炸和有毒危险的影响。这允许布局被调整以降低风险。厂区选址研究(FSS)在 5.2.6.2 部分讨论。

选址和布局的各个方面将会在下面讨论。

5.2.3.1 重大事故风险

为了防止火灾或爆炸附近影响的人员、财产和设备，必须有足够的布局和间距来降低火灾，或通过将燃料源与潜在的点火源分开防止爆炸风险。应该评估与当地社区、其他行业、办公室、商店、公共道路和其他方面的邻近度，以降低风险。例如，现场液化石油气(LPG)球罐的布局可能有几种选项，需仔细评估地形、盛行风向和在紧急情况下邻近建筑(例如，学校、医院、住宅等)的撤离措施，这对于降低风险十分必要。如有可能，应考虑“绿化带”或者缓冲区域来降低冲击。

有毒物质释放会顺风传播很长一段距离，然后扩散到不再对健康造成严重影响的浓度。有毒物质分隔存放、减少最大储量可以减少对社区的潜在影响，同时布局应考虑到盛行风向。敏感的环境栖息地、河流和地下水资源的邻近程度也应该被考虑。

5.2.3.2 新布局考虑

对于绿地开发，可能有更大的自由来优化布局，而棕色地带的开发，可能会有一些由于面积有限和邻近社区与相邻设施而引起的妥协。工厂选址研究(FSS)应寻求优化：

- 危险设施与其他危险设施和无害设施的分离/隔离，例如：
  - 来自人的易燃、易爆和有毒风险；
  - 来自点火源的易燃危险，例如火炬和火焰加热器；
  - 工艺装置/设备的间距，以限制事件发生时的潜在恶化；
  - 相互作用的化学物质。
- 工艺排放口的位置。
- 进口/出口/疏散路线和应急响应设施的位置和保护。
- 已有建筑的位置和保护，例如办公室、控制室、车间和生活区。
- 就地避难设施的位置和保护，包括暖通空调进气口。

以下 CCPS 出版物提供了进一步的信息和指导：

《设施选址和布局指南》(第二版) [*Guidelines for Siting and Layout of Facilities, 2nd edition* (CCPS 2018a)]；

《工艺装置厂房外部爆炸评估指南》(*Guidelines for Evaluating Process Plant Buildings for External Explosions*)；

《火灾和有毒物质的释放》(第二版) [*Fires and Toxic Releases, 2nd edition* (CCPS 2012b)]。

5.2.3.3 现有布局的复制

一些棕色地带的开发可能需要增加一个或多个与现有工艺单元相同产品的工艺单元。在这种情况下，通过选择与现有工艺单元相同的技术和设计，可能会降低成本。但是，项目应该验证现有的布局和设计是否符合当前的行业规范和标准，可能自原装置投入使用以来有关规定发生了变化。

5.2.3.4 一般选址问题

不管一个项目是绿地还是棕地，会有一些常见需要解决的选址问题：

间距

设备的合理间距受风险影响，也是在可操作性、可维护性以及应急出口、应急响应方面最重要的设计考虑因素之一。间距表可用于明确工艺设备之间的最小距离。然而，大多数行业工艺装置和设备的间距表是基于保险公司对火灾后果的经验(美国保险协会 AIA，1968年；工业风险保险公司 IRI 1991 年；美国国家消防局 NFPA 2015a)。封闭于建筑内的工艺设备不适用于这些间距表，在气体消散、通风和消防设施等方面与露天加工装置相比，可能更易受损。

如果存在爆炸和中毒风险，可能需要更大的间距。项目应该进行具体的后果分析或定量风险分析(QRA)来评估限制爆炸伤害和急性气体中毒所需的间距。火灾危险源的均匀间距可能需要基于特定区域情况对间距表进行调整。可燃烃类的地上储罐(ASTs)尤其需要小心布局和保持间距，以最大限度地降低储罐火灾升级的可能性。

棕色地带的设置有时是一种由于间距灵活性受限的妥协。但是，提供被动防火和防爆保护或者其他安全措施设计可以证明缩短距离是合理的。增加间距和排放控制可能适用于具有内部应急反应能力的厂区装置。当地法规可能会规定最小间距要求。

更多信息和指导，包括间距表，可从以下 CCPS 出版物获得：《设施选址及布局指南》(第二版) [*Guidelines for Siting and Layout of Facilities, 2nd edition* (CCPS, 2018a)]；《过程安全工程设计指南》(第二版) [*Guidelines for Engineering Design for Process Safety, 2nd edition* (CCPS 2012a)]。

排放系统和围堵措施

精心设计的排放系统、围堵措施和下水道可确保由于危害材料的泄漏和溢出所导致的潜在影响最小化。

事故控制和排放系统应设计成：

- 将易燃材料溢出物带离设备和潜在点火源，例如防止压力容器下出现池火；
- 将溢出的有害物质从有人的建筑物、出口/疏散路线带离；
- 分离干净和含油的径流、排放物和流出物；

- 分离不相容的材料，例如互相反应的化学品；
- 为了防止浮在水上的烃类物质扩散到附近工艺区域，从潜在事故现场移除消防水(以最大使用率)。

二级防护系统，如护堤、堤坝和路缘应用于防止储罐、工艺容器和管道中储存的溢出物扩散，特定场合容器的设计应当考虑以下参数：区域地形、储存规模、现场人员以及雨水/消防排水等。通常的做法是，筑堤最少可遏制储量的110%。可选择双层罐用于一些地上储罐(ASTs)和地下储罐(USTs)。

还应为任何油罐车装卸操作和便携式容器(如桶、ISO罐)储存区提供汇集池。汇集池一般要求不太严格，假设工作人员在现场会立刻注意到泄漏，任何溢出都将很快清理完毕。当地的法规和规范可能规定汇集池所需的容量(例如美国国家消防局NFPA、国际法典委员会ICC、美国环境保护局EPA)。在没有法规要求的情况下，汇集池能容纳100%的油罐车最大仓或最大容器的储量，或该区域所有容器总体积的10%，以较大者为准。

散装物料的储存

散装物料包括各种各样的干固体化学原料、产品，催化剂和过滤介质，例如聚合物、盐、酸、磷酸盐、精炼焦炭、硫、硅藻土和黑炭等。它们的粒度范围从小球到颗粒再到粉末，需要筒仓、料斗、箱柜和袋装储存设施。这些储存设施总是需要气动输送机和流化传输、灰尘过滤和散装袋处理系统。

以下CCPS出版物提供了进一步的信息和指导：《粉末和固体颗粒的安全处理指南》[*Guidelines for Safe Handling of Powders and Bulk Solids* (CCPS 2004)]。

限制和拥堵

如果着火，限制可燃蒸气云或可燃物粉尘云会导致爆炸超压迅速增加。不受限的蒸气云通常不会产生足够的火焰扩散来导致过压。然而，即使有小的限制，高压可能是由阻碍引起湍流产生，蒸气云爆炸(VCE)或尘埃爆炸中过压发展的主导因素是：

- 造成湍流的障碍；
- 限制程度；
- 蒸气或尘埃的化学反应；
- 其他影响尘埃燃烧的特性，包括水蒸气含量、颗粒尺寸、颗粒尺寸分布等。

在确定项目布局时，理解此原理的重要性可以从本质安全设计(ISD)方面将轻度拥挤的工厂减少潜在爆炸产生的超压。化工厂和炼油厂通常有大量的管道、工艺容器和其他会造成堵塞的障碍物。项目应旨在实现以下设计：(1)少于40%的爆炸火焰路径阻碍；(2)避免紧密重复排列的障碍物引起湍流。项目还应尽量减少受限区域的体积(不增加火焰通道的堵塞)，使引起爆炸的蒸气或粉尘数量限制在一定程度。项目还应考虑固体的处理和工艺方法来减少粉尘的形成。

更多信息和指导可从以下CCPS出版物获得：

《了解爆炸》[*Understanding Explosions* (CCPS 2003d)]；

《蒸气云爆炸、压力容器破裂、沸腾爆炸和闪爆隐患指南》(第二版)[*Guidelines for Vapor Cloud Explosion, Pressure Vessel Burst, BLEVE and Flash Fire Hazards 2nd edition* (CCPS 2010b)]；

《粉末和固体颗粒安全操作指南》[*Guidelines for Safe Handling of Powders and Bulk Solids* (CCPS 2004)]。

防爆和就地避难建筑

现场占用建筑(如办公室、实验室、车间、医疗中心、应急设施、保安室)应远离易燃、易爆和有毒危险。如果这是不可能的，例如关键人员需要靠近工艺装置，应对相关风险提供足够保护。在工艺区域的永久和临时建筑的选址需要认真考虑爆炸的潜在影响和危险品意外泄漏引起的火灾和有毒蒸气。

保护可以采取以下形式：

- 防火结构，以抵御潜在火灾(如喷射火焰、池焰等)；
- 被动/主动防火，允许人员合理时间范围内安全疏散/撤离；
- 抗爆结构，可承受潜在爆炸超压；
- 正内压、气锁、紧闭门窗和(如有)排除易燃/有毒蒸气和燃烧产物(烟雾、一氧化碳/二氧化碳)；
- 供暖通风与空气调节系统配备易燃/有毒气体检测、应急关闭和自动关闭防火阀；
- 其他出口/疏散路线。

在某些情况下，事故期间人员可能需要在建筑物内停留一段时间，例如操作人员控制设备安全停机，人员等待从海上平台上撤离，人员根据现场应急响应计划就近避难等。在这些情况下，建筑结构必须保持其完整性，提供足够的时间间隔确保不损害人员健康和安全。一些政府有规定最低限度要求，例如陆上控制室和建筑物(国际法典委员会 ICC 2018)、北海海上平台生活区/临时避难所受损频率(英国政府 1995 年)。

更多信息和指导可从以下 CCPS 出版物获得：

《评估工艺厂房外部爆炸、火灾和有毒物质释放的指南》(第二版)[*Guidelines for Evaluating Process Plant Buildings for External Explosions, Fires and Toxic Releases, 2nd edition*(CCPS 2012b)]；

《与工艺装置移动式建筑位置相关的风险管理》[*Management of Hazards Associated with Location of Process Plant Portable Buildings, RP 753*(API 2007)]；

《与工厂建筑位置相关的风险管理》(第三版)[*Management of Hazards Associated With Location of Process Plant Buildings, 3rd edition, RP 752*(API 2009)]。

公用工程设施路线和选址

大多数项目需要新建或改造现有的公用工程系统。这些系统包括但不限于电力(各种电压)、蒸汽(各种压力)和冷凝水，水(冷却水、锅炉给水、工艺用水、饮用水、消防用水)，空气(装置 、仪器)、氮气、天然气、石油(燃料、供热、润滑油)等。

在规划这些公用工程系统的路线和选址时应特别注意，因为其可能位于地面上和/或地面下。除电力外，许多公用工程设施通常布置在管廊线路上，作为工艺装置(位于装置中心)的组成部分，或作为连接多个服务设施与其他工艺装置之间的主干部分。

从经济性方面考虑需要最短的电力线路和管道，还需要考虑地形、地势、通道建造和工艺设备维护，并考虑到未来扩张。地形和地势因素包括土壤类型(例如旱地、沼泽地，山地、沙漠、浅水)和管道坡度(例如冷凝水排放，避免低点)。要求可能包括：

- 提供整个工艺装置的公用工程集管；
- 架空高度考虑起重机和其他高车辆的限高；
- 地下设施有足够的覆盖深度；

- 道路、铁路、河流/运河、沟渠交叉口；
- 仪表运行空间、清管器发射器/接收器、分站和其他设备；
- 阀门通道和检修平台。

从过程安全的角度来看，紧急情况下可以选择一条或多条路线将公用工程设施与危险的容器或管道隔开。应使用危险源辨识与风险分析研究和布局审查来辨识任何易受重大事故危害的关键公用系统。

未来扩建

设计审查和危险源辨识与风险分析研究应考虑到未来扩建的布局。未来的扩建，如增加额外的反应器、工艺单元和/或危险库存，由于区域限制以及主要危险源与现场和非现场人群的接近程度，可能会影响本质安全设计。

装置可达性

当事件发生时，至少应提供两个方向通往所有工艺装置和现场区域，以便做出应急反应。设计审查应考虑工艺装置内部路线满足设备需求：

- 经常检查、测试和预防性维护(ITPM)；
- 维修的空间要求，例如运输换热器管束的区域；
- 更换使用周期短的设备所需的空间需求，例如玻璃衬里容器的磨损；
- 催化剂装/卸，以及在反应器、塔内安装的空间要求。

可施工性审查应考虑进入安装主要设备的布局要求，如高分馏塔和压缩机房中的大型压缩机。

其他布局考虑事项

其他布局问题可能包括与各种根据危险源和安全设计措施有关的项目特定问题，例如：

- 高架火炬底部周围的高热辐射禁区；
- 高压容器和设备周围的防爆屏障；
- 泄爆空间；
- 将蒸气排放到安全位置；
- 将频繁打开或维护的设备与人员、高温容器/管道等隔离；
- 带有升降装置的结构或建筑物，如压缩机房内有垂直悬空的桥式起重机；
- 其他结构，如冷却塔、变电站、卫星仪器室，计量站；
- 人员少的建筑物，如有装运/接收设施的仓库和道路通道；
- 废水处理设施；
- 协调车辆和行人交通；
- 与风险有关的应急响应设备的存放位置；
- 运输设施，如公路和铁路装卸架、海运、直升机码头。

5.2.4 改进安全措施设计

当本质安全设计(ISD)优化已尽了最大可能消除风险后，剩余的重大事故危害(MAH)需要通过设计安全措施降低额外风险。包括功能安全，能够涵盖典型被动和主动措施的范围。这些安全措施设计通过重大事故危害(MAH)预防、控制、缓解和/或应急响应降低风险。

实际上，风险管控设计过程是迭代的，第5.2.4~第5.2.7部分应一起阅读，作为设计安全措施的细化在决定前需要多次迭代。应使用多种危险源辨识与风险分析方法(HIRA)

(见第 5.2.6)和安全技术评估(见第 5.2.7)来评估和确定安全设计措施及其性能标准(见第 5.2.5)。目标应是降低风险以满足或超过公司和/或政府的风险容忍标准。一些设计安全措施可能是安全关键设备/元件(SCE),包括安全仪表系统(SIS)(见第 5.2.7.3)。

所有重大事故危害(MAH)(及其原因和后果)和设计安全措施应记录在项目风险登记册(见第 5.4.2)中,以便最终移交给未来的运营商。

有关功能安全的更多信息和指导,请参见下列出版物:

《化工过程安全自动化应用指南》[*Guidelines for Safe Automation of Chemical Processes, 2nd edition* (CCPS 2017b)];

《功能安全——过程工业部门的安全仪表系统——第 1 部分:框架、定义、系统、硬件和应用程序编程要求》[*Functional safety-Safety instrumented systems for the process industry sector-Part 1: Framework, definitions, system, hardware and application programming requirements, IEC 61511-1*(IEC 2016)]。

5.2.5 设置性能标准

每项设计安全措施均是为降低风险而选择的,并应建立设备生命周期内特定性能标准。性能标准需要规定其所需功能(包含工艺流体及参数),可靠性、可用性和在重大事故期间和之后的可生存性。性能标准示例如下:

- 应急柴油发电机必须在×秒内启动,以确保安全关键设备可用。
- 海上平台上临时避难所(TR)的结构必须在重大火灾/爆炸中保持室内空气舒适安全(温度不能过高,无烟气/易燃/有毒气体等),持续×小时。
- 控制系统可能需要在极端事件(如爆炸、洪水、地震等)中保护记录和历史数据,它不会在事件中被破坏或完全丢失。服务器与危险区域保持的最小距离要求,或物理保护服务器免受爆炸影响,或例行自动化关键过程数据的非现场存档和备份。

应定期测试安全设计措施,以确保可靠性以及可用性。性能验证后续将通过工厂验收测试(FAT)、机械竣工和试车测试(见第 6 章~第 8 章)。

案例分析:紧急关闭阀性能标准不足

油田回注天然气以维持储层压力。高压喷射系统跳闸,导致气体压缩机入口洗涤器压力升高引起安全阀(PSV)起跳,压力释放至火炬系统。

调查发现,所有与安全相关的设备,包括安全仪表系统(SIS)均按设计运行。然而安装在洗涤器入口的紧急切断阀(ESDV)没有足够快地关闭,以防止压力积聚下游,因此导致了安全阀起跳。

紧急切断阀的关闭时间是需要在设计期间确定的一个重要性能指标。

调查建议建立一个设计过程来更彻底地评估工艺风险和场景,并指定所有安全关键设备/元件(SCE)的性能标准作为采购依据。第二条建议主张根据试车经验重新评估得出方案和性能标准。这些行动项应作为项目质量管理程序的基本要素。

5.2.6 危险源辨识与风险分析

在项目前期 FEL-2 阶段制定的危险源辨识与风险分析(HIRA)战略(见第 4 章 4.3.4)可

能需要最终确定，并将危险源辨识与风险分析研究及其时间记录在环境健康与安全(EHS)/过程安全计划中，且可能需要更新项目前期 FEL-3 阶段的设计。为了与策略相符合，需要进行越来越详细的危险源辨识与风险分析，以确定内在和外在危害，并评估与危害相关的风险。

一般来说，分析人员应该独立于项目。选择、范围和研究方法因具体项目、公司偏好和政府要求而异。对于流程复杂的大型项目，主要化工和油气公司首选的危险源辨识与风险分析方法是危险与可操作性分析(HAZOP)、保护层分析(LOPA)和定量风险分析(QRA)的组合。为了简化变更管理(MOC)和非过程项目，可使用检查表和/或 What If 研究。但是，以下部分或全部研究可能是适当的：

5.2.6.1 危险源辨识

在项目前期 FEL-1 阶段和/或项目前期 FEL-2 阶段进行的危险源辨识分析(HAZID)基础上，一旦初步的工艺管道和仪表流程图(P&ID)可用，即可进行初步的危险与可操作性分析(HAZOP)。虽然危险源辨识分析的重点是重大事故危害，但 HAZOP 的目的是系统地审查工艺装置，以确定工艺偏差是否会导致不良后果。它还确定了会削弱装置实现设计目的和生产能力的操作性问题。

为使 HAZOP 有效，需要一名过程安全工程师或其他合格的研究者确定节点(每个工艺装置的部分)并领导一个多学科的团队，熟悉工艺过程，识别与每个节点的任何潜在偏差可能导致的后果。针对这些内在危害评估保障措施，以确定其合适性。

当发起变更管理以控制任何后期设计变更，最初的 HAZOP 分析应在详细设计阶段再次进行。作为 HAZOP 的替代方案，有些项目可能会选择使用检查清单，What If 或其他等效方法来识别风险。随着项目前期 FEL-3 阶段设计的发展，一些从早期 HAZID 分析获得的识别结果，将支撑更新一些项目的外在风险(如建设阶段运输风险)，识别的风险结果作为定量风险分析(QRA)的输入(见下文)。不论采用什么方法，所有危险识别研究的结果应添加到风险登记册中。

更多信息和指南可从以下出版物获得：

《风险评估程序指南》(第三版)[*Guidelines for Hazard Evaluation Procedures, 3rd edition* (CCPS 2008b)]；

《海上生产设施设计和风险分析的 API 推荐规范》(第二版)，API RP 14J，美国石油学会[*API Recommended Practice for Design and Hazards Analysis for Offshore Production Facilities, 2nd edition, API RP 14J, American Petroleum Institute* (API 2001a)]；

《石油和天然气工业——海上生产设施——危险事件识别和评估工具和技术指南》，ISO/DIS 17776，国际标准化组织(ISO 1999)(*Petroleum and Natural Gas Industries-Offshore Production Installations-Guidelines on Tools and Techniques for Identification and Assessment of Hazardous Events*)。

5.2.6.2 后果分析

许多研究使用后果分析方法来量化事件对人、财产和环境的影响。这些研究从蒸气扩散、热辐射、爆炸超压和毒性等角度模拟了有害物质释放的后果。如果后果是当地政府和/或业主无法接受的，可能需要应用一个风险分析方法(见第 5.2.6.3)。后果分析方法示例如下所示：

设施选址研究

如果在项目前期 FEL-2 阶段进行初步工厂选址研究(FSS)，则需随着项目发展而更新技术定义。这种迭代方法通常持续贯穿项目的详细设计阶段。工厂选址研究习惯于确定场内场外潜在的火灾、爆炸和中毒的风险，是本质安全设计(ISD)优化和布局开发的组成部分。

布局图/区域平面图、危险品清单、工艺流程图(PFD)和初步工艺管道和仪表流程图(P&ID)、热量和质量平衡、场外受体位置(住宅、商业、工业、医院等)及有人的关键建筑位置信息是必需的。

通常，工厂选址研究(FSS)的重点是基于后果来确定潜在火灾、爆炸和泄漏的毒物浓度位置和梯度。工厂选址研究(FSS)的结果可以呈现在表单上，如电子表格和等高线图(参见图 5.2)。爆炸冲击可以用建筑物损坏等级(BDL)表示，可燃和/或毒性方面的影响使用每座建筑物的浓度分类图。超压综合等值线、易燃性和毒性定义了关键节点，并概述了易受危害影响的区域。这些脆弱点有助于确定潜在的事故削减策略，如减少入住率、提高建筑物的抗爆性、将建筑物迁移到不易受影响的区域或安装具有自动或手动通风切断的可燃或有毒气体检测设备。

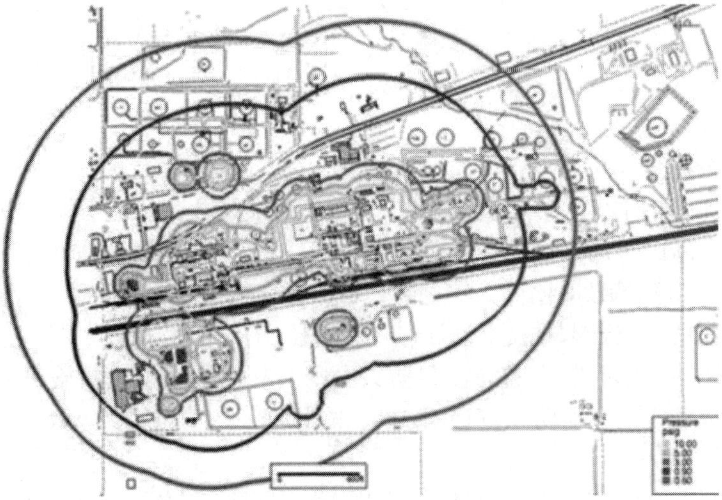

图 5.2 超压等值线图示例

严重的场外影响有时难以消除或减少，以及一些公司可能会在工厂选址研究(FSS)时评估风险，看看是否符合政府和/或公司风险可接受标准。例如，定量风险分析(QRA)可以被用来评估某一有毒化学品释放对当地社区的风险。如果风险超过政府和/或公司风险承受能力范围，除非能够降低风险，项目可能需要重新选定位置或取消。有许多可以降低风险的选择，包括但不限于消除或减少有害物质的存量、改变布局以提供更大的间隔距离、设计额外的安全措施等。

可以结合以下的一个或多个危险源辨识与风险分析(HIRA)方法扩大工厂选址研究(FSS)的范围。

有关设施选址的更多信息和指导，请查询以下 CCPS 出版物：《设备选址和布局》(第二版)[*Guidelines for Siting and Layout of Facilities*, *2nd edition* (CCPS 2018a)]；《工艺厂房外部

爆炸、火灾和有毒物质释放评估指南》(第二版)[*Guidelines for Evaluating Process Plant Buildings for External Explosions, Fires and Toxic Releases, 2nd edition* (CCPS 2012b)]。

有关现场设施选址的其他指导可以从以下美国石油学会(API)出版物获得:《与工艺厂房位置相关的风险管理》[*Management of Hazards Associated with Location of Process Plant Buildings, 3rd edition, RP 752*(API 2009)];《与工艺厂房移动式建筑物位置相关的危险管理》[*Management of Hazards Associated with Location of Process Plant Portable Buildings, RP 753* (API 2007)];《与工厂厂房帐篷位置相关的风险管理》[*Management of Hazards Associated with Location of Process Plant Tents, RP 756*(API 2014)]。

有关后果分析的更多信息和指导,请查询以下化工过程安全中(CCPS)出版物:

《化学过程定量风险评估指南》[*Guidelines for Chemical Process Quantitative Risk Assessment, 2nd edition* (CCPS 2000)];

《蒸气云扩散模型的使用指南》[*Guidelines for Use of Vapor Cloud Dispersion Models, 2nd edition* (CCPS 1996b)];

《蒸气云的可燃质量估算》[*Estimating Flammable Mass of a Vapor Cloud* (CCPS 1998a)];

《工业和城市场所的气流和蒸气云扩散》[*Wind Flow and Vapor Cloud Dispersion at Industrial and Urban Sites* (CCPS 2002)];

《蒸气云爆炸、压力容器爆炸、沸腾爆炸和闪燃风险指南》(第二版)[*Guidelines for Vapor Cloud Explosion, Pressure Vessel Burst, BLEVE and Flash Fire Hazards, 2nd edition* (CCPS 2010b)]。

火灾危险性分析

项目前期 FEL-2 阶段(见第 4 章 4.2.12)中进行初步的火灾风险分析(FHA),需要及时更新、有效反馈最新的布局和设计,以确定潜在火灾的位置、类型(如射流、池焰)、尺寸(热辐射、火焰冲击)和持续时间。火灾危险分析(FHA)应基于易燃物库存的一系列释放量,并考虑任何易燃材料。结合本质安全设计(ISD)优化工作,评估间距、排水、安全防护、主动和被动防火、隔热(辐射热)和符合项目防火原则的其他设计安全措施是否与项目的火灾防护理念一致。应确定固定消防系统(消防栓、监测仪表、雨淋系统、泡沫系统等)的位置和设计/性能标准。

火灾危险分析(FHA)需要以下信息:消防原理、总图、设施选址研究(或海上火灾和爆炸研究)和危险源辨识与风险分析(HIRA)研究。

更多信息和指南可从以下化工过程安全中心(CCPS)出版物获得:

《化学品、石化和烃类处理设施防火指南》[*Guidelines for Fire Protection in Chemical, Petrochemical, and Hydrocarbon Processing Facilities* (CCPS 2003b)];

《化学品泄漏后果分析指南》[*Guidelines for Consequence Analysis of Chemical Releases* (CCPS 1999)];

《化学品过程风险定量评估指南》(第二版)[*Guidelines for Chemical Process Quantitative Risk Assessment, 2nd edition* (CCPS 2000)]。

海上火灾爆炸分析

对于海上开发,在项目前期 FEL-2 阶段基于平台或钻机布局,初步进行火灾和爆炸分析(见第 4 章 4.2.7),应根据最新布局和设备设计及时更新。该后果分析将提供潜在火灾的位置、类型、规模和持续时间，以及不同地点的爆炸超压量化信息。这些数据将用于其他研究，如结构完整性、安全关键设备/元件（SCE）脆弱性和临时避难所防护。有毒物质释放的情况如果适用，也可评估后果，如 H_2S 释放。

以下出版物提供了进一步的信息和指导：

HSE，《海上设施防火、防爆及应急反应》（*Prevention of fire and explosion, and emergency response on offshore installations*）；

《海上设施（防止火灾、爆炸和应急）条例》[*Offshore Installations (Prevention of Fire and Explosion, and Emergency Response) Regulations, 1995*]；

《批准的规范、实践和指导》（L65 第三版，健康和安全执行）（*Approved Code and Practice and Guidance, L65, 3rd Edition, Health and Safety Executive, 2016*）

《UKOOA 火灾和爆炸危险管理指南》[*UKOOA Guidelines for Fire and Explosion Hazard Management*（UKOOA 1995）]。

烟气进入分析

对于具有应急响应程序[包括现场避难所（SIP）]的陆上设施，应研究火灾及易燃和有毒物质释放对每个就地避难所建筑的影响。特别是，研究应评估：

- 热辐射；
- 建筑孔隙率/密封性（即关闭门窗、暖通空调百叶窗、贯穿件、孔）；
- 正压要求；
- 检测燃烧产物（微粒、一氧化碳，二氧化碳等）和暖通空调入口的易燃/有毒蒸气；
- 暖通空调和通风系统的隔离。

该研究可与设施选址分析相结合，以确保就地避难所建筑的完整性不会因潜在爆炸而受损。

对于海上平台/设施，应进行类似的烟气分析（SGIA），以确保在紧急情况下，临时避难所（TR）可以在完成全部疏散前提供一段时间的生命支持。研究应评估临时避难所设计是否适用于相关事故场景，以及可能暴露在其中的爆炸超压、热辐射、烟雾和有毒气体的级别。它还通过限制外部火灾产生的烟雾、气体和其他燃烧产物的进入，确保临时避难所内保持有可供呼吸的空气，并确保烟雾不会妨碍装置内安全疏散。一些政府部门（英国政府 1995 年、2005 年）规定了标准，如临时避难所提供生命支持的时间期限。

陆上和海上研究通常都需要信息支持，例如：平面图/3D 模型、重大事故危害、设施选址/火灾和爆炸研究以及现场避难所（SIP）/临时避难所（TR）建筑设计。

以下出版物提供了进一步的信息和指导：

《防止空气中化学和生物释放的就地避难空间气密性评估》（*Airtightness Evaluation of Shelter-in-Place Spaces for Protection Against Airborne Chemical and Biological Releases*），*NISTIR 7546*，美国商务部国家标准与技术研究所，马里兰州盖瑟斯堡，2009；

《维多利亚州避难场所的最佳实践方法》（*A Best Practice Approach to Shelter-in-Place for Victoria*），澳大利亚，MFB，维多利亚州大都会消防与应急服务委员会，2011；

《烟雾和气体进入海上临时避难所模拟研究报告》（*Modelling Smoke and Gas Ingress into Offshore Temporary Refuges, Research Report*），健康、安全与环境 2013，RR997，健康与安全实验室，英国。

5.2.6.3 风险分析

定量风险分析

一些公司开始对项目前期 FEL-3 阶段选定的方案进行定量风险分析(QRA)，并在详细设计阶段最终确定。定量风险分析(QRA)建立在项目前期 FEL-2 阶段进行的初步风险分析的基础上，使用更详细的信息。例如，设计可能已经发展到可以获得关于总图/布局、工艺流程图(PFD)、初步 P&ID 图、热量和质量平衡、主要设备、设计原理、隔离阀布置和人口/居住数据这些详细信息的阶段。

如果其他危险源辨识与风险分析(HIRA)研究表明，即使在项目的这一阶段采取了本质安全设计(ISD)和设计危害管理(DHM)措施，重大事故危害的潜在后果仍然是严重的，则通常实施量化风险评估。根据规模，量化风险评估对涉及的人员、财产、环境或其他关注区域的现场和/或场外风险进行量化评估。风险水平会与公司和/或政府的风险接受标准进行比较，结果为降低风险的策略决策提供支持，例如工厂布局、建筑位置、结构防爆等方面的潜在问题，这些问题需要在项目详细设计阶段之前解决。

更多信息和指南可从以下出版物获得：

《化工过程定量风险分析指南》(第二版)[*Guidelines for Chemical Process Quantitative Risk Analysis, 2nd edition* (CCPS 2000)]；

《制定安全风险定量分析标准指南》[*Guidelines for Developing Quantitative Safety Risk Criteria* (CCPS 2009b)]；

《海上设施定量风险评估指南》[*Guide to Quantitative Risk Assessment for Offshore Installations* (CMPT 1999)]，海洋和石油技术中心。

交通研究

在项目前期 FEL-2 阶段对道路、铁路、管道、海上和/或空运等的危险品运输初步研究应更新以反映设施设计的改进。这些研究需要最新的货物信息、路线、运输频率和设施(油罐车/卡车、轨道车，管道、容器、码头)清单和设计。这些分析是为了更好地了解以下项目，以便项目管理团队可以在运输方面做出更明智的决策：

- 各种运输方式的特点；
- 可能发生的事故类型；
- 备选路线的特点；
- 各种配电系统的设计和复杂性；
- 管理系统的深度和严密性(类型/检查频率/维护、装运跟踪、管理等)；
- 承运商和其他物流服务提供商的安全绩效；
- 降低风险的可能选择。

更多信息和指导可从以下化工过程安全中心(CCPS)出版物获得：

《化学品运输风险评估指南》[*Guidelines for Chemical Transportation Risk Assessment* (CCPS 1995a)]；

《化学品运输安全、安保和风险管理指南》[*Guidelines for Chemical Transportation Safety, Security, and Risk Management* (CCPS 2008a)]。

管道安全受到许多管辖区的监管，例如美国(49 CFR 190-199)、加拿大(CSA Z662)和英国(1996 年管道安全条例)。尽管这些法规可能因管辖权而异，它们通常涉及设计、保障管道完整性的施工和安全运行。一些还包括土地使用规划，以分离输送危险物质的管道和敏感受体，如当地社区和环境。无论本地法规是否存在，都是很好的过程安全实践。将类似于选址的风险分析和工艺装置设计原则应用于管道路线。

关于美国海上交通，最终航道适宜性评价(WSA)必须不迟于向相关机构提交申请时提交。基于初步的航道适宜性评价(WSA)，它应该确定对于港口及沿线运输的液化天然气(LNG)和液化危险气体(指液化有害气体LHG，即液化石油气LPG和其他列出的化学品)的可安保以及安全隐患。此外，还应确定适当的风险管理战略、缓解措施和资源，并发表海岸警卫队和其他当局对初步航道适宜性评价(WSA)分析的评价及结论。

有关更多信息和指南，请参见《处理液化天然气和液化危险气体的临水设施(第007部分意向书及航道适宜性评估》[*Waterfront Facilities Handling Liquefied Natural Gas and Liquefied Hazardous Gas* (*subpart 007 Letter of Intent and Waterway Suitability Assessment*)]，33 CFR 127。

保护层分析

保护层分析(LOPA)是一种半定量的风险分析工具以确定特定危险情景的风险。应该有选择地在风险评估后使用LOPA，如HAZOP研究后，以协助判断某些重大事故危害保障措施的充分性，例如，公司/项目中可能导致严重伤害或者一个或多人死亡的情景。尤其是如果必须使用额外的保护措施/降低风险措施，LOPA通常用于确定安全仪表系统(SIS)是否合适。如果选择安全仪表系统(SIS)作为风险降低措施，LOPA也是确定可靠性(即安全性)的首选行业方法，例如判断各安全仪表功能(SIF)的安全完整性等级(SIL)。LOPA也被一些公司作为定量风险分析(QRA)的替代方法使用；例如，结合成本效益分析，确定不同风险降低措施的经济效益。

该技术包括识别满足特定标准的保障措施作为独立保护层(IPL)。独立保护层会被分配一个性能因子，反映保护层的可靠性以及缓解因素或条件调节指标，粗略估计事件发生的可能性然后将其与风险标准进行比较。LOPA通常在项目的详细设计阶段被更新/最终确定。

更多信息和指导可从以下化工过程安全中心CCPS出版物获得：

《保护层分析——简化的过程风险评估》[*Layer of Protection Analysis: Simplified Process Risk Assessment* (CCPS 2001a)]；

《保护层分析——初始事件和独立保护层分析指南》[*Guidelines for Initiating Events and Independent Protection Layers in Layer of Protection Analysis* (CCPS 2015b)]；

《保护层分析中的启用条件和条件修改指南》[*Guidelines for Enabling Conditions and Conditional Modifiers in Layer of Protection Analysis* (CCPS 2013a)]。

5.2.7 安全评估

在资本项目的FEL-3阶段，有许多技术性的安全研究用在建设项目中，来降低危险源辨识与风险分析(HIRA)识别的风险。例如，设施选址研究结果可以识别风险降低策略的潜在漏洞，这些技术性安全研究通常从项目前期FEL-3阶段开始，直到项目的详细设计阶段才结束。

并非所有技术性安全分析都适用于项目，特别是变更管理(MOC)和其他小型项目。因此重要的是在以下安全研究时明确目标、范围和采取的方法。

5.2.7.1 危险区域划分

如果在存在易燃气体/液体或者可燃性粉尘的区域或者区域周边使用电气设备，可能会发生火灾或者爆炸。常规操作(如取样、排气)或非计划操作(泵密封泄漏)后可能出现易燃/

爆炸性环境的区域称为危险(或被分类)区域。危险区域划分(HAC)应在项目前期 FEL-3 阶段进行评估。这类评估会分辨工厂哪些区域内电气设备需要进行适当分类以防止着火，并可用于从未来分类设备费用角度优化布局。危险区域划分(HAC)不适用于严重设备失效，如容器或管道破裂。

危险区域划分(HAC)评估应基于国家法规和/或行业代码。有两种分类系统：等级/分类系统主要分布在北美(如 API RP 500、NFPA 497)；以及区域系统在世界其他地区使用(例如 EI 15、IEC 60079-10-1、IGEM SR25、CENELEC 60 079，DSEAR[3]，Gost R 51330-X-99，API RP 505；IEC 61241-10/IEC 60079-10-2 适用于可燃性粉尘或纤维危害)。

(注：DSEAR[3]：HM Government，The Dangerous Substances and Explosive Atmospheres Regulations，Statutory Instruments 2002 No. 2776，Health & Safety，UK，2002.)

一旦确定了危险区域，可能引起着火的设备技术规范必须符合适用的国家标准法规和/或行业规范(如 NEC 500/505、ISA-12. 04. 01、ATEX 指令，IEC 60079 大部分)，用于适当的区域分类。

以下出版物提供了进一步的信息和指导：

《石油设施电气设施位置分类为第一类，第 1 部分和第 2 部分》(第三版)(*Classification of Locations for Electrical Installations at Petroleum Facilities Classified as Class I，Division I and Division，3rd edition* ，API RP 500)；

《安全操作规范第 15 部分：处理易燃液体装置的区域分类规范》(第四版)[*Recommended Practice for Model Code of Safe Practice Part 15：Area Classification Code for Installations Handling Flammable Fluids，4th edition* ，EI 15(原 IP 15)]；

《爆炸性环境第 10-1 部分：爆炸性气体环境区域分类》(第二版)(*Explosive Atmospheres-Part 10-1：Classification of Areas-Explosive Gas Atmospheres，2nd edition* ，IEC 60079-10-1)。

5. 2. 7. 2　安全仪表系统评估和安全完整性等级确定/验证

如果无法通过本质安全设计(ISD)原则或其他独立保护层(IPL)(如警报、压力释放、控制回路等)消除或充分减轻某个风险，则可能需要设计安全仪表系统(SIS)以降低风险。在确定安全仪表系统的任何要求之前，应采取如调整间距和设置隔离等降低风险的措施。保护层分析(LOPA)(见上文 5. 2. 4)通常用于确定是否需要额外的保护层，以及是否使用安全仪表功能(SIFs)提供保护层。

为了使安全仪表功能(SIF)减轻重大事故危害，它必须依据需求做出响应，因此应具有高可靠性。LOPA 是最常见的方法(其他方法包括风险图或定量风险分析 QRA)用来确定每个安全仪表功能(SIF)的可靠性，即其安全完整性等级(SIL)。然后应根据功能安全标准设计每个安全仪表功能(SIF)，如符合 IEC 61511 和 ANSI/ISA 84. 00. 01。还应考虑功能性(如响应速度)和生存能力(如具有在发生火灾/爆炸时满足设计意图的能力)。最后，进行安全完整性等级(SIL)验证(可靠性分析)，所选的安全仪表功能(SIF)传感器、逻辑和最终元件将达到选定的测试类型的可靠性要求。

尽管与可替代风险降低措施的成本相比，安全仪表系统(SIS)的投资成本可能对项目管理团队有吸引力。由于需要满足设施寿命期间的安全等级(Broadribb & Currie，2010)，生命周期成本可能因为检查、测试和预防性维护(ITPM)的频率和要求而花费很高。最后项目管理团队和未来运营商就安全仪表系统(SIS)达成联合协议，ALARP 原则(最低合理可行原则)的应用可帮助做出决定。

更多信息和指导可从以下 CCPS 出版物获得:

《化工过程安全自动化应用指南》(第二版)[*Guidelines for Safe Automation of Chemical Processes, 2nd edition* (CCPS 2017b)];《安全与可靠的仪表保护系统指南》[*Guidelines for Safe and Reliable Instrumented Protective Systems* (CCPS 2007c)]。

5.2.7.3 安全关键设备

重大事故的预防和减轻有赖于按需采取适当的保护层或屏障。以过程安全为目的而进行的临界等级评定正越来越多地应用于识别对重大事故危害管理至关重要的子设备上，因此需要具有高可靠性。这些设备被称为安全关键设备或元件(SCE)。

> ***安全关键设备/元件***
> 设备，它的故障可能导致或造成重大事故，
> 或其目的是防止重大事故或减轻其影响。
> (CCPS 2017)

有些地方政府要求使用后果分析法而不是上述基于风险的定义来定义安全关键设备或元件(SCE)。此类方法导致设施主设备清单中相当一部分被指定为安全关键设备或元件，这可能会给检查、测试和预防性维护的管理带来挑战(Broadribb 2016)。

应注意的是，安全关键设备或元件可以出现在典型的蝴蝶结模型(CCPS 2018c)的两侧，作为沟通障碍物如何造成、预防、控制和减轻重大事故危害的工具。安全关键设备或元件的类别如表 5.2 所示。

应在项目前期 FEL-3 阶段进行研究，以确定安全关键设备或元件及其所需功能和可靠性，并应记录在性能标准中。然后将其用作设备单个项目和组件详细设计的基础。确定安全关键设备或元件的两种主要方法是:(i)逻辑树(CCPS 2017a，Broadribb 2016)和(ii)识别危险源辨识与风险分析研究中的保障措施。第一步包括识别重大事故危害，然后识别可能导致、促成、防止、缓解或帮助从重大事故危害恢复的设备、系统、结构等。这些安全关键设备或元件应记录在风险登记簿中，并最终移交给未来的运营商。确定安全关键设备或元件需要以下信息:危险源辨识与风险分析研究报告、主设备清单(MEL)、设备设计意图/功能、设备数据表和安全仪表系统评估报告。

表 5.2 安全关键设备/元件的典型示例

预防	监测	控制	降低
烃类容器(容器、管道、罐)	火灾探测 (火焰、烟雾)	紧急停车(ESD)系统	消防水系统 (泵、雨淋、监测仪器、泡沫、消防栓等)
防止点火 (本质安全的电气设备)	气体检测 (易燃、有毒)	减压、火炬和放空系统	被动火焰保护
导航设施		安全仪表系统(SIS)	防爆墙
结构完整性		不间断电源	通信系统(警报、公共广播)
浮力完整性(压载系统)		流量限制阀	就地避难所/临时避难所

以下出版物提供了进一步的信息和指南：《资产完整性管理指南》[*Guidelines for Asset Integrity Management* (CCPS 2017a)]；《安全关键要素管理指南》(第二版) [*Guidelines for the Management of Safety Critical Elements, 2nd edition* (EI 2007)]。

5.2.7.4 安全关键设备的脆弱性分析

除了高度可靠外，安全关键设备或元件需要在火灾或爆炸等重大事故危害中仍然好用，并实现减轻重大事故危害和防止事故升级的设计功能。应进行脆弱性分析，系统地审查每个安全关键设备或元件(包括控制系统)，以确定其在重大事故中发挥其功能阻止事故蔓延时的脆弱性。如果发现不可接受的漏洞，应修改安全关键设备或元件的技术规范或提供适当的保护。

其他研究，如危险源辨识与风险分析(HIRA)、火灾危险性分析、海上火灾和爆炸分析的结果用于识别安全关键设备或元件在重大事故危险的潜在影响(如热辐射、爆炸超压)。初步火灾及气体(F&G)检测和初步紧急停车(ESD)研究也可提供输入。

以下出版物提供了进一步的信息和指导：《海上设施防火和爆破设计推荐规范》[*Recommended Practice for the Design of Offshore Facilities Against Fire and BlastLoading* (API 2006)]。

5.2.7.5 可靠性、可用性和可维护性研究

应进行可靠性、可用性和可维护性(RAM)研究，以找出生产损失的可能原因。此高水平分析通过模拟设备的配置、操作、故障、维护维修来确定设施寿命期间的平均生产水平。通过早在设计阶段就检测故障、设计过程中考虑关于替代工艺的决策来优化效率，替代工艺如复制工艺和/或添加备用设备。可靠性、可用性和可维护性(RAM)研究的其他好处包括识别生产瓶颈、优先维护以及必要的设备备件。

可靠性、可用性和可维护性研究通常使用基于故障树的仿真或分析模型，框图法、马尔可夫或 Petri 网方法，并需要以下信息：工艺管道和仪表流程图(P&ID)、电气原理图、设备/部件配置和功能规格、预期操作模式和维护原则。

以下出版物提供了进一步的信息和指导：《产品保证、可靠性、可用性和可维护性》(*Product Assurance, Reliability, Availability, and Maintainability*)，陆军条例 702-19，美国陆军，2015 年；《工程设计的可靠性、可用性、可维护性和安全性手册》(*Handbook of Reliability, Availability, Maintainability and Safety in Engineering Design*)，Stapelberg R. F，2009。

5.2.7.6 临时避难所损坏评估

一些海上监管要求识别所有重大事故危害(MAH)，并评估其对装置临时避难所(TR)的潜在损坏。构成临时避难所的系统和支撑结构的设计需要确保在逃生过程所需的时间内(即集合和疏散)风险足够低。因此，应进行临时避难所损坏评估。

评估应采用风险分析方法。尽管在风险低的时候可以使用定性和半定量方法，且避难所损坏风险也未到达不可容忍水平，但避难所损坏评估通常使用定量风险分析(QRA)。评估中使用以下过程安全和技术研究的输入：

- 危险源辨识与风险分析(HIRA)，特别是危险源辨识分析(HAZID)中确定的重大事故危害；
- 海上火灾和爆炸分析；
- 烟雾和气体进入分析；

- 安全关键设备/元件；
- 安全关键设备/元件的脆弱性分析。

临时避难所损坏频率是所有损坏事件概率的总和，应与管辖区(和公司，如果适用)风险标准进行比较。类似的方法也可应用于陆上现场避难所(SIP)建筑。

更多信息和指南可从以下出版物获得：《海上设施风险评估指南》(*Guidance on Risk Assessment for Offshore Installations*)，海上信息表，第3/2006，HSE。

5.2.7.7 疏散、逃生和救援分析

应进行疏散、逃生和救援(EER)研究，以评估海上应急响应设施和程序的性能，疏散、逃生和救援研究(EER)研究涉及以下应急响应设备：

- 逃生路线(包括与其他设施的桥梁连接，如适用)；
- 临时避难所的集合区和设施；
- 疏散设备(包括直升机和直升机甲板操作，救生艇、救生筏和逃生滑道)；
- 救援安排，如待命船只、搜救直升机和当地的非特定海船。

疏散、逃生和救援研究通常与定量风险分析一起进行，包括在典型场景下对逃生、疏散和救援设施和程序的性能进行系统审查。需要以下信息：初步应急响应计划、工厂选址研究(FSS)/FEA和定量风险分析(QRA)。

更多信息和指南可从以下出版物获得：HSE《疏散、逃生和救援(EER)专题指导》[*Evacuation，Escape and Rescue (EER) Topic Guidance，Offshore Division*]海上分部，2015年8月。

5.2.7.8 坠落物研究

坠落物研究包括了海上设施安全区域内对意外坠落物(或抛锚)造成的影响进行定性或定量的风险评估。本研究的目的是了解在船舶作业、起重或高空作业时对海下井口装置和管道、海上设备和结构造成的风险。如果管道和设备内含有烃类物质，任何泄漏(LOC)都可能造成潜在的灾难性后果。这项研究重点是针对具有潜在灾难后果的区域(即超出风险可接受标准的风险)，并帮助做出最有效的风险降低措施。此研究也可对陆上设施进行坠落物研究。

物体的质量和形状、水深和海流等因素会影响坠落物体撞击海床时的能量。一般来说，大于50kJ的冲击能量有可能对水下设备造成重大损坏，从而导致可能的泄漏。能量在30~50kJ范围内，虽然不会损害水下采油树完整性，但也会造成潜在破坏和泄漏。需要以下信息：水下设备、管道、结构物和上部设备的设计和施工细节材料；后果模型；荷载移动细节；海洋活动；应急响应计划。

更多信息和指导可从以下出版物获得：《海底管道和结构的影响评估》(*Assessing the Effects of Dropped Objects on Subsea Pipelines and Structures*)，第2号。IOPF 2007-110，ASME国际近海管道论坛，2007年10月，休斯敦，得克萨斯州。

5.2.7.9 安保脆弱性分析

安保脆弱性分析(SVA)是审查装置(包括海上设施)处理、储存和加工危险物料过程中由个人或群体蓄意破坏/恐怖活动造成具有大规模伤害/死亡或供应中断，影响等重大事故的风险。通过分析库存和危险材料的生产过程、潜在攻击途径和现有安保对策或看守环节，来分析潜在的危险情景。

虽然定量风险分析(QRA)方法可以应用于安保脆弱性分析(SVA)，但它是资源密集型的，而且许多情况不会被授权。根据行业指南(ACC 2001；CCPS 2003A；API 2003A)可使用阶层式评估。这些方法包括以下步骤：

(1) 使用工具进行安保漏洞筛选，如 CCPS 安保漏洞企业筛选工具，以生成安保关键装置列表。

(2) 确定并描述对这些装置的可信威胁。

(3) 评估装置对每个对手的目标吸引力，以及装置受损后的后果。

(4) 识别威胁装置服务或完整性的潜在安保漏洞。

(5) 通过确定每个情景的可能性和后果来确定风险。

(6) 对每种情景的风险进行排序，如果风险较高，则提出降低风险的措施。

(7) 使用成本效益分析评估风险降低方案，包括影响布局的措施。

(8) 重新评估风险，以确保采取适当的对策。

安保脆弱性分析(SVA)需要以下信息：总体项目总结、平面图、有害物质清单、危险源辨识与风险分析(HIRA)研究结果、提议的安全围栏/屏障和安全程序。过程安全工程师可与安全专家密切合作。有的地方政府要求，安保脆弱性分析(SVA)报告必须提交给当地相关部门进行验收/批准。

安保脆弱性分析(SVA)可能会引起人们对网络安全问题的关注。如果是，则应对控制系统和安全系统进行单独的网络安全评估，以识别任何漏洞。

以下出版物提供了进一步的信息和指导：

《分析和管理涉及化学品固定式场所安保漏洞的指南》[*Guidelines for Analyzing and Managing the Security Vulnerabilities of Fixed Chemical Sites* (CCPS 2003a)]；

《美国化学工业现场安全指南》[*Site Security Guidelines for the U. S. Chemical Industry* (ACC et al, 2001)]；

《石油和石化行业安全脆弱性评估方法》[*Security Vulnerability Assessment Methodology for the Petroleum and Petrochemical Industries* (API et. al, 2003a)]；

《海上石油和天然气作业安全》[*Security for Offshore Oil and Natural Gas Operations, 1st Edition, RP 70*(API 2003b)]；

《全球海上石油和天然气运营的保卫安全》[*Security for Worldwide Offshore Oil and Natural Gas Operations, 1st Edition, RP 70I* (API 2004)]。

5.2.7.10 交叉作业研究

项目前期 FEL-3 阶段应进行交叉作业(SIMOPS)研究以评估两个或多个活动在彼此附近同时发生，造成的潜在冲突。可能同时发生的典型活动包括施工、钻井、试车、维护和生产。交叉作业研究与棕地开发特别相关。研究的目的是确保识别和评估潜在的冲突、危害和风险，以便调整计划以消除交叉作业或应用适当的安全措施。

交叉作业研究通常使用危险源辨识分析(HAZID)、What If 和/或检查表方法，并需要以下信息：装置配置图、项目进度/计划、生产计划、工单和程序。项目执行阶段，在同一地点或附近执行任何活动之前，应更新并最终确定初步的交叉作业(SIMOPS)研究。

更多信息和指南可从以下 CCPS 出版物获得：《风险评估程序指南》(第三版)[*Guidelines for Hazard Evaluation Procedures, 3rd edition* (CCPS 2008b)]。

5.2.7.11 人因分析

应进行人机工程分析(HFA),以审查与人为因素相关的风险、问题和机遇。特别是,人因分析应分析人体工程学方面的设计、人为错误的可能性,以及报警优先级、标签/标牌、噪声和照明等问题。然而,并不是所有的人的因素都可以在项目的设计阶段进行评估,特别是与组织或认知工效学相关的因素。例如,虽然确保程序/工作规范(特别是绿地开发)质量应是项目的一个目标,但厂区的文化/工作环境最好在运行期间解决。

一些辖区要求考虑人为因素;例如,英国的安全报告/案例法规和美国的 OSHA PSM 法规。

在项目前期 FEL-3 阶段,人因分析应至少关注以下项目计划:

- 关键设备(如隔离阀)的操作——易于接近,避免危险区域;
- 关键设备的维护通道,如为盲板上锁/挂牌(LOTO)、方向、间距等;
- 控制系统接口(包括警报)——提供有效信息,避免警报泛滥;
- 设备和管道的标记/标签;
- 紧急出口/疏散路线——避免危险区域,可见标志的清晰度/清晰度;
- 通信系统——高噪声区域的声音/清晰度,报警信号可分辨;
- 照明;
- 应急响应时间——相对事件升级所需操作员计算或动作的持续时间,如关闭阀门、关闭供暖通风与空气调节(HVAC);
- 安全设备旁路——设备不可用时的检查、测试和预防性维护(ITPM)持续时间,恢复使用的过程。

人为因素/人体工程学专家可协助人因分析,由来自操作、维护、环境健康与安全(EHS)、过程安全和项目的代表组成多学科团队,完成人因分析需要以下信息:设计文件、危险源辨识与风险分析(HIRA)结果、拟议程序/工作实践(如有)。人机工程分析应识别支持关键任务安全有效执行所需的任何附加要求。

以下出版物提供了进一步的信息和指导:

《过程安全防止人为错误指南》[*Guidelines for Preventing Human Error in Process Safety* (CCPS 1994b)];

《改进过程工业绩效的人因方法》[*Human Factors Methods for Improving Performance in the Process Industries* (CCPS 2007d)];

《人的因素——提高 HSE 绩效的手段》[*Human Factors—— a means of improving HSE performance* (IOGP 2006)];

《减少错误和影响行为》[*Reducing Error and Influencing Behaviour, 2nd Edition, HSG48* (HSE 1999)];

《人的因素和差距分析工具》[*Human Factors & COMAH, A Gap Analysis Tool* (HSE 2010a)];

《在过程工业中减少人为错误,提高人为绩效的管理者指南》[*A Manager's Guide to Reducing Human Errors, Improving Human Performance in the Process Industries, Publication 770* (API 2001b)]。

5.2.7.12 火灾和气体探测研究

火灾和气体(F&G)探测研究应根据初步研究的更新版本(在项目前期 FEL-2 阶段生成)进行，以反映需要火灾和气体探测的最新设计中的位置。该研究应确保通过可燃和有毒气体、火灾/烟雾、一氧化碳/二氧化碳等的探测器和警报系统对一关键大小的非计划释放事件快速检测，并向操作者发出警报。

研究应基于火灾及气体(F&G)原理、控制系统原理、初步火灾及气体研究、设备配置图、危险源辨识与风险分析研究、设施选址研究(或海上火灾和爆炸研究)。在火气探测系统上设定安全完整性等级(SIL)目标越来越普遍(ISA TR84.00.07)。

以下出版物提供了进一步的信息和指导：

《有害物质释放持续监测》[*Continuous Monitoring for Hazardous Material Releases* (CCPS 2009a)]；

《化学、石化和烃处理设施的防火指南》[*Guidelines for Fire Protection in Chemical, Petrochemical, and Hydrocarbon Processing Facilities* (CCPS 2003b)]；

《海洋气体探测器选址标准及探测器间距研究》[*Offshore Gas Detector Siting Criterion Investigation of Detector Spacing* (HSE 1993)]；

《火灾和气体探测系统效能评估指南》[*Guidance on the Evaluation of Fire and Gas System Effectiveness, TR84.00.07*(ISA 2010)]；

《基于性能的火灾和气体探测系统工程手册》[*Performance-Based Fireand Gas Systems Engineering Handbook* (ISA 2015)]。

5.2.7.13 消防水分析

应更新项目前期 FEL-2 阶段进行的初步消防水分析，以反映最新设计。应估计火灾危险分析(FHA)中所述各种情况下的消防用水需求。根据这些需求，应开发一个消防水分配系统，包括水源、泵、管道、固定消防设备和消防相关设备(如控制装置、罐、水池、移动消防设备、泡沫供应)。

消防水分析应基于消防原理、初步消防水分析、火灾危险分析(FHA)和装置配置图，更多信息和指南可从以下 CCPS 出版物获得：《化工、石化和烃处理设施的防火指南》[*Guidelines for Fire Protection in Chemical, Petrochemical, and Hydrocarbon Processing Facilities* (CCPS 2003b)]。

5.2.7.14 泄压、放空和火炬研究

应更新初步泄压和降压分析，以反映最新设计，应为每个泄压装置考虑所有可能的超压情景进行计算、建立规范和档案。头部和管道的尺寸应确保多个装置同时释放时的可靠性。火炬烟囱(和任何通风烟囱)的尺寸(高度、直径、顶部配置等)应基于法规和良好的行业惯例。研究应基于泄放、泄压和火炬原理、危险源辨识与风险分析(HIRA)研究、工艺管道和仪表流程图(P&ID)、火炬总管布局(如有等距图)、受保护设备和泄压装置数据。注意，泄放研究可能会影响保护层分析(LOPA)，反之亦然。

更多信息和指南可从以下 CCPS 出版物获得：《压力释放和废气处理系统指引》[*Guidelines for Pressure Relief and Effluent Handling Systems* (CCPS 1998b)]。

5.2.7.15 退役

要慎重地对待设施最终如何退役，并在设计中包括任何必要的条款。这与必须完全拆除的海上设施尤其相关，但也可适用于一些陆上开发。第 11 章讨论了退役的挑战，项目前期的考虑可以减少这些挑战，简化解构和/或拆除，并降低成本。

5.2.7.16 应急响应研究

应进行初步应急响应研究，以确定应对最坏情况的重大事故和较小、更可能发生的事故所需的策略和设备。这应该包括但不限于火灾、爆炸、有毒和易燃物质的释放、极端天气、车辆/火车/船舶碰撞、人员救援等。应该起草任何识别出的设备的性能标准。应为绿地发展建立危机管理。该研究应基于危险源辨识与风险分析(HIRA)的结果、其他安全评估和应急响应理念，更多信息和指导可从以下 CCPS 出版物获得：《现场紧急情况技术规划指导》[*Guidelines for Technical Planning for On-Site Emergencies*（CCPS 1995c）]；《基于风险的过程安全》第 18 章[*Guidelines for Risk Based Process Safety, Chapter 18*(CCPS 2007b)]。

5.2.8 重大事故风险再评价

在设计危害管理(DHM)审查、本质安全设计(ISD)优化和制定设计安全措施规范之后，应重新评估剩余重大事故风险，以确定其是否符合公司和/或管辖区的风险可接受标准。根据标准，该评估可以是定性、半定量或定量的，使用一种或多种危险源辨识与风险分析方法(见第 5.2.7 节)。如果未达到适当的标准，项目应返回设计危害管理流程，以确定其他风险降低机会。如果这是不可能的，项目管理应该通知业主讨论前期的选择。这可能导致与风险承受标准的差异，返回项目前期 FEL-2 阶段选择不同的开发方案，或者终止项目，在某些情况下，可能还需要通知监管机构。

5.2.9 最终确定重要的安全决策

到项目前期 FEL-3 阶段结束时，该项目应已完成所有重要的安全决策。大多数决策将包括设计危害管理(DHM)、本质安全设计(ISD)、危险源辨识与风险分析(HIRA)和设计安全措施过程的输出。可能还有与其他问题有关的决策，包括但不限于：

- 环境健康与安全(EHS)和过程安全管理体系；
- 技术选项；
- 施工安全；
- 培训(如适用，使用工艺仿真)；
- 应急响应；
- 利益相关者沟通；
- 项目执行阶段的其他安全活动。

应编制决策登记簿，以便最终移交给运营商。

5.2.10 最终确定设计基础

项目前期应形成完整的技术文件足以开始详细设计阶段。所有设施的场地、管道路线和通行权应得到确认，并获得其他许可证。这样才能在设计基础(BOD)中完成和遵守基础工程，并应在项目前期 FEL-3 阶段结束前冻结。

5.3 其他工程考虑

5.3.1 资产完整性管理

许多大型油气和化工公司都有资产完整性管理(AIM)政策和标准，涵盖以下部分或全部目标：

- 防止导致重大事故风险的设备和基础设施故障；
- 提高运营绩效和生产能力，并将生命周期成本降至最低；
- 提高环境健康与安全(EHS)与工艺安全绩效，减少责任；
- 提高设施的生命周期价值；
- 维持公司声誉和“经营许可证”。

在技术说明(SOR)最终确定时，确定设施的预期寿命，将影响工程规范、标准和建筑材料的选择，以减少危险材料不受控制释放的数量和严重程度。例如，如果项目涉及处理氢氟酸(HF)，则含镍合金是唯一能够充分抵抗的材料，可用于长期使用。在这方面，接受更高的资本支出以减少未来的运营支出可能是有益的，例如在设施的使用寿命内减少检查、测试和预防性维护(ITPM)任务。

项目组应评估项目前期(FEL-3)阶段的设计，以确保对设施的生命周期及其满足业主资产完整性管理(AIM)目标的能力给予足够的重视。这是设施完整性设计的重要阶段，可能会对未来的可靠性和可用性产生重大影响，并最终影响运行设施的价值。

虽然本章所述的过程安全研究和活动支持资产完整性管理(AIM)，但也应彻底评估一些技术问题，包括但不限于：

- 新技术或外推技术的完整性(可能需要证明试验以证明可靠性)；
- 将完整性纳入设备性能标准；
- 材料选择和腐蚀管理策略；
- 经管理评审和批准的正式流程偏离公认的工程规范和标准；
- 火灾、爆炸和环境下所需的结构强度荷载(风、浪、冰等)以及承受意外事故荷载(例如跌落荷载、车辆/船舶碰撞)；
- 确认检查、测试和预防性维护(ITPM)的策略(如基于风险的检测方案 RBI、以可靠性为中心的维修 RCM)。更多信息和指导见以下出版物：《资产完整性管理指南》[*Guidelines for Asset Integrity Management* (CCPS 2017a)]。

5.3.2 质量管理

如果尚未制定，则应为项目的执行阶段(详细设计、采购、制造、施工、安装、试车)制定质量管理(QM)计划。任何长周期设备的购买都需要，以满足项目的进度和质量要求(除了技术规范和性能标准)。

质量管理计划应说明业主、承包商和供应商之间质量保证(QA)和质量控制(QC)活动的角色和责任。第 8 章详细讨论了质量管理。

5.3.3 承包商选择

如果尚未准备好，则应制定项目执行阶段的承包战略。第 2 章第 2.6 节介绍了项目实施策略，以及各种承包策略可能会对过程安全的影响。如果工程不是在内部进行的，最终确定的承包策略将及时指定详细设计承包商。该策略应反映项目管理团队(PMT)希望承担的工作量与分包的工作量，例如危险源辨识与风险分析(HIRA)内部研究或提供给专业顾问/承包商。项目管理团队(PMT)还应注意在最终确定策略时要管理的接口数量。应为合同准备详细的工作范围和可交付成果。这应包括更新的设计危害管理(DHM)实施计划中的活动。

承包商的选择应基于技术能力、环境健康与安全(EHS)与过程安全能力以及成本。成本不应是决定合同的唯一因素，因为熟悉工艺技术很重要。选择过程应对所有标准进行排序，包括对潜在承包商提议的工程设计组织进行深入的能力评估，如果有必要选择一个缺乏经验的承包商，业主应做好准备，发挥积极的管理作用。

在项目前期 FEL-3 阶段结束时，项目应具备合同管理和行政实践及程序，包括变更单和合作伙伴批准执行阶段的主要承诺，应最终确定并准备好授予合同。

5.3.4 棕地开发

如果项目是棕地开发，对连接工艺和公用系统的停机要求则可能需要与负责现有工艺的现场管理相一致。认识到对生产的影响，应在项目前期 FEL-3 阶段中定义任何停工要求，商定时间，并添加到项目计划中。

5.4 其他活动

除了项目设计所需的各种过程安全和技术研究外，还有许多其他活动支持项目前期和项目执行。这些活动在整个项目生命周期内持续进行并且定期更新。

5.4.1 环境健康与安全(EHS)和过程安全计划

应更新环境健康与安全(EHS)计划以及过程安全计划，反映最新设计和任何额外的 EHS 要求，如项目执行阶段的专家研究或所需批准、执照和许可证的变更(附录 B)。

5.4.2 风险登记

应该更新风险登记册，以了解最新设计和危险源辨识与风险分析研究(附录 C)中确定的任何新危害/风险。随着设计的发展，为了确保风险已经得到充分管控的安全设计措施(如安全关键设备)、管理过程(如员工能力)等必须保持并文件化。必须清楚地理解这些设计措施和管理过程，并将其移交给运营部门，未能保持其中一项或两者都可能导致风险增加。

5.4.3 行动项跟踪

应更新项目行动项跟踪数据库或电子表格，可以包括但不限于与任何法律约束、监管或合同要求/承诺、专家研究、同行评审和其他保证过程有关的所有活动。

5.4.4 变更管理

控制项目变更的过程应适用于所有项目专业，这些专业可以相互独立地工作，对于可能影响设计危害管理(DHM)过程和设计安全措施的变更尤为重要。工艺管道和仪表流程图(P&ID)不可冻结，直到完成危险源辨识与风险分析(如最终 HAZOP)后才可执行，一般要等到项目执行的详细设计阶段。

更多信息和指导可从以下 CCPS 出版物获得：《过程安全变更管理手册》[*Guidelines for Management of Change for Process Safety* (CCPS 2008)]。

5.4.5 文件

在整个项目前期 FEL-3 阶段和项目执行期间，应继续编制过程安全信息(PSI)和其他文件，包括计算和设计假设。随着设计的发展，早期信息可能需要修改和/或更新。

第 12 章详细讨论了项目文档。

5.4.6 项目执行准备

项目前期 FEL-3 阶段的目标之一是改进项目执行计划，以增加对设计、成本估算和进度的信心。FEL-3 阶段后期应准备好以下计划：

5.4.6.1 详细设计

在准备详细设计时，如有必要，可要求计划内阐述以下内容：

- 与项目进度保持一致的研究计划和时间安排；
- 验证设计安全措施的性能（如设计审查等）；
- 承包商之间的接口管理；
- 与棕地链接点的界面管理，如现有的工艺操作和公用设施服务。

5.4.6.2 采购

应完成采购策略和采购计划（包括项目质量管理计划的应用）。应预订长周期使用的设备。在项目前期 FEL-3 阶段结束前，应编制所有主要设备的规格说明，并获得投标书以便编制项目批准所需的项目成本估算。

5.4.6.3 施工

为了准备施工阶段，如有必要，可能需要制定计划来解决以下问题：

- 施工人员的临时办公室、食堂和/或住房（可能涉及设施选址研究的扩展）；
- 施工现场的安全；
- 施工人员的安全教育和程序；
- 施工期间的应急响应，包括救援、消防（可能需要临时消防用水）和医疗服务；
- 施工期间的健康问题，如过热/过冷、疟疾等；
- 施工期间的环境问题，如保护邻近地区湿地或保护物种、雨水径流等；
- 临时公用设施供给；
- 哑炮（世界部分地区的主要问题）；
- 包括设备保存的材料管理；
- 验证设计安全措施的性能[如工厂验收测试（FAT）等]；
- 预试车；
- 机械竣工和移交。

5.4.6.4 试车和启动

在准备试车和开车时，可能需要制定计划来解决以下问题：

- 连接、试车和开车计划（包括角色和职责、顺序、产能测试运行）；
- 将未来的操作人员纳入预试车和试车团队；
- 供应商支持；
- 备件和维护；
- 竣工审查和运行准备审查清单。

有关运行准备审查和试车/排序的更多信息和指导，可分别从以下出版物中获得：《基于风险的过程安全》[*Guidelines for Risk Based Process Safety*（CCPS 2007b）]；《化学和工业工厂试车手册——装置和设备安装和试车的实用指导》[*Chemical and Process Plant Commissioning Handboo: A Practical Guide to Plant System and Equipment Installation and Commissioning, 1st edition*（IChemE 2011）]。

5.4.6.5 运行

操作和维护原则应与设计基础（BOD）保持一致并冻结。

5.5 安全案例

一些地区要求海上设施的业主和/或运营商准备一份设计安全案例(Design Safety Case)，描述已识别的重大事故危害(MAH)和为评估其风险而进行的研究，以及为管理风险或减轻其潜在后果而采取的措施。同样，一些地区要求陆上设施编制并提交包含类似数据的施工前安全报告。即使没有监管要求，一些公司也选择为陆上和/或海上设施准备一份“安全案例”，以便向未来的运营团队提供重大事故危害(MAH)和设计危害管理(DHM)的简要信息，包括所有设计安全措施的说明和性能标准，以及运营部门应执行的行政/程序措施，如果在设施的整个生命周期内未能理解和维护这些措施，可能会增加导致重大事故的风险。在项目前期编制安全案例(在项目执行期间进行更新)时，需要将来自每个阶段、每个承包商和其他来源的设计要素汇编成一份用户友好型综合文件，以向运营者提供各种设计安全信息。这有以下益处：

- 提高对危险和风险的认识；
- 增强对减少风险的技术和行政措施的了解；
- 减少重大事故的可能性或其后果。

5.6 阶段关口审查

当项目前期 FEL-3 阶段接近结束时，应进行阶段性审查，以确保项目充分管理了过程安全(和 EHS)风险。阶段审查小组可使用协议和/或检查表，如附录 G 中的详细协议。表 5.3 说明了项目前期 FEL-3 阶段关口审查的典型过程安全范围。阶段审查小组应独立于项目，熟悉类似装置/工艺/技术，通常由经验丰富的领导、工艺工程师、操作代表、过程安全工程师、其他专业工程师(如适用)和 EHS 专家组成。评审结束时，评审组将对任何需要改进的地方提出建议，并根据过程安全向把关人说明项目是否准备好进入下一阶段的详细设计。

表 5.3 项目前期 FEL-3 阶段关口审查范围

审查项
确认过程安全和 EHS 研究，包括专家审查，问题整改措施通过审批并进行跟踪
确认过程安全和 EHS 相关方面工程设计符合或超过监管要求，项目规范和标准通过审批，设计理念已经确立
确认所有与项目全生命周期特点、新技术、地理位置特点有关的过程安全和 EHS 问题已经识别
确认完整性管理/工程保证程序到位
确认变更管理程序已到位
确认文件要求已得到满足
确认资源和培训策略已建立
确认项目计划考虑了施工准备的过程安全和 EHS
确认项目已建立风险登记册对与过程安全相关的风险进行跟踪，并由有能力的人员正式审查

5.7 小结

如前所述，一旦选择了单一开发方案，项目前期 FEL-3 阶段将改进技术定义和项目执行计划。这包括准备基础工程设计(FEED)包，该设计包可提供给内部工程师或工程承包商，以完成详细工程设计。该设计包包括设计危害管理(DHM)，通过了解主要危险，优化本质安全设计、功能安全和其他安全措施，降低风险。最终目标是对设计、成本和进度有信心，从而确定商业案例并获得业主的财务支持。

6 详细设计阶段

项目一旦获批，则进入项目执行的第一阶段，即详细设计，有时也称之为详细工程或设计，包括完成项目前期(FEL)定义范围的详细工程、管理任何范围变更、采购材料设备。图6.1说明了详细设计在项目生命周期中的位置。

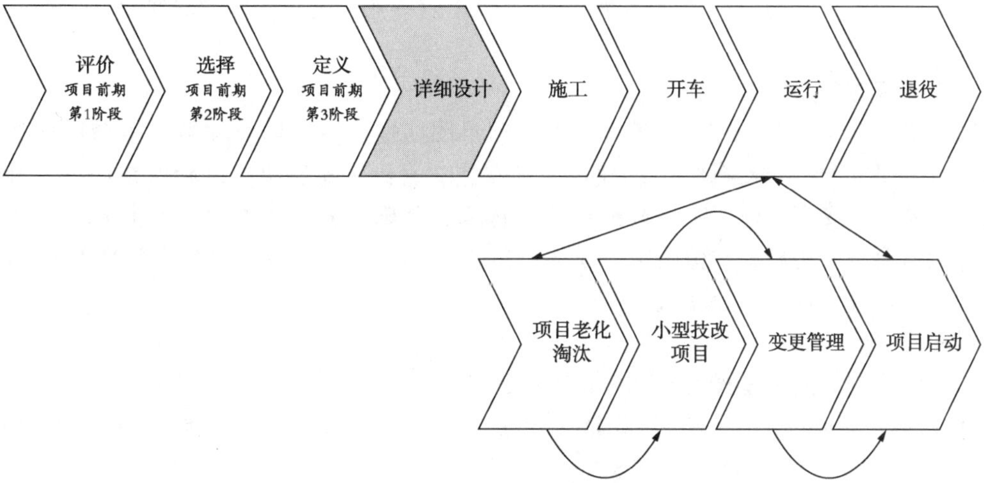

图6.1 详细设计

详细设计阶段代表对项目的重大财务承诺，可以授权按照批准的项目财务报告进行财务支出。虽然设计基础(BOD)可能会关闭，但工程(包括本质安全设计和过程安全)可能没有进展到成本和进度达到满意的程度。因此，业主仍然可以取消该项目。公司的做法各不相同，但最终投资决定(FID)通常是在详细设计期间，根据业主指定工程细节的完成率做出的决策。一些细节可能需要100%完成，有些细节可以在最终投资决策后完成。

项目管理团队

项目前期(FEL)开展的许多活动需要改进和更新，且在采购和/或施工前完成。项目管理团队的主要重点应是实施项目实施计划，并确保按照计划和预算交付项目。所有相关方(即承包商、顾问、供货商和供应商等)需要保持良好的界面管理和定期绩效报告。所有剩余的项目风险和不确定性都需要密切管理，以便按时、高效完成和项目移交。

典型项目的详细设计目标包括：

- 根据商定的基础工程设计(FEED)包或冻结的设计基础(BOD)执行详细的工程设计；
- 完成可施工性工作(如最大限度地进行场外制造、使用预装配单元、与现有设施连接的计划等)，并确保施工准备就绪；
- 监督所有工程承包商的活动，以确保相关采购、施工和交付物试车；
- 进行设计审查，以验证是否符合法规、规范/标准、设计危害管理(DHM)和安全关键设备/元件(SCE)、性能标准、可操作性、可维护性和可靠性要求；

- 更新并最终确定项目危害/风险登记表、质量管理计划和试车/开车计划(如有必要)；
- 选择设备和材料的供应商并商定采购合同；
- 准备与运营单位的项目移交计划(包括移交工程支持和文件)；
- 密切监控项目绩效[支出、进度、质量、过程安全、环境健康与安全(EHS)、行动项等]，并向业主汇报。

从工程的角度来看，项目组的重点是完成包括施工所需的所有必要信息的设计包。这些信息包括设备、仪表系统、建筑物、结构等的采购细节，以及等距视图、工艺管道和仪表流程图(P&ID)图、电气单线图、因果图等施工图。影响及时采购设备和材料所需的任何未完成信息(如质量和性能标准数据)应优先考虑。设计工作建立在前期准备 FEL-3 阶段的基础工程设计(FEED)包的基础上，在最终完成设计并准备施工之前，可能需要对多个研究和活动进行数次迭代。

环境健康与安全

从环境健康与安全(EHS)的角度来看，项目团队需要更新影响项目全生命周期的 EHS 风险。EHS 研究(包括专家评审)的建议应被跟进，直到满意解决，以确保在详细设计中实现环保、健康和安全。项目应实施 EHS 管理体系，并确保 EHS 文件要求被贯彻执行。项目 EHS 计划需要及时更新，确保施工、预试车和试车阶段的 EHS 准备完成，包括 EHS 程序编制、承包商教育/培训，以及应急响应。

过程安全

详细设计中的关键过程安全目标通常是建立在项目前期的基础上，即：

- 完善并完成设计危害管理(DHM)[包括功能安全、安全关键设备/元件(SCE)和性能标准]；
- 进行最终的危险源辨识与风险分析(HIRA)[如危险与可操作性分析(HAZOP)]和其他过程安全专家研究，并说明所有研究结果，以确保详细设计中充分考虑了过程安全方面的问题；
- 全面实施变更管理(MOC)过程，充分评估后期设计变更；
- 必要时更新施工、预试车、试车和开车准备的过程安全计划，包括操作程序、培训和设备维护管理体系。

随着更多详细设计信息的提供，应进行比前期准备阶段更详细的危险源辨识与风险分析(HIRA)和其他过程安全和技术研究。视情况而定更新以前的研究或进行新的研究，详见以下章节：

- 详细设计(第 6.1 节)；
- 采购(第 6.2 节)；
- 完整性管理(第 6.3 节)；
- 其他过程安全活动(第 6.4 节)；
- 其他项目活动(第 6.5 节)；
- 施工准备(第 6.6 节)；
- 预试车、试车和开车准备(第 6.7 节)；
- 阶段关口审查(第 6.8 节)。

6.1 详细设计

在项目前期(FEL)结束时，基础工程设计(FEED)包含了内部工程部门或承包商执行项目所需的所有必要信息。项目从“设计”转变到了“工程”。例如，基础工程设计(FEED)包括项目进度、总布置图、设计理念、主要设备和管道规范、施工材料、钢结构、布线等的初步信息。相比之下，详细设计阶段是细化设计的阶段，而施工图[如工艺管道和仪表流程图(P&ID)、等轴测图、电气单线图]、设备选择、管道详图、结构钢支架、建筑物、绝缘材料等细节都已设计好，可供采购。工程软件，如有限元分析和计算机辅助设计(CAD)程序，用于评估和优化设备、部件和管道及其详细布局中的应力。在这个阶段，项目的全部成本被确定得非常精确。

项目管理团队应确保各工程专业(即工艺、机械、电气、控制和土木)的细节不能偏离设计理念。尤其重要的是，每个专业都要了解操作和维护原理。设备供应商通常有助于设计，但需要注意监控特定供应商的产品所产生的潜在影响。例如，每个过程控制系统供应商都有一个与工艺设备和工厂信息系统接口的系统设计，这些设计可能不一定满足操作员的要求。验证测试、校准和维护可能需要管道设计要素，如分接头、隔离和旁路。

所有选定的工程规范和标准应在详细设计的早期更新和“冻结”，以避免以后的更改和重复工作。尽管人们认识到在实施过程中一定会发生一些变化，但这种变化应该避免，因为即使是看似微小的变化，在详细设计开始后也会产生不成比例的成本。通过移除看起来无关紧要的组件来降低成本的诱惑可能会带来新的危害和风险，应对设计变更申请进行严格评估。

6.1.1 设计危害管理流程

从项目前期开始的设计危害管理(DHM)过程应在详细设计阶段进行细化和完善，从源头上消除或减少重大事故危害(MAH)，同时防止剩余危害成为重大危害。总的目标是通过结合应用本质安全设计(ISD)原则和增加功能性安全风险降低措施(即设计安全措施)，将剩余风险降低到至少符合公司政策的水平。有关减少风险措施的更多信息和示例，请参阅第4章第4.2.1节。

许多资本项目雇用一个或多个工程承包商进行详细设计。承包商了解设计危害管理(DHM)过程(包括以前的前期准备工作)和项目管理团队预期的可交付成果很重要。当设计危害管理涉及多个承包商和/或工程人员时，重要的是要定义好接口，并经常进行信息共享，以确保一致性。成套设备的分包商和供应商各单位也应纳入设计危害管理过程。如果承包商和/或工程专业在设计危害管理方面能力很低或没有能力，项目管理团队需要安排内部过程安全或专家顾问进行过程安全知识支持。

项目管理团队需要确保每个承包商履行其设计危害管理(DHM)承诺，并在所有设计合同中全面实施变更管理，以便正确评估每个设计变更申请(例如增加安全措施)对总体危害管理的影响。项目管理团队还应在所有设计合同中实施行动项跟踪系统，并验证行动项由适当权限的人员关闭。将项目管理团队成员安置在承包商办公室可以增强监督，同时建议项目管理团队任命一名称职的过程安全工程师，以验证所有过程安全信息被合理跟踪和整合。

6.1.2 本质安全设计优化

在项目前期中启动的本质安全设计(ISD)优化应细化并完成：

- 项目前期 FEL-3 设计基础(BOD)中确定的设备和系统的详细设计；
- 受变更管理影响，FEL-3 期间设计基础(BOD)中未确定的任何本质安全设计(ISD)措施，以实现风险降低、可操作性和成本的最佳平衡。

重要的是，承包商、供应商和设备制造商必须了解本质安全设计(ISD)(包括前期准备阶段工作、用于降低风险的层次分析法)和项目管理团队预期的可交付成果。如果没有，则应作出额外努力，部署匹配的资源，为承包商的可交付成果提供保证。承包商提出的从设计基础(BOD)到本质安全设计(ISD)措施的任何变更都应准确评估其对危害管理的影响。应逐步解决与本质安全设计(ISD)措施和应急响应措施相关的任何设计假设和不确定性。应经常在所有承包商和专业接口之间共享信息，以确保一致性并避免妨碍持续降低风险。项目管理团队还应确保所有承包商和工程专业采用一致的方法和设计标准。

有关本质安全设计(ISD)的更多信息和指导可从以下出版物中获得：

《化工过程全生命周期本质安全应用指南》[*Inherently Safer Chemical Processes, A Life Cycle Approach, 2nd edition* (CCPS 2009d)]；

《危害评估程序指南》[*Guidelines for Hazard Evaluation Procedures, 3rd edition* (CCPS 2008b)]；

《过程工厂：本质安全设计手册》[*Process Plants: A Handbook for Inherently Safer Design, 2nd edition* (Kletz and Amyotte, 2010)]。

6.1.3 现场布局

工艺装置、其他设备和建筑物的现场布局和间距应在项目前期 FEL-3 阶段确定，否则，布局和间距可能会影响设计安全措施的规范。因此在进行详细设计之前，任何布局问题都需要紧急解决。有关现场布局和间距的指导，请参阅第 5 章第 5.2.3 节。

6.1.4 设计安全措施

当优化本质安全设计(ISD)已经不能消除危害时，应增加多种功能安全和其他被动和主动设计安全措施，以进一步降低风险满足风险允许标准和公司政策。设计安全措施应通过详细设计继续：

- 确定在项目前期 FEL-3 期间未在设计基础(BOD)中确定的所有必要措施，如果批准，完成其详细设计；
- 完成设计基础中确定为设计安全措施的设备和系统的详细设计。

详细设计期间进行的详细危险源辨识与风险分析(HIRA)(见第 5.2.6 节)和其他安全和技术研究(见第 5.2.7 节)可确定和评估项目前期中先前未确定的设计安全措施。任何提出的新的设计安全措施都应采取严格的变更管理，以评估其对危害管理的影响，如果批准，应添加到修订的设计基础中。例如，危险源辨识与风险分析(HIRA)研究可以在安全仪表系统(SIS)存在或缺失的情况下进行，如高完整性压力保护系统(HIPPS)，可以验证风险降低有没有实现。

随着详细研究和变更管理决策的结果最终确定，项目管理团队应确保设计承包商和工程专业逐步更新和共享设计安全措施的信息，特别是安全关键设备/元件(SCE，见第 5 章第 5.2.7.3 节)。这些数据还应与设计安全措施的性能标准一起添加到项目风险登记册中。应逐步解决与设计安全措施相关的任何假设或不确定性。

作为设计危害管理过程总体管理的一部分，项目管理团队还应确保所有承包商和工程专业接口的设计安全措施保持一致性设计。所有未完成的设计安全行为应逐步取消。

6.1.5 设定性能标准

作为功能安全和其他设计安全措施持续设计过程的一部分，如有必要，应更新或完善设计基础(BOD)中确定为设计安全措施的设备和系统的性能标准(见第5章第5.2.5节)。其中一些性能标准可能需要评估以确定响应时间要求。还应为详细设计期间确定的所有新设计安全措施制定性能标准。

作为安全关键设备/元件(SCE)，重要的是性能标准强调装置全生命周期的完整性，因为安全关键设备/元件是将过程安全风险保持在期望水平的关键，并且在整个寿命周期内必须是可靠的。安全关键设备/元件(SCE)登记册应作为详细设计交付文件进行编制，并应包括(或链接到)相关性能标准，以确保在后续项目阶段的完整性和一致性。该登记册是开车和移交操作重要过程安全信息的代表。

随着每项详细的安全研究的完成，设计承包商和工程专业应逐步更新和共享有关性能标准的信息。项目管理团队应验证性能标准是否包含在设计规范中，并添加到项目风险登记表中，以便移交给运营部门。

应制定检查和试验计划，以证明已达到各项设计安全措施所需的性能。这些计划应包括工厂验收测试(FAT)、现场验收测试(SAT)、机械竣工和试车。

6.1.6 危险源辨识与风险分析(HIRA)

为了继续降低风险，在前期准备FEL-3阶段中进行的各种危险源辨识与风险分析(HIRA)研究应随着更多设计细节的提供而不断更新。如果识别出任何新的危险或已识别的危险有更改的需要，则可能需要进行额外的研究。各种危险源辨识与风险分析研究包括但不限于以下内容(详见第5章第5.2.6节)：

- 危险识别[如危险与可操作性分析(HAZOP)、What If、检查表]；
- 后果分析(如装置选址、火灾危险、海上火灾和爆炸、烟雾和气体进入、运输)；
- 风险分析[如定量风险分析(QRA)、保护层分析(LOPA)]。

最终项目足够先进，在“批准用于危险与可操作性分析(HAZOP)”的工艺管道和仪表流程图(P&ID)上进行危险源辨识与风险分析。在这一节点上全面实施变更管理是普遍的做法，任何的P&ID和设计变更都应严格评估其影响和可能引入的新的或变更的危险。重要的是，危险源辨识与风险分析不仅解决了正常操作，还解决了开车、停车(正常和紧急)以及其他临时操作，如催化剂再生和分子筛干燥。应将所有危险源辨识与风险分析的建议添加到行动项跟踪系统中，并且在解决每个建议后，任何批准的变更都应反映在“批准用于施工”的P&ID图和相关文件中。如果使用工艺仿真系统培训操作员和检查控制系统，则应基于“批准用于施工”的P&ID图。

供应商设计的设备和P&ID的危险源辨识与风险分析研究在最终危险源辨识与风险分析时并不总是可用，可能会延迟日期。此外，一些技术提供者并没有达到令人满意的危险源辨识与风险分析研究的标准。如果供应商文件在项目中占很大比例，则技术供应商最好参与业主/项目危险源辨识与风险分析中。

有些公司在准备编制运行程序初稿时也会对其进行危害分析。分析通常侧重于每个非常规的任务和要求，并可能使用危险源辨识分析(HAZID)、What If、检查表或HAZOP方法。

项目管理团队应指定一名或多名称职的协调员，如工艺工程师或过程安全工程师，以独立验证从危险源辨识与风险分析研究[包括前期准备(FEL)和详细设计]中得出的所有行动项均已明确定义并有效关闭，尤其是涉及设计问题的地方。如果设计危害管理(DHM)/本质安全设计(ISD)过程得到了认真的实施，仍然还有一小部分行动项无法解决设计问题，则由运行团队认可并承担这些行动项的责任是很重要的，例如在操作规程中包含特别的步骤。

6.1.7 安全评估

随着更多设计细节的提供，为了继续进行风险降低工作，应更新前期准备FEL-3中进行的各种技术安全评估。减轻由危险源辨识与风险分析(HIRA)研究确定的风险的很多研究是必要的。在可能的情况下，这些研究产生的建议应得到解决，所采取的决定/行动项应记录在案。根据项目范围，某些研究可能不合适，例如，消防可能不适用于某些公用设施或水处理系统。各种安全评估包括但不限于以下内容(详见第5章第5.2.7节)：

- 危险区域划分；
- 安全仪表系统(SIS)评估和安全完整性等级(SIL)确定/验证；
- 设计安全仪表功能(SIF)前的功能安全评估(FSA)；
- 安全关键设备/元件(SCE)及其性能标准；
- 安全关键设备/元件(SCE)的脆弱性分析(包括控制系统和数据丢失)；
- 可靠性、可用性和可维护性(RAM)研究；
- 临时避难所/就地避难所损害评估；
- 疏散、逃生和救援分析；
- 坠物研究；
- 安保脆弱性分析(SVA)；
- 交叉作业研究；
- 人为因素分析；
- 火灾和气体探测和控制研究；
- 紧急停车研究；
- 消防水分析；
- 泄压、放空和火炬研究；
- 设备停运研究；
- 应急响应研究。

6.1.8 重新评估重大事故风险

当设计危害管理(DHM)过程、本质安全设计(ISD)优化和设计安全措施规范完成时，应重新评估剩余的重大事故风险，以确认其符合公司和/或管辖区风险接受标准。根据标准，该评估可以是定性、半定量或定量的，使用一种或多种危险源辨识与风险分析(HIRA)方法(见第6.1.6节)。

更多信息和指导可从以下化工过程安全中心(CCPS)出版物获得：《建立量化风险评估准则的指南》[*Guidelines for Developing Quantitative Safety Risk Criteria* (CCPS 2009b)]。

6.1.9 其他设计评审

最终详细设计工程完成，之后应进行各种设计审查。除了工艺管道和仪表流程图

(P&ID)、项目相关文件、3D 模型和供应商图纸的最终危险与可操作性分析(HAZOP)研究外，尤其是动设备和仪表的 HAZOP 研究还应进行审查，因为这可能是升级技术和安全相关问题的最后机会。尤其是，应检查控制系统是否满足设计理念和性能标准中的所有要求。附录 D 中的检查表也可用于识别和管理设计安全问题，特别是对于小型修改和变更管理(MOC)项目。如果之前未在前期准备 FEL-2 或 FEL-3 中进行，则应进行可施工性审查，以确保设计不会出现任何不可接受的施工困难和风险(更多详细信息，请参见第 6.5.6 节)。

6.2 采购

采购计划(包括项目质量管理计划的应用)应在前期准备 FEL-3 中最终确定，订购设备的长周期项目应符合项目进度。这些长周期项目和工程包的制造将基于前期准备 FEL-3 的初步研究[如危险源辨识与风险分析(HIRA)、保护层分析(LOPA)/安全完整性等级(SIL)、可靠性、可用性和可维护性研究(RAM)等]，除非这些研究在详细设计开始时得到优先审查和更新。然而，这些研究应与其他详细设计研究相结合，以确保设计过程中确定的必要屏障(即保护层)保持完整，以控制和减轻危害。

剩余的设备、材料和服务将在详细设计或施工阶段(视情况而定)采购，以满足项目进度。例如，需要在详细设计期间签订涉及施工前端活动(即拆除/现场清理、平整、通路、打地基、临时建筑物/营地等)的合同，以避免进度延误。

如果质量管理计划需要任何更新以实现项目的质量目标，则应在进一步采购活动之前完成，然后实施质量管理计划。虽然质量控制(QC)检测和检查可能是承包商的责任，但项目管理团队或专业第三方应代表对设计承包商和任何长周期项目的制造进行质量保证(QA)审计(见第 8 章)。

项目管理团队应监督详细设计承包商，以确保根据基础工程设计(FEED)包/冻结设计基础(BOD)和商定的规范和标准正确执行详细工程设计。在准备采购活动时，所有设计安全措施[包括安全关键设备/元件(SCE)]的性能标准应纳入设备技术规范。其他设备和系统可能因生产、产品质量或环境原因而被给予关键性等级。此后，项目管理团队应确保通过采购严格控制所有设备和系统的设计意图，因为可能需要在当地和/或通过低成本供应商采购设备和材料。理想情况下，设备和材料只能从可靠的供应商处采购，即在项目早期就应商定的经批准的供应商名单。有时来自低成本供应商的产品质量可能不符合项目要求的技术规范。

案例研究：假冒阀门

2007 年 11 月，美国核管理委员会(NRC)了解到，一座核电站在定子冷却水泵排放口发现了一个假冒的 5 英寸 150#梯形截止止回阀，另一个假冒止回阀在其仓库中。发现时，已安装的阀门已使用 8 个月。在发现假止回阀后，该阀门的性能被密切监测，并在 2009 年春季的一次换料停堆期间被更换，该阀门用于非安全相关系统。

许多假冒产品不是按照与原装设备制造商(OEM)设备相同的技术规范(冶金、公差等)制造的，并且可能在使用中过早失效。

参考：NRC Information Notice 2008-04

6.3 资产完整性管理

项目中的技术完整性涉及设计的可靠性，以及复杂设备和系统的质量保证。工程规范和标准在提供完整性方面起着核心作用，但不是唯一的答案，还需要有能力的专业工程师对其进行解释，确保正确的工程解决方案。项目的过程和程序应确保在制造和施工期间保持设计意图。

前期准备 FEL-3 中可能已经开始了一些工程审查，应在详细设计阶段最终确定，以确保设施的完整性符合业主的政策/期望。如果以前没有开始，则应考虑开始这些审查和活动，包括但不限于：

- 工艺管道和仪表流程图(P&ID)审查，以确定错误、遗漏等；
- 在关键里程碑进行三维模型审查，以检查详细设计是否准确反映了项目范围和设计输入要求；
- 工程标准审查，包括与公认规范和标准的任何偏差；
- 腐蚀/侵蚀管理；
- 电气系统保护；
- 可靠性、可用性和可维护性(RAM)研究，包括：
  - 设备可靠性(和要求的试验间隔)，特别是安全关键设备/元件(SCE)；
  - 设计审查，以尽量减少与维护相关的影响；
  - 检查、测试和维护程序和计划；
- 管道完整性监测；
- 结构强度，如任何火灾、爆炸、环境(风、浪、冰、地震等)或意外(坠落物、车辆/船舶碰撞等)荷载自前期准备 FEL-3 以来发生变化；
- 海上结构物、拖航和主要升降机的质量控制；
- 验证设计安全措施符合其性能标准，包括安全仪表系统(SIS)验证审查；
- 工厂验收试验(FATs)和现场验收测试(SATs)的检验和试验方案；
- 跨专业审查(也称为小组检查)，以确保跨工程接口的良好沟通；
- 在关键里程碑进行价值工程评审，以在不影响安全和质量的情况下降低成本；
- 可操作性审查，以改进操作并将生命周期成本(包括后勤和支持问题)降至最低；
- 对特定技术问题(如关键项目、新技术、新用途等)进行同行评审；
- 阶段关口审查(见第 6.8 节)。

在这些审查之后，完整性要求应包括在设备的最终性能标准中，建立计划或方案以向操作者移交性能标准并编写要移交的工程和完整性文件。过程安全工程师应能为这些工程评审以及相关计划和程序的制定做出重大贡献。

6.4 其他过程安全活动

6.4.1 安全案例/施工前安全报告

如果在前期准备 FEL 中为地方管辖准备了安全案例/施工前安全报告(见第 5 章第 5.5

节)，则应在项目的详细设计阶段通过来自承包商、工程学科和过程安全信息的其他来源如危险源辨识与风险分析(HIRA)研究的输入来更新和定稿。当设计最终确定后，未来的运营团队需要为实施和管理剩余风险提供管理/程序措施的投入。这些措施将包括建议的管理体系要素以及由运营团队负责的某些危险源辨识与风险分析(HIRA)建议。文件应提交有关主管部门。

6.4.2 安全操作案例

如果在前期准备时编制了自愿设计“安全案例”(见第5章第5.5节)，则应在项目详细设计阶段通过汇编承包商、工程专业和其他过程安全信息来源(比如HIRA研究)的输入进行更新和最终确定。

“安全文件设计案例”应作为制定安全运行案例的起点。已完成的安全设计案例应与未来的运营团队共享，以提供有关重大事故危害(MAH)的信息，以及如何通过本质安全设计(ISD)和设计危害管理(DHM)进行管理，包括设计安全措施和最终设计中的相关性能标准。应编制所有承担的安全研究工作的档案，并移交给运营部门。安全运行的任何设计限值也应通知运营团队。

然后可以通过添加如何管控剩余风险的细节来准备安全运行案例：

- 设施管理系统(如操作程序、员工培训、维护规范、变更管理等)；
- 运营部门计划执行的具体行政/程序措施(包括在最终HIRA研究中一些建议的解决)；
- 应急响应策略和规定。

化工过程安全中心(CCPS)编写的《基于风险的过程安全》提供了关于良好管理实践的信息，这些良好管理实践信息可能适合作为设施管理系统的一部分(CCPS 2007b)。

6.5 其他项目活动

除了开发详细设计所需的各种过程安全和技术研究外，还有许多其他活动支持项目实施。这些活动在项目整个生命周期内都在继续，应定期更新。这需要项目管理团队与所有承包商、供货商和供应商之间的良好沟通。

6.5.1 环境健康与安全(EHS)和过程安全计划

应更新EHS计划和过程安全计划，以反映详细设计和任何附加EHS要求，如项目执行阶段的专家研究或所需批准、许可证和执照的变更(附录B)。

6.5.2 风险登记册

对于详细设计过程中发现的任何新危害/风险，应更新项目危害和风险登记册(附录C)。随着详细设计的进行，任何必须保持的以确保风险得到充分管理的安全设计措施(包括其性能标准)和管理过程(如行政/程序措施)都应记录在案。这些设计措施和管理过程必须移交给运营单位，并由运营单位清楚地理解，如不能保持这些措施和管理过程，就可能会导致风险增加。

6.5.3 行动项跟踪

应更新项目行动项，跟踪数据库或电子表格，包括与任何具有法律约束力、法规或合同要求/承诺、技术工作、专家研究、设计评审、同行评审和其他保证过程有关的所有行动，且不限于此。项目管理团队还应设法掌握其承包商的行动项，并确保所有来源的行动项逐步得到解决、关闭和记录。可以指定一名独立的工程师来协调解决方案和关闭设计项。

特别重要的是，运营团队了解并负责所有被确定为“操作行动项”的行动项。应注意危险源辨识与风险分析和专家研究的建议不会自动分配给运营单位。设计安全措施被认为比行政和程序措施更可靠。应客观评估建议，并在可行的情况下纳入设计措施。

6.5.4 变更管理

设计随着前期准备阶段的发展，变更是不可避免的，因为许多决策是在不完整的信息、假设和项目工程师的个人经验上做出的。尽管前期准备 FEL-3 中应部分实施变更控制，以保护设计安全措施的决策，但应在详细设计阶段全面实施变更管理。

项目在这个阶段的变化可能会中断工作流，引起返工，影响安全性，并导致延迟和进度延误，这必然会增加成本。因此，有效地管理变更对项目的成功至关重要。必须严格控制项目实施过程中的范围变更，有些项目经理在这方面有“不变更”的理念。在有充分理由的情况下，可能会进行一些变更，尽管随着更完整信息的提供和假设/不确定性的持续解决，变更的数量应该是有限的。

应考虑的变更示例如下：

- 回应了一个监管问题；
- 将大大降低风险；
- 将降低项目成本；
- 将缩短项目进度。

在详细设计阶段之前(包括详细设计阶段)，变更管理主要涉及文件控制，并存储最新信息，供需要访问以执行其任务的项目和承包商人员随时检索。然而，当工程设计在详细设计期间达到适当的完成水平时，还应实施变更管理，以确定后续变更是否对过程安全和 EHS 产生了非预期的后果。如果之前没有，变更管理应在最终危险源辨识与风险分析[如最终危险与可操作性分析(HAZOP)]时充分实施，此时“批准用于危险与可操作性分析(HAZOP)”的 P&ID 图通常被冻结。因危险源辨识与风险分析建议而产生的任何批准变更应纳入“批准用于施工”的 P&ID 图和相关文件中。

建设项目变更管理的一个关键方面是在业主、项目管理团队、承包商、工程规范、供货商和供应商和其他利益相关者之间的各种界面之间进行沟通。重要的是，各方，特别是承包商和专业工程师，了解变更管理过程，并了解其他方提出的变更。提出的任何设计变更应彻底评估是否引入新的或变化的危险，以及其对设计危害管理(DHM)过程和设计安全措施的潜在影响。批准的变更应记录在案，并传达给所有利益相关者。通常，由个人或小团体负责界面管理，以在项目人员、设计、采购和施工(EPC)承包商、设备制造商、供货商和供应商和其他利益相关者之间进行沟通。更多信息和指导可从以下化工过程安全中心(CCPS)出版物获得：《过程安全变更管理指南》[*Guidelines for Management of Change for Process Safety* (CCPS 2008c)]。

6.5.5 文件

在整个详细设计过程中，应继续编制过程安全信息(PSI)和其他文件，包括计算和设计决策。项目管理团队应监督所有承包商、供货商和供应商的活动，以确保及时生成相关文件。项目应确定何时需要文件，以便在采购前确定规范要求，例如安全仪表系统(SIS)部件，卖方可能希望在设备装运时交付手册。

特别重要的是，运营团队需获取以下信息，但不限于此：

- 危害；
- 危害管理和设计安全措施；
- 安全操作的设计限值；
- 关于装置如何运行的设计假设；
- 应急响应策略和规定。

项目风险登记册（见第6.5.2节）和安全操作案例（见第6.4.1.2节）可满足其中一些要求。第12章详细讨论了项目文件。

6.5.6 可施工性

建筑工业学会（CII）引入了可施工性概念，使施工顺利进行，避免了施工过程中可能出现的错误、遗漏、歧义和冲突等问题。建筑工业学会（CII）推广一系列工具，以促进全面的可施工性实施方法（CII 2006）。

> ***可施工性***
>
> 在规划、设计、采购和现场操作中充分利用施工知识和经验，
> 以实现项目总体目标。
>
> ［建筑工业学会（CII）2006］

应进行可施工性审查，以突出设计中的任何施工方法问题，并确定潜在问题区域和冲突，从而避免不必要的信息请求（RFI）、现场订单和变更订单。这也有助于减少延误和承包商、供货商和供应商的纠纷、索赔和诉讼的风险。其他可能的好处包括更高质量的施工文件、更高质量的投标、减少管理成本，以及更好地理解承包商的项目目标。

可施工性审查的范围可能包括但不一定限于以下方面：

- 审查设计和可交付成果的关键要素；
- 识别文件、图纸和规范之间的冲突；
- 确定重大的施工挑战，例如偏远的位置、有限的本地劳动力和/或技能、对外籍熟练劳动力使用的限制、语言障碍、有限或劣质的本地设备和材料、季节性极端天气、安全问题，有限的当地支持服务/住房等；
- 确定和验证在线与周转建设的理念，包括棕地项目的连接；
- 根据施工挑战，核实施工承包战略和计划；
- 确定设计和施工计划的改进，以改进施工顺序、质量、安全、成本和进度。

6.5.7 承包商选择

如果尚未最终确定，则应完成项目施工、预试车和试车的承包策略。有关项目实施策略的说明以及各种承包策略如何影响过程安全的指导，请参阅第2章。项目合同管理和行政惯例及程序应在前期准备FEL-3阶段中确定。

合同策略应允许及时任命施工承包商（如果尚未任命）。或者，工作可以在内部进行。

应为合同准备详细的工作范围和可交付成果。这应包括提交各种安全相关文件和信息，如：

- 承包商的环境健康与安全(EHS)和过程安全性能统计;
- 承包商的环境健康与安全(EHS)和过程安全管理体系，包括安全工作规范;
- 承包商的环境健康与安全(EHS)和过程安全计划;
- 承包商从事需要特殊技能的工作的能力;
- 公示任何分包商;
- 承包商的基础设施和设备，如起重机、重型卡车、驳船、挖掘机等。

承包商的选择应基于技术能力、环境健康与安全和过程安全能力以及成本的组合。成本不应是决定合同签订的唯一因素，因为熟悉施工规范、施工安全、质量控制(QC)和材料管理与控制非常重要。许多施工和试车承包商的过程安全能力和工艺有限，项目管理团队应考虑过程安全评估的要求，以确定任何弱点。必要时，项目管理团队应为关键要素提供支持，如过程安全信息、安全关键设备/元件和性能标准、资产完整性要求、变更管理和风险登记。

6.6 施工准备

在详细设计期间，应完成一些动员前活动，以便为现场施工做好准备。两个项目很少是相同的，因此，诸如地点、合同策略、施工协议、现场监督、安全等因素将需要不同的解决方案。

但是，如果需要，应制定以下计划，并在适当的时候准备好进行现场动员:

- 施工计划(任务顺序、人力需求、所需施工设备、从区域到系统的过渡、交叉作业等);
- 对所有承包商召开动员前会议(EHS 期望、危害和风险、程序、业主和承包商管理系统之间的衔接文件等);
- 现场组织(临时办公室、住房、电信、公用设施、废物处理、餐饮、清洁服务、停车场、照明、燃料、堆放区、仓库等);
- 通道(适合运输重型设备);
- 重型电梯的入口和地基;
- 设备和材料的路线规划;
- 现场排水;
- 安全服务;
- 应急响应服务(急救、消防、救援、程序、进出口);
- 施工 EHS 服务(程序、定向培训、安全监督、审计、事件调查、EHS 绩效测量等);
- 施工设备(起重机、叉车、载人电梯、卡车、脚手架等);
- 承包商监督;
- 管理(合同控制、承包商人员、工艺技能认证、保险、办公设备和消耗品等);
- 社区联络;
- 设计信息和文件控制(接收、储存、检索、更新);
- 工程设计支持;
- 工程查询/设计变更通知系统;

- 工艺设备和材料(接收、认证、储存、保存、发布、采购系统是否存在不足);
- 项目控制(计划、进度测量、报告)。

虽然上面的列表并不详尽，并且会因项目而异，但一些预动员活动具有过程安全影响。例如，接收不符合规范的工艺设备和材料可能会产生额外的危险，导致重大事故。质量管理计划应涉及质量控制(QC)，如对接收的设备和材料进行检查和精确材料鉴定(PMI)，并进行质量保证(QA)审核，以确保承包商正确实施质量控制(QC)计划。

如果该项目是棕地开发，则连接工艺和公用系统的停车要求应已与现有操作协调。如果没有，应尽快确定任何关闭要求，商定时间，并将其添加到项目计划中。此外，还应尽快完成交叉作业研究，以便有效管理对现有操作的任何影响，例如，在现场工艺装置上的重型升降机作业。该项目可能还需要实施现有作业的安全作业规程(动火作业、能量隔离、进入受限空间等)。

其他影响过程安全的施工活动将在第7章中详细讨论。

6.7 预试车、试车和开车准备

在详细设计期间，应完成一些活动，以准备预试车、试车和启动。根据项目范围，应根据需要制定计划，包括但不限于以下活动:

预试车

- 将未来的操作人员整合到预试车和试车团队中;
- 检查设计符合性;
- 准备质量保证(QA)/质量控制(QC)文件(检验/试验登记册);
- 准备“竣工”文件;
- 检查电气、机械和控制系统的机械竣工情况(包括认证);
- 剩余工作清单;
- 磨合机械;
- 液压/气压试验;
- 冲洗/清洁;
- 干燥;
- 泄漏检测;
- 装载催化剂/干燥剂/填料等;
- 交叉作业;
- 运行准备审查[又名开车前安全审查(PSSR)]。

这些和其他影响过程安全的预试车活动将在第7章中详细讨论。

试车和开车

- 试车和开车计划(包括角色和职责);
- 电气、机械、控制系统和安全系统的功能测试，包括安全仪表系统(SIS)验证;
- 移交(与运营单位联络、文件、工程支持、供应商支持、竣工查核事项清单等);
- 试车和操作程序;
- 能力开发和培训(包括操作员培训、工艺仿真);

- 测试运行以验证性能目标(生产能力、质量);
- 维护维修和检查程序(包括程序、软件数据、备件等);
- 环境健康与安全(EHS)管理体系，包括政策、程序、应急计划;
- 变更系统管理;
- 文件管理系统。

以上列表并非详尽无遗，将因项目而异。活动的责任可能由项目、运营商或可能的第三方承担。这些以及其他影响过程安全的试车和开车活动将在第 9 章中详细讨论。

6.8 阶段关口审查

当接近完成详细设计时，应进行阶段性审查，以确保项目充分管理过程安全(和 EHS)风险。阶段关口审查小组可使用协议和/或清单，如附录 G 中的详细协议。详细设计阶段关口审查的典型过程安全范围如表 6.1 所示。

阶段审查小组应独立于项目，熟悉类似装置/工艺/技术，通常由经验丰富的领导、工艺工程师、操作代表、工艺安全工程师、施工安全专家、质量保证(QA)/质量控制(QC)专家、其他专业工程师(视情况而定)和环境健康与安全(EHS)专家组成。在评审结束时，评审组将对任何需要改进的地方提出建议，并根据过程安全向关口把关者表明项目是否准备好进入下一阶段：施工。

表 6.1 详细设计阶段关口审查范围

范围项目
确认最终危险源辨识与风险分析(HIRA)[如危险与可操作性分析(HAZOP)]已完成，其建议已得到满意解决
确认正在应用的变更管理程序，并对发生的变更进行适当的危害评估，以维护过程安全和 EHS 完整性
确认已经进行了适当的专家评审，并且其结果得到了满意的解决
确认工程控制和检查到位
确认过程安全和 EHS 管理体系(包括过程安全和 EHS 计划)得到有效实施
确认完整性管理计划得到满意的解决
确认详细工程设计的产品中充分考虑了过程安全和 EHS 方面，并且这些方面适合于施工
确认项目开车计划包括程序开发、培训、预试车和试车活动
确认过程安全信息的范围已确定，且已制定正式交付运营的计划
确认已制定或更新应急响应计划，并解决与开车和运行相关的过程安全风险

6.9 小结

详细设计是项目执行的第一阶段，涉及完成前期准备(FEL)规定范围[基础工程设计(FEED)包]的深化工程设计。本质安全设计、功能安全和其他过程安全和技术问题的工程需要进一步开发，业主才有可能做出最终投资决策。然而，详细设计是一项重大的财政承诺。

其他重要的项目活动包括任何范围变更的管理、材料和设备的采购、施工和试车的计划，以及承包商、制造商、供货商和供应商等多个组织之间的界面管理。最终目标是解决剩余的项目风险和不确定性，并完成设计包，其中包括施工所需的所有必要信息，以便保持进度并促进高效的试车和移交。

其他信息可在多个出版物中找到：

API，《新的和现有合金管道系统的材料验证程序》（*Material Verification Program for New and Existing Alloy Piping Systems*），第二版，RP 578，美国石油学会；

化学过程安全中心，《过程安全工程设计指南》（*Guidelines for Engineering Design for Process Safety*），第二版，美国化学工程师协会，纽约，2012。

7 施工

在详细设计阶段之后，项目进入实施的第二阶段——施工阶段。施工的目标是按照经过风险评估的设计安全地建造装置，并使其能够安全地开车、运行及关闭。因此，所有的工程图纸和规范必须易于施工人员获取。图 7.1 说明了施工在项目生命周期中的位置。

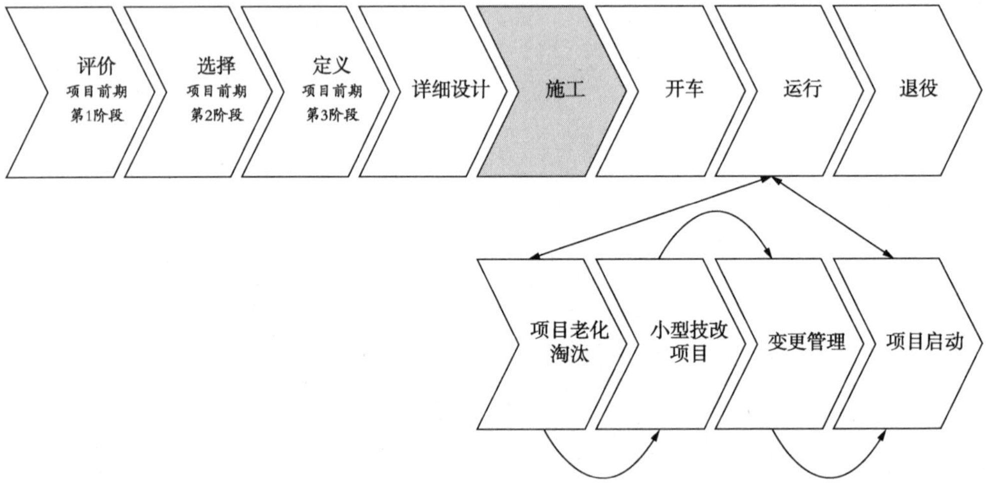

图 7.1 施工阶段

几乎没有两个完全相同的项目，因此，针对地点、合同策略、施工协议、现场监督、安全等因素都需要制定不同的解决方案。根据不同的原因，如项目规模和所需的技术条件，可由一个或多个承包商或内部资源(如维保单位)进行施工。在某些情况下，项目规划许可中可能要求使用当地的承包商、制造商、劳动力和/或物料而不允许自主选择合格的资源。此时，项目管理团队不妨提高一下对承包商、分包商和供应商的监督水平。

施工阶段会涉及许多参与方，例如制造商、承包商、分包商、顾问、销售商和供应商，这需要良好的界面管理和定期的绩效测量报告。此外，项目管理团队还需要与所有利益相关方建立联系，包括但不限于未来的运营团队、当地社区、国家/地方政府机构和非政府组织。

项目管理团队

项目管理团队应重点关注在预算内执行项目实施计划中的施工要素并按期完成，同时确保项目的设计意图(包括过程安全方面)被严格控制，并明确概述质量目标。大型建设项目通常会任命一名施工经理，负责向项目经理汇报、监督日常生产、施工和预试车，以满足项目预算和进度要求。全面施工管理的典型项目目标包括：

- 计划和持续的进度评估；
- 现场组织和综合管理；
- 合同和承包商控制；

- 设计和技术规范信息的接收、储存、检索及更新；
- 物资与设备的接收、储存及发放；
- 现场检查、EHS 管理和作业活动的监督控制；
- 质量管理和功能测试；
- 整个施工活动中的文档管理，包括设计、质量、完整性等；
- 生成移交文件，包括工程竣工和完整性基线数据；
- 移交运行。

密切管理任何剩余的项目风险和不确定性，以便按期完成并促使有效移交。

从工程角度来看，项目管理团队的重点是完成详细设计中全部的工程活动，并为施工提供工程和技术支持，例如在施工现场提出的技术问题。

环境健康与安全

从 EHS 角度来看，施工阶段是项目管理团队对 EHS 绩效负有更直接的“实际”责任的阶段。项目需要一个有效的施工 EHS 体系，包括健全的 EHS 程序、承包商入场培训、应急响应计划和施工现场作业活动审核。施工承包商应经过筛选，以确定其在 EHS 方面有坚定的承诺、积极性和能力。作为项目管理团队的施工代表，施工经理直接与承包商联系，以促进良好的 EHS 规范以及积极的安全文化。危险源辨识与风险分析(HIRA)和施工活动安全作业规程的实施是提供良好 EHS 绩效的关键。最后，可能需要更新项目的 EHS 计划，以确保为试车做好 EHS 准备。

过程安全

施工阶段的关键过程安全目标包括：

- 管理前一阶段所确定的与制造、施工和安装相关的过程安全风险，包括施工可行性研究中的措施；
- 执行资产完整性管理(AIM)规范和程序，包括质量保证/质量控制(QA/QC)，以实现完整性并保持设计意图，特别是安全关键设备(SCE)和其他保护系统；
- 确保施工人员(所有专业)的能力，并提供入职培训；
- 实施现场变更管理流程，彻底评估任何后期的设计变更；
- 识别并管理关键的过程安全信息；
- 必要时可更新过程安全计划，以解决试车和开车的准备工作，包括操作程序和培训、维护管理系统和应急响应。

制造、施工和预试车中的过程安全活动讨论如下：

- 计划(7.1 节)；
- 预进场(7.2 节)；
- 进场(7.3 节)；
- 实施(7.4 节)；
- 其他项目活动(7.5 节)；
- 退场(7.6 节)；
- 试车和开车准备(7.7 节)；
- 最终评估和竣工(7.8 节)；
- 阶段关口审查(7.9 节)。

危害识别和风险管理是实现良好 EHS 绩效的关键因素，这也需要业主、项目和承包商的积极参与。

7.1 计划

施工的初步策划应从项目前期 FEL-3 阶段开始，并通过详细设计持续进行。大型建设项目通常具有项目实施计划(PEP)、施工计划和施工 EHS 计划。小型项目可能只有简单的施工计划，并使用公司或受监管的安全作业规程。

项目实施计划(PEP)是一个高层次的策划，重点关注从项目实施阶段(即详细设计、施工和开车)到全面生产的主要规划。项目实施计划还确定了在进行到项目实施中的关键节点时，应该继续或暂停的适当决定，即通过或不通过的决定。例如，从资源调动到进入施工现场，承包商自己的采购和施工执行计划应与项目实施计划一致，并接受项目管理团队的严格审查。一些公司在项目实施计划经过高级管理人员的同行审查和批准后，采取了“不改变”的理念。在这种情况下，只有当外部事件影响到项目或识别出对企业或公众的重大风险时，才会修改项目实施计划。

施工计划主要包括所执行任务的详细顺序，以及每个任务所需的时间(开始/完成时间)、持续时间、相关性和资源(人力、技能、设备)。一个建设项目可能涉及数千项任务，这些任务通常记录在甘特图或逻辑网络中，例如项目评估审查技术图(PERT)。一些小型项目可能只使用任务列表。施工计划通常要经过多次更新，以便(i)优化确定竣工日期的关键路径，(ii)避免在同一区域同时作业的施工人员和工艺人员之间的相互干扰。虽然主要施工和安装可能根据区域规划，但是预试车通常按系统规划，这一过渡需要仔细策划，以避免正在进行的施工和预试车活动之间的相互干扰。无论采用何种计划方法，都应定期更新计划以记录进度，并允许项目管理团队在计划出现延误或其他偏离时进行干预。

施工 EHS 计划针对与项目范围相关的 EHS 风险，规定了 EHS 责任，以及施工过程中用于管理风险的标准和程序。有些公司在 EHS 计划中包括过程安全要求。计划的关键方面应该是如何管理交叉作业和应急响应。

计划还应涉及：

- 项目管理团队/业主的 EHS 期望；
- 承包商(包括分包商)EHS 管理体系中的差距或差异；
- 项目管理团队/业主监控 EHS 绩效的监督/保证措施。

根据项目范围的具体情况，附加计划可能会涉及一些其他的问题，如临时办公场所、储存和堆放区、施工人员营地/住房和设备运输。下文将对这些问题进行讨论(第 7.2、7.3 和 7.4 节)。

7.2 预进场

为做好现场施工准备，除计划外可能还需要一些其他预进场活动，以准备现场施工。项目管理团队应对不同施工承包商的合同及其范围进行审查，以确保承包商能够完成项目所需的所有活动。进场后，任何额外活动都将产生工程变更通知单。与所有承包商和分包商召开项目管理团队会议是进入施工现场之前一项关键的活动，与承包商和分包商充分沟通并确保其理解并不限于以下内容：

- 施工过程中的主要过程安全和 EHS 风险及其管理内容；
- 施工 EHS 计划，包括应急响应和急救；
- 项目管理团队/业主对过程安全和 EHS 的期望；
- 整合文档以解决承包商过程安全和 EHS 体系中的差距或差异；
- 项目管理团队/业主对过程安全和 EHS 的监督和保证，如巡检、绩效测量和审核；
- 现场的具体问题，如现场整体情况、道路通道、安保、废物处理等；
- 物资的接收、储存、处理和发放；
- 劳务关系。

如果预进场会议是作为一个由各方参与的研讨会进行，则应在会议上确认施工 EHS 计划是否适合，或者确定相应的改进措施。一些公司还可以进行预进场审查，以确保所有过程安全和 EHS 计划均已到位，从而促使高级管理人员就是否从进场到施工现场阶段做出"通过或不通过"的决定。

其他预进场活动见表 7.1。该清单并非详尽无遗，不可避免地会因项目范围而有所不同，但涵盖了进场和开工前需要计划的诸多关键活动。

表 7.1 预进场阶段的典型计划活动

预进场活动
• 符合装置选址研究的现场组织(临时办公场所、住房、通信)、公共设施，废物处理，食堂，清洁服务，停车场，照明，燃料、堆放区、仓库等)；
• 可供运输大型设备的道路；
• 大型起重设备的通道和地基；
• 设备、物资的路径规划；
• 现场雨水排放；
• 安保服务和现场封闭化；
• 应急响应服务(急救、消防、救援、程序、进出口)；
• 施工 EHS 服务(如程序、入场培训、安全监督、审核、事故调查、EHS 绩效测量)；
• 施工设备(如推土机、平地机、挖掘机、起重机、叉车、载人升降机、卡车、脚手架、手动工具)；
• 管理(如合同控制、承包商人员、专业技能认证、保险、办公设备和消耗品)；
• 利益相关方沟通(如当地社区、监管机构、非政府组织)；
• 设计信息，包括设备数据表、技术规范、图纸、地下管道和电缆等(接收、储存、检索、更新)；
• 工程设计支持；
• 工程查询/设计变更通知系统；
• 工艺设备和物资(接收、检验 、储存、保存、发放、短缺采购系统)；
• 项目控制(计划、进度评估、报告)；
• 环境许可批复；
• 社会/社区协议(道路使用、劳动力、当地政策、土地所有权、项目影响等)；
• 废料管理计划

从过程安全角度来看，应特别关注临时设施的布局，这些临时设施可能用于办公场所、食堂、外部场所的房屋等。如果打算在处理危险物料的工艺和储存设施附近布置临时设施，则应在项目前期 FEL-3 和详细设计阶段遵循 CCPS 和 API 提供的指南(CCPS 2012b,

API 2007)。项目改扩建的情况下，尽可能将临时设施布置在被视为危险的现有区域之外。但是应注意的是，新建工艺装置的施工不应产生新的拥挤，新的拥挤会扩展危险区域，从而使临时设施处于危险区域内。活动板房越来越多地被用于施工现场上的临时住所、食堂和工作人员的其他用途，在布置活动板房时也应采取类似的措施(API 2014)。

可从以下 CCPS 出版物中获得有关设定安全期望和后续管理评审的进一步指南：《基于风险的过程安全》[*Guidelines for Risk Based Process Safety* (CCPS 2007)]。

可从以下出版物中获得关于临时设施选址的进一步指南：

《工艺装置的外部爆炸、火灾和有毒物质释放评估指南》(第二版)[*Guidelines for Evaluating Process Plant Buildings for External Explosions, Fires and Toxic Releases* (CCPS 2012b)]；

《与加工厂房移动式建筑位置相关的危险管理》[*Management of Hazards Associated With Location of Process Plant Portable Buildings*, RP 753(API 2007)]；

《与加工厂活动板房位置相关的危险管理》[*Management of Hazards Associated with Location of Process Plant Tents*, RP 756(API 2014)]。

关于动员前活动的更多指南，请参阅以下出版物：《HSE 管理——在合同环境中合作的指南》(*HSE Management-Guidelines for Working Together in a Contract Environment*)，第 423 号报告(IOGP 2010)。

7.3 进场

在进场之前，重要的是有足够的工程项目可交付成果和物资来确保有效的进度。初期的施工活动可能包括场地清理(以及所需的拆除工作)、平整和排水、通路、临时办公室、公用设施、通信、安保围栏和地基。在某些情况下，特别是在偏远地区，可能需要为施工人员提供临时住房、食堂和相关服务的营地。

进场的关键任务之一是确保项目人员和承包商人员安全地进入施工现场。这需要实施并传达施工 EHS 计划以及项目管理团队/业主的过程安全和 EHS 期望，然后进行审核以确保每个承包商(和分包商)相应地组织建立并运行施工 EHS 计划。重要的是，施工开始时应建立并保持项目和承包商直线管理人员(直至班组长/现场监管一级)拥有足够的过程安全和 EHS 文化，而不只是做过程安全和 EHS 的建议者(见第 7.4.3 节)。

可从以下 CCPS 出版物中获得有关安全文化的进一步指南：

《创建、加强和保持过程安全文化的基本准则》[*Essential Practices for Creating, Strengthening, and Sustaining Process Safety Culture* (CCPS 2008)]；

《基于风险的过程安全》[*Guidelines for Risk Based Process Safety* (CCPS 2007)]；

《提高过程安全绩效的工具》[*Building Process Safety Culture: Tools To Enhance Process Safety Performance* (CCPS 2005)]。

应当注意的是，最初的劳动力规模可能很小，但是劳动力规模将逐步增加到建造主要生产及储存设施所需的最大规模。然后，人力可能会逐渐下降直到完成所有的施工和预试车活动。此外，施工所需劳动力资源和种类也可能随着施工进度而不断变化。因此，项目应一直有能力在所有新员工首次进入现场时对其进行识别和入场培训。

一旦人员开始进场，现场的应急响应计划就应当到位，并且急救、消防和救援设施也要投入使用。同时应尽快进行桌面或现场应急演练，以验证应急预案的有效性，并使员工遵守应急预案的要求。工艺设备和材料的接收、检验 、储存、保存和发放设施也需要在物资交付至现场之前建立。

承包商带到现场的任何设备和材料都应接受授权人员的检查，以验证其适用性，并在适当的情况下，获取用于现场记录的化学品安全说明书(SDS)。典型的设备包括起重机、叉车、载人电梯、卡车、脚手架和手动工具。

7.4 实施

施工实施阶段的关键目标是按照设计、施工计划、质量管理计划和绩效安全地施工，最终确保在预算和进度内安全完工。另一个目标是管理利益相关方的期望，以确保进展顺利。下文将更详细地讨论施工实施阶段的这些及其他方面内容，并将涉及《基于风险的过程安全》一书中的诸多要素。

7.4.1 采购

虽然大多数设备和材料应在详细设计(见第 6.2 节)和项目前期 FEL-3 中的长周期项目(见第 5.4.6.2 节)阶段进行采购，但在施工期间通常还应保持有限的采购能力来处理材料的短缺和遗漏情况。项目也希望通过有计划的分阶段采购现成材料和消耗品来管理现金流。但是，在施工期间进行的任何采购也都应该遵守项目的质量管理(QM)体系(见第 0 节)。

7.4.2 制造

如分馏塔、压力容器等主要设备的制造可能会一直持续到施工初期。施工经理或其指定人员应保持对所有制造工作进行监督，以确保工程标准和技术规范得到遵守，并保证制造车间的制造规范符合设备的质量和完整性。

业主应制定和批准质量管理计划，来定义具体的质量控制检查、停工待检点和现场见证检验，该计划应作为合同要求的一部分。

在制造过程中应由项目或受其委托的第三方监造人员进行压力容器/高危设备的特定停工待检点的质量保证检查/审核。一些关键和/或复杂设备的工厂验收测试(FAT)应在制造单位现场进行见证，以在交付前验证其性能和功能。有关项目质量管理系统的设备制造方面的更多信息，请参见第 8 章。

7.4.3 安全文化

在施工开始实施时，项目管理人员应在承包商领导层的协助下，努力营造一个积极的环境，从而使得各级员工(包括承包商员工)都致力于安全。操作行为与安全文化密切相关，领导层应遵循 EHS 和过程安全程序为施工任务设定一个预期值，以便可以明确、谨慎、有条理地执行每一个任务。管理人员应以身作则、树立榜样，确保工人们执行高标准并以安全的方式完成工作任务。

可从以下 CCPS 出版物中获得有关安全文化和操作行为的进一步指南：《创建、加强和保持过程安全文化的基本准则》[*Essential Practices for Creating, Strengthening, and Sustaining Process Safety Culture* (CCPS 2008)]；《基于风险的过程安全》[*Guidelines for Risk Based Process Safety* (CCPS 2007)]。

7.4.4 员工参与

员工广泛参与并改善施工活动有助于推动积极的安全文化，如能量隔离(上锁/挂牌)、进入受限空间和交叉作业。领导层也应该听取员工心声，并确保充分考虑并解决与施工密切相关的意见与建议。

可从以下 CCPS 出版物中获得有关员工参与的进一步指南:《基于风险的过程安全》[*Guidelines for Risk Based Process Safety* (CCPS 2007)]。

7.4.5 外部利益相关方

在施工之前和施工期间，项目管理团队应定期与其主要利益相关方举行会议，使其保持知情、了解问题、寻求一致性并获得监管批准(如许可证)，以便施工顺利进行。例如，当地社区可能担心由于每天进出施工现场而造成的交通拥挤。项目的主要利益相关方可能包括当地社区、监管机构、非政府组织、应急服务、员工、工会、合作伙伴和承包商。

可从以下 CCPS 出版物中获得有关外部利益相关方的进一步指南:《基于风险的过程安全》[*Guidelines for Risk Based Process Safety* (CCPS 2007)]。

7.4.6 承包商管理

大多数项目由一个或多个承包商进行制造、施工和/或预试车，除非这是一个规模相对较小的项目，可由现场的工程和维保单位进行。当项目的合同策略确定后，应在详细设计阶段进行承包商的筛选。

接下来与承包商领导层召开进场前会议，讨论 EHS 和过程安全的期望、规则和程序(见上文 7.2 节)，承包商工作人员在首次进入施工现场时需要接受入场培训(见下文 7.4.13 节)。此后，应每天向工作人员简要介绍其作业的危害以及作业现场附近存在的危险源。这项工作可以通过开工前工具箱会议、参与作业安全分析(JSA)或其他方式来实现。定期召开安全会议，并分享从已发生的事件中吸取的经验教训。

项目应雇佣足够数量的安全专家和施工监理，此外承包商应持续保持现场四周的文明施工，以确保工人能够安全地工作，并且承包服务不会增加或提高额外的风险。这其中的一个关键点是承包商的车辆和大型设备应符合项目安全标准，保持安全的工作状态，并始终由合格的操作人员操作。对于不遵守安全政策、规则和程序的承包商，应该实施零容忍的文化。

施工经理应定期审查承包商的绩效，以满足 EHS 和过程安全要求的期望、规则和程序，并在承包商需要改进绩效时及时进行干预。该管理评审过程还应确保承包商在质量、完整性管理、业主要求以及成本和进度方面符合合同条件。

可从以下 CCPS 出版物中获得有关承包商管理和管理评审与持续改进的进一步指南:《基于风险的过程安全》[*Guidelines for Risk Based Process Safety* (CCPS 2007)]。

7.4.7 运输

除了小型的变更项外目，大多数项目都面临着各种各样的交通问题。大多数设备和材料是通过公路运输，但如果选用了国际制造商，则设备可能会通过海运送达。甚至半潜式采油平台也可能是在海外制造，然后采用专用的船舶拖运。一些关键或精密设备可能需要特殊处理以保护其完整性，在这种情况下，项目可能希望在制造商现场对运输到施工现场的设备的装运进行监督。第 8 章将更详细地讨论资产完整性管理中关于质量方面的要求。

一些分馏塔和压力容器可能非常巨大及沉重，需要特殊的道路许可证和非常仔细的路径规划，以规避低矮的桥梁、狭窄的拐角以及城市地区。即使如此，必要时也可能需要断开一些电力/通信电缆，以便运输车辆的通过。这些非常大的荷载还要求一条能够足以支撑车辆和设备质量的进入施工现场的通道，设备可能需要先存放在设备库区，然后在稍后的时间里移动到适当的位置。

关于每天可能需要大量进入现场的车辆是另一个需要仔细规划的交通问题。除施工人员的车辆外，可能还有大量运送岩石/砾石、混凝土、设备、材料等的卡车。路线规划应尽量避免对当地社区造成影响，并定期与社区联络允许项目管理团队在出现问题时进行干预(见上文7.4.5)。

7.4.8 设备和材料处置

新建项目可能需要一个接收、检验、储存和发放施工设备和材料的地点。一些改扩建项目可以使用现有的储存设施，但需要隔离和识别项目材料。大件设备需要一个堆放区，而较小的部件，如电气和控制设备，则需要拥有温度/湿度控制的室内仓库。其他的一些物品在储存期间也可能需要特殊的保存措施，以保持其完整性和功能性。例如，动设备可能需要定期润滑和手动转动，而一些压力容器可能需要内部正压氮气。如果设备和材料未能妥善保存，则可能导致、促成或者未能预防、减轻过程安全事故。

所有设备和材料应在接收时进行检查，以确保符合规范，任何不合格或损坏的项目应进行隔离。特种钢和合金可能需要明确的材料标识。有关项目质量管理系统中设备和材料的接收、储存和检索的更多信息见第8章。

7.4.9 危害评估

高处作业、大型起重、动火作业、进入受限空间、挖掘、使用多辆车辆和移动机械等施工和安装活动涉及诸多危险。由于存在压力测试、化学清洗、空气吹扫和公用工程受电等活动，预试车会增加额外的危险。同时彼此紧邻的作业活动更加增加了复杂性。一些涉及锚、水下立管及管缆与主装置连接的海上项目也会造成不同的危险。

项目的危险源辨识与风险分析(HIRA)研究可能已经确定了一些施工危害并建议了相关防护措施。然而，危险源辨识与风险分析(HIRA)研究无法识别所有的施工危害。项目应确保严格执行安全作业规程，每个作业许可证都应得到任务危害评估的支持，如作业安全分析(JSA)。作业安全分析[如工作危害分析(JHA)和任务危害分析(THA)]最好包括一名安全专家，识别作业每个步骤的潜在危害，并确定危害的管理保障措施。

> **案例研究：陆地建设项目**
>
> 一家大型运营公司报告说，涉及机动车辆和大型设备的事故是施工期间死亡和重伤的最大根源。
>
> 根本原因是工地危害识别不充分，作业控制不充分(即安全作业规程)，承包商监督不充分(尤其是分包商)，以及缺乏执行工作所需的能力。

如果生产、钻井、维护、施工和预试车的两个或多个作业同时进行，则应进行交叉作业研究，以识别和管理潜在的相互影响。这对于在施工期间继续进行生产的改扩建尤其有利。尽早进行交叉作业研究可以有效地管理这种影响，如连接工艺和公用工程的停车。

所有危害和要求的防护措施必须传达给相关工作人员，包括工作现场附近的任何危害。工作人员还应向其主管报告危险和不安全情况，以引起项目管理人员的注意。

可从以下 CCPS 出版物中获得有关 HIRA 的进一步指南：《基于风险的过程安全》

[*Guidelines for Risk Based Process Safety* (CCPS 2007)];《危害评估程序指南》(第三版)[*Guidelines for Hazard Evaluation Procedures, 3rd edition* (CCPS 2008)];《操作和维护人员危害识别的实用方法》[*A Practical Approach to Hazard Identification for Operations and Maintenance Workers* (CCPS 2010)]。

案例研究:建设项目中的容器破裂

在一个正在运行的工厂的改扩建过程中,需要在现场工艺设备上面建造一个较高的管架,管架的一部分需要在运行中的高压分离器附近进行安装。三名员工在距容器 20m 的范围内进行焊接(两个在地面,一个在管架上方)。与此同时,一台起重机正在同一区域内作业。

起重机操作人员无意间将吊钩移得离容器太近,并触碰了液位控制器的框架,导致连接仪表与容器的管道破裂。很快,原油喷出来并形成了一团蒸气云。潜在的点火源包括三台焊机、焊接火花,以及起重机发动机。

工作人员立即撤离了该区域但留下两台仍在工作的焊机。幸运的是风向远离潜在点火源,没有引发火灾。

调查发现,施工人员没有得到关于交叉作业相关风险的警告,也没有在容器破裂的情况下进行正确的应急响应程序。

7.4.10 工程设计

工程图纸和规范对于指导施工人员进行施工至关重要。因此,用于接收、存储、检索和更新这些设计数据的现场系统必须全面有效。只有在进行严格的变更管理之后才能发布更新。

大型建设项目使用综合数据库(电子和/或纸质文件)登入和记录以下设计信息:

- 接收所有文件和更新;
- 所有文件的最新版本索引;
- 发给承包商的文件;
- 从现场检索过期文档,并取消或销毁。

小型项目可能使用比较简单的系统,但仍应处理同样的问题。未能正确管理工程文件可能造成不正确的安装,从而导致昂贵的返工,和/或导致、促成或未能预防或减轻过程安全事故。第 12 章将更详细地讨论项目文档。

案例研究:施工文件

在项目施工阶段,对工程文件管理不善可能导致在安装多年后使用过时或不正确的文件,从而在新项目、改造或维修原始设备时造成混乱和潜在的错误。

例如,一家公司 30 多年来一直假设一座塔是由两种不同的材料制成的,这就产生了低温跳闸的需求。一个新建项目需要在低温下运行。但是,对原塔的建造材料检查后,发现该塔是由能够处理低温的单一材料制成的。多年来,跳闸系统的安装、操作和检查一直是多余的。

另一个行业实例包括在移交给操作人员的文档中缺少有关压力容器内部构件的信息(如分配器、挡板等)。这就导致在周转和维修工作中产生问题。

这些例子说明了正确管理项目文档和移交给未来运营单位的重要性。

施工期间应保留足够的工程资源，以支持现场活动。可能需要资源来处理对设计信息的查询，并解释设计意图的特性。应建立一个“工程查询”[也称为“信息请求”(RFI)]系统，并包含一个具有唯一编号、进度状态和批准答复的记录。

任何现场变更都应通过“设计变更通知”(DCN)系统进行处理。所有设计变更通知(DCN)都应登记一个唯一的编号、进度状态和生效情况。大多数设计变更通知(DCN)可能涉及微小的变更，但所有设计变更都应接受严格的变更管理，以评估任何新的或修改后导致的危害。

可从以下 CCPS 出版物中获得有关遵守工程规范与标准的进一步指南：《基于风险的过程安全》[*Guidelines for Risk Based Process Safety* (CCPS 2007)]；《过程安全工程设计指南》(第二版)[*Guidelines for Engineering Design for Process Safety, 2nd edition* (CCPS 2012)]。

7.4.11　安全作业规程

严格执行安全作业规程对安全施工至关重要。所有施工作业人员都应该遵守业主/项目可能规定和/或要求的经批准的安全作业规程。业主/项目可能需要比当地法规更严格的规范。

业主还可寻求代表其在非业主场所工作的公司采用其安全作业规程和程序或等效标准。例如，项目代表可以在承包商的制造场地，使用业主的安全作业规程监督正在建造的大型工艺模块。

安全作业规程可包括但不限于：

- 现场访问控制；
- 作业许可；
- 动火作业(焊接、打磨、明火/火花等)；
- 能量隔离(LOTO)；
- 断线；
- 高处作业(脚手架、载人电梯、防坠落等)；
- 开挖和挖沟(地下电缆/管道、支撑、放坡等)；
- 进入受限空间(包括挖掘、污水坑、下水道等)；
- 大型吊装(起重机械、吊装设备、司索工、叉车等)；
- 电气系统(高压、架空/埋地电缆等)；
- 车辆和移动机械(推土机、平地机、卡车、指挥人员等)；
- 压力测试(液压、气动)，包括人员禁入区；
- 临时系统，如柔性软管和电缆；
- 危害沟通[化学品安全说明书(SDS)、化学清洗、涂层等]；
- 辐射(无损检测 X 射线)；
- 安全关键设备的旁路/抑制管理；
- 恶劣的天气(例如，禁止大风或大浪情况下吊装)；
- 个体防护用品(PPE)，包括临水/水上作业的救生衣、气体监测器、呼吸器等。

每一位施工人员都需要进行入场培训，以详细了解现场采用的安全作业规程和关键安全规则。此后，施工经理应建立日常监测和定期审核(由项目主管和安全专家进行)，以确保安全作业规程得到实施，如果没有，则进行干预以强制实施。如果屡次不遵守批准的规范和程序，应受到纪律处分，包括开除。

在施工活动高峰期，可能需要多个许可证签发人员检查工作现场并签发作业许可证。特别重要的是，这些签发人员在签发许可证时应相互沟通，并考虑在该区域内(三个维度)的其他许可工作，以避免不同作业之间的干扰。在预试车开始之前，在某些区域签发“综合作业许可证”可能是比较合适的(如施工经理控制下的围挡区域)，在这些区域内唯一的危险就是施工危险。如果危险未发生变化，可定期更新这些综合许可证。每个作业许可证都应进行作业安全分析(JSA)。每日都应该召开工具箱会议，讨论当天的工作任务、危害、所需的防护措施和邻近活动。许可证、作业安全分析(JSA)和会议应以员工的母语进行沟通。

项目安全专家和承包商聘用的人员应保持较高安全标准，包括良好的工作环境和对大型吊装、挖掘、压力测试和无损检测工作等工作进行围挡隔离。由有资质人员为每次大型吊装制定详细的起重计划，以管理其危害和风险。

有关安全作业规程的进一步指南，请参阅以下 CCPS 出版物：《基于风险的过程安全》[*Guidelines for Risk Based Process Safety* (CCPS 2007)]。美国 OSHA 和英国 HSE 也通过其网站提供指导。CCPS 还建立了一个《安全作业规程要点》(*Essentials of Safe Work Practices*)网站，为一系列安全作业规程提供指导。此信息可访问 https://www.aiche.org/ccps/resources/tools/safe-work-practices。

每个安全作业规程(SWP)均包含与以下八个要素相关的信息：基本意图、需求/行动要求、潜在危险后果、管理和减轻危害的策略 & 有效实践、可能的工作流程、通用规范程序、事件和参考材料。

7.4.12 操作、EHS 和过程安全程序

编制的试车和操作程序的时间表，应允许试车和运营团队有足够的时间在试车开始前进行彻底审查、讨论、修订和熟悉。这些程序应包括正常和瞬态工况，如启动、关闭、催化剂再生等。

某些 EHS 和过程安全程序可能由当地法规强制执行，而业主和/或项目需要更高的标准和附加程序来满足其 EHS 和过程安全期望。这些程序可能涵盖第 7.4 节中讨论的任何要素，但所有建设项目所必须的最重要的要素是：

- 危害评价(第 7.4.9 节)；
- 安全作业规程(第 7.4.11 节)；
- 完整性管理(第 7.4.14 节)；
- 变更管理(第 7.4.15 节)；
- 应急响应(第 7.4.16 节)。

每个项目都应仔细确认是否有其他的 EHS 和过程安全程序与其施工活动相关。

有关操作程序的进一步指南可从以下 CCPS 出版物获得：《基于风险的过程安全》[*Guidelines for Risk Based Process Safety* (CCPS 2007)]；《制订有效的操作及维修程序指南》[*Guidelines for Writing Effective Operating and Maintenance Procedures* (CCPS 1996)]。

7.4.13 培训和能力保证

虽然通常会根据承包商和分包商的能力和资质来选择承包商和分包商组织，但有时承包商资源由于对其他项目的成功竞标和/或关键人员的流失而变得捉襟见肘。项目应确保承包商具备履行其工作范围所需的技能和资源。通过审查技能证书、审核以及非正式的面谈可以核实所调动的资源是否具备必需的技能和经验。发现的任何缺陷应与相关承包商共同解决，并可能产生相应的合同后果。

除了承包商负责提供经过培训且称职的工作人员外，项目还应确保每位合同员工(包括分包商)在进入施工现场前接受适合其工作任务的入场培训。培训内容应包括但不限于：

- 业主/项目的过程安全和 EHS 期望；
- 现场安全规则；
- 现场安全作业规程(见上文第 7.4.11 节)；
- 现场应急响应计划(见下文第 7.4.16 节)。

极少数情况下，项目可能会决定提供额外的培训，特别是在需要雇用经验不足的承包商时。

有关培训和能力保证的进一步指南可从以下 CCPS 出版物中获得：《基于风险的过程安全》[*Guidelines for Risk Based Process Safety* (CCPS 2007)]；《过程安全能力要求定义指南》[*Guidelines for Defining Process Safety Competency Requirements* (CCPS 2015)]。

7.4.14 资产完整性管理

从过程安全的角度来看，施工过程中最为关注的问题之一是安装的设施是否符合技术规范和设计意图，是否适合运行。否则可能导致、促成或未能预防、减轻重大事故。

在采购、制造、设备和材料搬运、施工和预试车的各个阶段进行质量管理是确保设施符合技术规范和设计意图的主要手段。质量管理在第 8 章中有更详细的讨论。预试车期间对系统进行功能测试也有助于资产完整性(见下文第 7.4.21 节)。

在施工阶段，所有销售商应随设备提供服务和维护手册，这对安全至关重要。这些信息需要仔细保存，以便在试车期间使用，之后由操作人员建立维护、完整性和检查任务。第 12 章将更详细地讨论。

有关遵守和实施工程规范和标准的进一步指南，请参阅以下 CCPS 出版物：《基于风险的过程安全》[*Guidelines for Risk Based Process Safety* (CCPS 2007)]。

有关资产完整性管理的进一步指南，请参阅以下 CCPS 出版物：《资产完整性管理指南》[*Guidelines for Asset Integrity Management* (CCPS 2017)]。

7.4.15 变更管理

施工期间的一些变更是可以预料的，但有可能影响成本和进度。这些变更产生的后果不仅会影响原始工作包，还会影响其他工作包。变更通常会影响到就时间和价格达成一致的合同基础。承包商将要求对于产生的任何修改给予额外补偿。

许多项目经理在项目范围、设计基础、设计意图和项目实施计划的执行阶段提倡“不变更”的理念。如果必须进行变更，这些项目经理设置了一个很高的门槛，需要一个严格的变更管理流程来证明和评估变更，然后再批准变更。在项目的此阶段进行变更可能很昂贵，应优先考虑那些提高安全性、对合规性至关重要或对工艺操作至关重要的变更。

设计变更通知单(DCN)或信息请求(RFI)可能造成后期设计变更。例如，工作人员可能会发现，因为钢结构与管段位置相交导致根据轴测图制作的管段无法安装。

后期设计变更应进行变更管理，以评估设计方案、识别新增或修改的导致危害，并进行技术审查和批准。在上述管段无法安装的情况下，一个看似简单的改变可能会带来额外的危害，例如(i)集水点低，(ii)腐蚀增加，以及(iii)由于支撑不足而导致管道应力增加，例如重新定位的安全阀所产生的弯矩。变更管理的最后阶段要求更新和传达工程文档。

案例研究：天然气销售厂扩建项目

用于天然气销售厂扩建的天然气原料来自中央处理厂的二期工艺生产线。项目的基础设计(BOD)禁止来自一期生产线的原料，因此与一期生产线连接将被断开，但在需要额外的天然气注入储油罐的情况下可作为备用。

运营团队应发起变更管理(MOC)，以反映新运营理念和一期生产线的程序。本项目应正确断开并拆除连接至主集气管的一期生产线管道。但是，在2010年扩建项目试车和开车之前并没有发布变更管理(MOC)，一期生产线管道也没有断开。

2010年，连接在管道上的一个高压阀(HP)需要用于另一个项目，而高压阀的拆除被当成日常工作分配给一个没有资质的工作人员。当高压阀门断开时，残留在隔离管道中的气体突然释放，造成一名工作人员死亡，另有三人受伤。

事故调查发现，由于操作程序没有更新，因此操作人员没有认识到可能引入的风险并对管道进行减压。此外，工程承包商的作业范围中也缺少拆除一期管道的内容。

关于变更管理的进一步指南，可从以下CCPS出版物获得：《基于风险的过程安全》[*Guidelines for Risk Based Process Safety* (CCPS 2007)]；《过程安全变更管理指南》[*Guidelines for the Management of Change for Process Safety* (CCPS 2008)]。

7.4.16 应急响应

施工现场的应急响应计划和必要的资源应在预进场阶段完成，并在进场或早期实施阶段进行桌面或应急演习，以测试其有效性。尽管在试车开始之前，工艺流体的存在对于绿地开发来说危险性可能是最小的，但可能存在少量危险源或不相容的材料，例如乙炔、氮气和其他压缩气体、清洁溶剂等。

应急响应计划需要解决典型的施工问题，包括但不限于：

- 急救和医疗救护；
- 火灾和爆炸；
- 有毒化学物质释放；
- 高处/受限空间/水上救援；
- 车辆/移动机械事故；
- 触电；
- 滑倒/绊倒/摔倒/被撞击/挤压造成的伤害；
- 安保事件(入侵、炸弹威胁、恐怖主义等)。

改扩建项目的开发还需要解决现有工艺和储存设施中的工艺流体，这可能会导致火灾、爆炸和有毒物质释放，从而影响到施工现场。

施工期间涉及的两个主要问题(i)疏散和(ii)维护现场周围的通道。通常情况下，施工期间现场的人员数量可能要比后续运营期间的任何时候都要多。根据现场危险源的性质，在发生重大事故时将施工现场人员疏散到安全地点是可行的。然而，如果有毒化学品释放，现场避难所(SIP)可能更可取，但员工数量可能会超过建筑物的容量。在这种情况下，做出早期探测、警报和侧风向疏散的特殊安排比较合适，并且需要将所有安排清楚地传达给员工。

在第二个问题上，即工地周围的通行问题，由于大型起重和挖沟等活动，施工现场内不可避免地会封闭一些道路，应建立一个用于道路封闭的系统，以便始终有一种替代方法可以进入现场的任何位置。此外，该系统的设计还应允许应急救援机构能够及时响应任何事件。

随着施工和预试车过程中劳动力的数量和构成不断变化，应定期进行应急演练。

关于应急管理的进一步指南，可从以下 CCPS 出版物中获得：《基于风险的过程安全》[*Guidelines for Risk Based Process Safety*（CCPS 2007）]；《现场紧急情况技术规划指南》[*Guidelines for Technical Planning for On-Site Emergencies*（CCPS 1995）]。

7.4.17 事故调查

不管是什么原因导致了施工现场的事故，如果是一起严重的事故，媒体很可能会提及业主单位。项目应建立一个报告所有事故的系统，包括但不限于在施工现场发生的伤害、疾病、火灾、化学品泄漏和财产/车辆损坏。应要求所有承包商和分包商使用该系统即刻报告事故。

项目还应该建立一个调查所有事故和未遂事件的系统，以查明根本原因，并提出防止事故再次发生的建议。同时应该跟踪纠正措施直至完成，同时将吸取的经验教训传达给员工。评估重大建设项目的事故趋势，有助于进一步的项目管理干预，减少类似事故的发生。

事故调查的进一步指南可从以下 CCPS 出版物中获得：《基于风险的过程安全》[*Guidelines for Risk Based Process Safety*（CCPS 2007）]；《化学品过程事故调查指南》（第二版）[*Guidelines for Investigating Chemical Process Incidents, 2nd edition*（CCPS 2003）]。

7.4.18 审核

如上所述，施工的主要目标是确保已安装的设施符合目的（即满足技术规范和设计意图），并确保承包商满足业主/项目对 EHS 以及过程安全绩效的期望。审核可以帮助实现这些目标。

项目质量保证审核有助于验证承包商、供应商和销售商在制造、设备和材料接收及搬运、施工和预试车期间是否正确实施了质量控制活动。施工经理应及时干预，纠正任何不利的审核结果。这将在第 8 章中详细讨论。

对上述第 7.4 节中讨论的任何要素进行项目 EHS 和过程安全审核，可以提醒项目管理层注意到任何可能导致 EHS 和过程安全绩效变差的施工问题。项目初期可能希望将重点放在承包商遵守安全作业规程和 EHS 规则，以帮助防止人员受伤和环境破坏。其他审核的重点方向可以由事故趋势、观察结果以及员工的关注点确定。

应记录所有的审核发现、建议和改进机会，并跟踪纠正措施直至结束。后续审核应验证纠正措施是否解决了原始审核发现。

有关审核的进一步指南，可从以下 CCPS 出版物获得：《基于风险的过程安全》[*Guidelines for Risk Based Process Safety*（CCPS 2007）]；《过程安全管理体系审核指南》[*Guidelines for Auditing Process Safety Management Systems*（CCPS 2011）]。

7.4.19 绩效测量

为了提高资本项目的成本效益，建筑工业学会 CII 启动了一个基准和指标（BM&M）方案，以验证和分享最佳实践。基准和指标（BM&M）方案评估项目绩效的五个方面，主要是：

- 成本；
- 进度；

- 安全；
- 变更；
- 现场返工。

大多数项目经理根据建筑工业学会(CII)指南，通过定期评估施工进度和支出来监控项目的进度和成本(与预算相比)。作为监控项目进度的一部分，项目还应要求供应商和销售商定期更新交货日期。劳动生产率和专业技能利用率是评估施工效率的其他常用指标。这些数据允许在出现延误时进行干预和变更计划，并报告给关键的利益相关者，例如业主和合作伙伴。

许多业主还要求为员工和承包商员工报告 EHS 关键绩效指标(KPI)。至少必须向当地监管机构报告伤害(如急救、可记录、损失工时)和环境泄漏和排放的关键绩效指标。

越来越多的公司意识到并实施了领先和滞后的过程安全绩效指标，包括事故率和未遂事件率，以及显示关键过程安全要素实施情况的指标。这些指标在建设项目中的应用还不够成熟，评估过程安全的各个方面还不够实际的。因此，应该将一些指标重点放在被视为薄弱的管理措施上。例如，过程安全指标非常适合于后期设计变更的管理，如果不进行严格评估，可能会导致发生重大事故风险的增加。其他重要的施工过程安全管理措施包括危害识别、安全作业规程以及质量管理。

任何指标都只与数据的收集、分析质量和为提高绩效而采取的措施相关。

有关评估和指南的进一步指南，请参阅以下 CCPS 出版物：《基于风险的过程安全》[*Guidelines for Risk Based Process Safety* (CCPS 2007)]；《过程安全指标体系指南》[*Guidelines for Process Safety Metrics* (CCPS 2009)]。

7.4.20 安全操作案例

如果在详细设计期间就开始准备“安全案例”(见第 6 章第 6.4.1.2 节)，则应在项目施工阶段完成。

安全操作案例说明如何在开车和持续运营期间通过以下方式管理剩余风险(最终设计之后的剩余风险)：

- 工厂的 EHS 和过程安全管理体系(如操作程序、员工培训、维护规程、变更管理等)；
- 运营部门打算实施的具体管理/程序措施(包括在最终危险源辨识与风险分析(HIRA)研究中建议的解决措施)；
- 应急响应策略和措施。

CCPS 的《基于风险的过程安全》提供了关于良好管理实践的相关信息，这些良好管理实践可能适合作为设施管理系统的一部分(CCPS 2007)。

安全操作案例应传达给所有试车和操作人员，以确保他们充分了解固有危险和必要的安全措施，从而保障新设施的安全可靠运行。此后，安全操作案例应及时更新，并用于进修和新进员工的培训。

7.4.21 预试车

预试车这个术语因业主和项目而异。有些人将预试车活动定义为当工厂或系统实现机械竣工之后，然而，就本书而言，预试车是施工的一个阶段，应在机械竣工认定之前完成。实际上，施工、预试车和机械竣工常常在一个大型项目的不同部分中重叠。

预试车活动通常以工艺包(即系统)进行，而施工通常以区域为基础进行。从区域施工到系统竣工的过渡是一个需要进行规划的项目关键里程碑。系统基础允许预试车活动在计划表中提前开始进行，从而大大减少最终预试车阶段高峰期的工作量。尽管必须安全地进行施工和试车，使得系统化移交的管理更为复杂且难以协调，但是这确保了从施工到试车阶段的平稳过渡。应经常进行交叉作业研究，以帮助管理风险，安全专家在监督时也应格外警惕。

系　　统

可以进行单独预试车的装置的一部分，
但与在施工中装置的其他部分并行。

预试车确保装置已按技术规范和设计意图施工，并能安全有效地进行试车。因此，预试车涉及试车前应完成的所有检查(见表 7.2)。

预试车

通过将系统内元件置于模拟运行条件下，
验证系统内元件的功能可操作性，以达到试车准备状态。

预试车活动通常在施工活动基本完成后开始(约完成 70%的安装)，并按系统分阶段进行。应制定详细的预试车计划并按系统确定所有主要活动。对工艺流程图(P&ID)进行颜色编码有助于理解计划中的每个系统。其中劳动强度最大的活动是对每一项设备，包括每个法兰中的每个螺栓进行目视检查，以检查设备状况、安装质量以及是否符合设计要求(有关质量管理的详细信息，请参阅第 8 章)。安装必须符合项目图纸和规格、制造商说明、安全规则、规范、标准以及良好工程实践。将操作人员纳入预试车团队有助于尽早熟悉他们将要操作的装置。

没有两个完全相同的项目，但表 7.2 列举了一些典型的预试车活动。此列表并不详尽，根据项目范围可能需要进行其他活动。一些公司和/或项目可能会将某些活动作为机械竣工的一部分进行(见第 7.4.22 节)。

某些预试车活动需要用到公用设施，如水、压缩空气/氮气和电，同时某些设备将通电，例如电机，以检查其旋转方向。这标志着施工现场存在的危害发生了重大变化，需要额外安全措施和管理。这些保障措施包括但不限于：

- 向全体员工传达变更情况；
- 废除受影响区域的“综合作业许可证”；
- 引入能量隔离作业许可证(LOTO)；
- 将人员隔离在指定区域之外的围挡，例如水压试验。

预试车活动可能涉及施工、试车和/或操作人员，应建立明确的责任和义务，以避免混淆和潜在的延误，特别是当系统移交顺序与某些人员的期望不一致时。

尾项清单是预试车的一项重要内容，这是为了识别、记录和纠正项目中的损坏、不完整和不正确的制造和安装。识别项通常分为三类，如表 7.3 所示。

图 7.2~图 7.5 是一些不合格和安装不当的示例。应建立一个系统，从体系、分类、工艺方面跟踪未完成项的整改情况。

表 7.2　典型的预试车活动

预试车活动	预试车活动
压力测试——水压 & 气压	电气连续性和电机旋转检查
设计符合性检查——目视检查 & 审查测试证书	泄漏测试
内部检查	设备静态/断电试验
冲洗和化学清洗	机械冷态对中和防护
脱水和干燥(空气、氮气、真空、甲醇/乙二醇抽汲)	机械润滑
吹扫	机械磨合
仪表回路检查 & 校准	尾项清单——不符合项 & 未完成工作
控制系统检查	试车前的保护措施
安全系统功能测试/验证	从供应商 & 销售商接收文件

表 7.3　典型尾项清单类别

类别	描述	更正依据	示例
A	安全性质或妨碍试车的项目	试车之前	未完成 & 损坏的项目 安装不正确，例如松动的螺栓和电线
B	试车期间可能完成的项目	移交给运营之前	缺少标志 & 标签 法兰中的长螺栓
C	装饰品 & 不妨碍开车的物品	与运营人员商定的时间表	油漆 & 非关键性绝缘

图 7.2　电缆安装不当

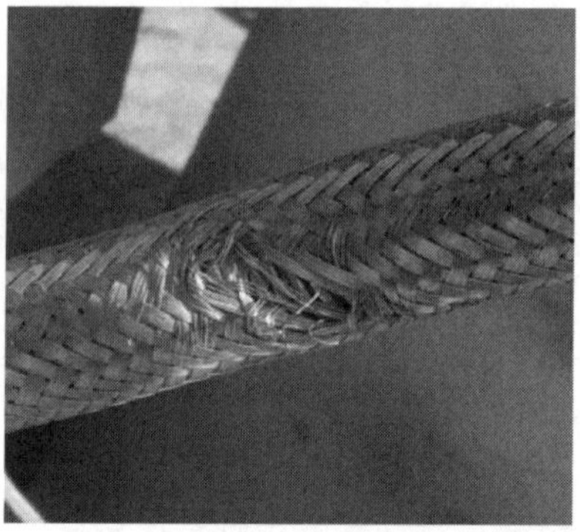

图 7.3　仪表线缆损坏

图 7.4　管道安装不当

图 7.5　压力安全阀处理不当

7.4.22 机械竣工

同样，该术语有时在业主和项目之间有所不同，但就本书而言，机械竣工被定义为预试车完成时的项目点，即已按照工程规范，所有设备、材料建造，电气和仪表安装均已完成并经过测试。A 类尾项清单中的项目也应完成。因此，机械竣工是一个重要的项目里程碑，是施工和试车之间的界面。

> ***机械竣工***
> 设备、管道、电缆、仪表、通信、电气
> 和机械组件的施工和安装在物理上已完成，
> 所有检查、测试和文件要求均已完成。

项目应具有正式的机械竣工系统，明确审批和文件要求的责任。在某些管辖区域中，拥有管辖权的当地政府也可能参与批准过程。

通常在宣布机械竣工时为每个子系统和系统颁发机械竣工［也称为试车准备(RFC)］证书。许多项目都会编制这些证书的档案，并跟踪未完成的系统和子系统。

7.4.23 文档资料

施工期间的一项重要活动是编制试车和随后移交运营所需的所有过程安全信息(PSI)和其他项目文档。本文档资料包括但不限于：

- 合同、采购订单、通信；
- 工程设计图纸和技术规范(包括设计意图、规范和标准等)；
- 风险登记；
- 制造质量保证/质量控制记录(包括焊缝射线照片、证书等)；
- 预试车质量保证/质量控制记录(包括焊缝射线照片、检查表、基线数据、证书等)；
- 机械竣工档案；
- 供应商和销售商提供的操作和维护手册；
- 变更管理记录和设计变更通知单 DCNs；
- 试车和操作程序；
- 主设备清单和检查、测试和预防性维护 ITPM 要求(包括安全关键设备 SCE)；
- EHS 和过程安全程序(包括应急响应计划、事件报告、审核报告、培训记录等)；
- 设备保护；
- 尾项清单。

来自危险源辨识与风险分析 HIRA 的行动项跟踪、运行准备审查、阶段审查、施工研究和审查(例如振动分析、管道应力分析、腐蚀等)；

- 对第三方的承诺(如监管机构、非政府组织、社区等)。

竣工图和技术资料的编制应尽早开始，并最好在移交运行前完成。如果没有最终的 CAD 竣工图，则应向运营部门提供一份红线图副本。

在前期设计和详细设计期间，项目应建立一个文档管理系统，用于存储、管理、更新和检索这些信息。该系统还应跟踪未完成的可交付成果，特别是试车和开车前所需的任何文件。项目文档将在第 12 章中详细讨论。

有关文件管理的进一步指南，可从以下 CCPS 出版物获得：《基于风险的过程安全》[*Guidelines for Risk Based Process Safety*（CCPS 2007）]；《过程安全文件指南》[*Guidelines for Process Safety Documentation*（CCPS 1995）]。

7.5 其他项目活动

除了施工所需的各种过程安全和技术活动外，还有许多其他活动支持项目的实施。其中一些活动在整个项目生命周期内都在持续进行，并应定期更新。这需要项目管理团队与所有承包商、供应商和销售商之间进行良好的界面管理。

7.5.1 EHS 和过程安全计划

及时更新 EHS 计划和过程安全计划，以反映施工、预试车、试车、移交和开车活动(附录 B)。定期审查承包商和分包商的 EHS 计划以及过程安全计划，以确保其与整个项目 EHS 计划和过程安全计划的一致性。

7.5.2 风险登记

在施工、预试车、试车、移交和开车过程中发现的任何新增或变更产生的危害/风险，应及时更新项目风险登记簿(附录 C)。应确定各个项目的责任人并制定相应的应对计划来进行管理。项目管理团队应定期审查登记和响应计划。

7.5.3 行动项跟踪

应更新项目行动项跟踪数据库或电子表格，特别关注与厂商有关的行动项，以前这些行动可能没有受到与主要装置设计相同的重视。项目管理团队还应记录其承包商产生的行动项，并确保所有行动项逐一得到解决、管理和记录。

7.5.4 施工总体管理

除了进度和支出的评估(见第 7.4.19 节)，在整个施工和预试车期间，还应继续开展一些其他综合管理活动，包括但不限于：

- 承包商人员的管理；
- 合同控制；
- 定期与承包商召开进度会议(通常每周一次)；
- 与供应商、销售商定期联络(电话、会议)。

施工经理还应保存每日的日记/日志，作为详细说明施工进度中重要作业活动的记录。该日志应包括向承包商发布设计文件的详细日期、现场劳动力数量和设备、成绩、测试结果、图片、劳资纠纷以及任何天气或其他原因导致的延误。此信息对于在合同完成时解决或质疑承包商的索赔尤其重要。

7.6 退场

在施工活动接近尾声时，项目和承包商可能开始逐步减少资源(人员和设备)的调动。一些资源可能需要进行保留，直到装置全面运营并达到生产绩效的目标，因此，应制定一项退场计划，包括有序、有效地关闭和清除项目现场的所有施工资源。虽然该计划侧重于项目资源，但也可能涉及关键承包商资源。

退场计划应包括但不限于以下各项所列的活动和费用：

- 重新部署人员和关闭派遣工作人员的合同；
- 建筑设备；
- 剩余施工材料；
- 临时设施(例如，清洁和拆卸办公室、建筑物以及其他为项目专门在现场组装的设施)；
- 断开公用设施(通信、天然气、电力、水等)；
- 租赁设备(复印机、传真机、桌子、椅子等)；
- 合同中不需要或不包括的供应品；
- 项目文件、文档和记录的归档(在移交运营所需的文档后)；
- 现场清理。

退场时期项目和承包商员工可能会失去对安全的关注，因为他们的思想更关注未来的就业和下一张工资支票的来源。项目管理团队 PMT 和承包商管理层必须确保所有人都能识别和理解退场中的危害，并每天都能执行 EHS 和过程安全要求。

7.7 试车和开车准备

在详细设计期间，就应制定运行前计划，以确保试车和开车准备就绪。在施工过程中，应更新该计划并进行相关活动，以确保及时完成。该计划应包括但不限于以下活动：

- 保护所有设备(已安装和等待安装)；
- 危险源辨识与风险分析 HIRA(包括所有交叉作业 SIMOPS)；
- 招聘——操作人员、技术人员、工程师、EHS、行政人员(如有必要)；
- 试车和操作程序；
- EHS 和过程安全程序(如安全作业规程、变更管理、应急响应、事件调查等)；
- EHS 设备(如救护车、消防车、灭火器等)；
- 培训(包括供应商培训、工艺仿真系统的使用)；
- 构建维护管理系统(基线数据、检查、测试和预防性维护 ITPM 任务等)；
- 备件、消耗品等；
- 化学品、润滑剂、催化剂等；
- 文档和数据管理(如原始设备制造商/销售商手册、竣工图等)；
- 技术和销售商支持；
- 操作准备审查。

运行前计划中的许多试车和开车活动涉及的危害和风险与施工不同，类似于正常运营所需的活动。因此，大多数试车和开车活动都属于基于风险的过程安全要素(CCPS，2007)。

预试车结束前的一项关键活动是运行准备审查(也称为开车前安全审查(PSSR))，以评估设施是否可以安全启动。这项审查应该非常全面，因为这是装置第一次开车。在这方面，它应该比审核更彻底，例如，在公用设施故障、跳闸或因恶劣天气的预防性关闭之后。它应包括对所有设施的进行巡查，并至少解决以下问题：

- 所有设备、控制装置和结构的施工均符合设计要求，包括安全关键设备和其他保护装置[例如，IEC 第 3 阶段的功能安全评估(FSA)]；

- 尾项清单中的解决方案(A 和 B 类);
- 危险源辨识与风险分析研究,以满足监管和公司要求;
- 解决行动项(如危险源辨识与风险分析研究和其他建议);
- 安全、操作、维护和应急程序;
- 培训所有员工;
- 更新红线图。

关于运行准备的进一步指南,可从以下 CCPS 出版物中获得:《基于风险的过程安全》[*Guidelines for Risk Based Process Safety* (CCPS 2007)];《实施有效开车前安全审查指南》[*Guidelines for Performing Effective Pre-Startup Safety Reviews* (CCPS 2007)]。

7.8 最终评估和竣工

最终评估和竣工涉及完成所有任务和所有文档的过程,以关闭施工合同。这可能是整个项目结算的初始阶段,在某些情况下,可能要到移交和开车后一年左右才能完全完成,届时可以将实际装置性能与合同保证进行比较。

主要目标一是结算所有施工合同中提供的服务和材料,为未来的项目吸取施工过程中的经验教训,二是评估施工承包商的绩效。后一项应包括承包商的 EHS 和过程安全绩效,这些绩效应记录在案,作为承包商资格预审和未来项目选择的参考。

7.9 阶段关口审查

应进行阶段关口审查,以确保项目对施工过程安全(和 EHS)风险进行充分管理。阶段关口审查可分为两部分:第一部分在进场后不久对施工计划进行评估,第二部分在大约完成 50%的施工时,以验证施工计划的实施情况,包括现场变更的管理。阶段关口审查小组可使用协议和/或检查表,如附录 G 中的详细协议。施工阶段关口审查的典型过程安全范围如表 7.4 所示。

表 7.4 施工阶段关口审查范围

范围项目
确认施工人员的培训、能力和绩效保证安排是合乎要求并正在实施
确认施工过程安全和 EHS 管理体系合乎要求并正在实施
确认业主、承包商和销售商对其机械竣工的范围和职责有明确规定,并且施工团队有一个健全的流程来管理所有界面
确认包括质量管理在内的资产完整性管理过程足以实现设计意图和设施完整性
确认变更管理正在应用
确认预试车、试车和开车前项目计划的适当性
确认操作培训和操作程序开发(或更新)的进展是合乎要求的
确认运营小组在必要时参与预试车和试车活动的准备工作。
确认现场过程安全和 EHS 管理体系和程序的计划是合乎要求的
确认文件管理系统已实施并按预期实施

阶段关口审查小组应独立于项目，通常由熟悉类似装置、工艺、技术，且经验丰富的领导、操作代表、过程安全工程师、施工安全专家、质量保证或质量控制专家、专业工程师(视情况而定)和 EHS 专家(视情况而定)组成。审核结束时，评审组将对需要改进的地方提出建议，并根据过程安全说明项目是否已准备好进入下一阶段，即开车前(试车)阶段。

7.10 小结

一旦详细设计完成，项目进入施工阶段，其目标是按照设计意图安全地建造装置。这涉及与制造商、承包商、分包商、供应商和销售商的多个界面，这需要良好的管理和定期的绩效报告。许多过程安全活动对本阶段的成功与否至关重要，包括风险管理、安全作业规程、资产完整性管理、变更管理和培训/能力保证。完成这些和其他活动对于彻底的机械竣工是必不可少的，因此项目可以安全地进行试车和开车。

8　质量管理

质量是一种主观的属性，不同人的感受可能不同。它是一种内在的特征或属性，表示优秀的程度。

> ***质　量***
>
> 一组固有特性满足要求的程度。
>
> 项目管理知识体系（PMBOK）术语[项目管理学会（PMI）2013]

在工程环境中，质量可以等同于对目标的适合性，这意味着没有瑕疵、缺陷和重大差异等状态。质量是通过对特定标准的严格承诺来实现的，以满足特定的要求，即技术规范。例如，ISO 9000 系列国际质量管理标准（ISO，2015）的重点是质量审核计划，该计划验证是否符合规范。如果一个新产品始终符合这些规范，那么该产品的制造商将获得 ISO 9000 认证。

质量管理

在 20 世纪 80 年代，人们对质量管理（QM）产生了极大的兴趣，其中包括全面质量管理（TQM）、精益原则、六西格玛等举措。虽然大部分的关注重点是在制造业，但一些工具在项目中仍被广泛使用，特别是在制造和施工环节，比如《计划-行动研究法》（休哈特控制图），14 分管理（Deming，1982），零库存（Just-in-Time）。美国建筑工业学会（CII）赞助了质量管理在资本项目中应用的研究并发布了指导意见（CII，2010a，2010b，2010c）。例如，精益施工包括消除浪费，满足或超过所有业主要求，关注整个价值流，并在施工项目的实施中追求完美（CII，2004）。类似的原则也适用于设计和采购。

资本项目中的质量管理包括以下实践和活动：

- 制定质量方针；
- 制定质量目标和责任；
- 实施质量计划、质量控制和质量保证，使项目交付物符合其设计意图和规范。

当质量管理确保项目交付物满足设计要求时，过程安全，特别是风险管理，提供了工具来对设计进行“压力测试”，以确保其具有容错性，并能安全地处理异常情况。

质量管理还包括在项目的整个生命周期，包括设计、工程、采购、施工、试车和开车阶段，为提高效率、合同符合性和成本效益（通过减少浪费和返工）而开展的活动。

> ***质量管理***
>
> 组织用来指导、控制和协调质量的所有活动。
>
> （化工过程安全中心术语）

质量管理系统是必要的，因为在项目的整个生命周期中可能会有许多人为错误。一个精心设计和实施的质量管理体系应该识别和纠正这些可能涉及项目设计、采购和施工多个方面的人为错误。表 8.1 列出了项目中相对常见的人为错误的几个例子。请注意，此列表并非详尽无遗。

表 8.1　项目中出现的典型人为失误

人为失误	人为失误
设备设计中的计算误差	从仓库申请错误的组件
基于错误或过时信息的设计或施工	可视化标识安装在错误的位置
由于缺乏技能或未遵循焊接程序而导致焊接不良	因储存和搬运不当而损坏设备
供应商提供错误施工材料	由于错误的无损检测程序而未发现缺陷

如果发现缺陷和不合格，应找出原因，并制定必要的纠正措施，以达到合适的质量水平。这可能涉及修改项目质量计划并提高质量要求水平。

有关人为错误的更多信息和指导，请参阅化工过程安全中心出版物：《过程安全中防止人为错误的指南》(CCPS，2004)；《提高过程工业绩效的人为因素方法》(CCPS，2007)。

表 8.2 列出了建设项目中涉及质量管理的典型活动。

表 8.2　涉及质量管理的典型项目活动

活动	活动
质量保证/质量控制(QA/QC)策略的制定和文件化	供应商检查和审核
质量计划和资源的开发	安装/施工/试车监督和检查
设计评审和验证	检验和测试记录、归档
设备/材料的采购和检验	审核计划和实施
监造和检查	项目控制和报告，包括界面管理和沟通

一些工程设计和施工承包商通过质量管理认证，以确保其服务持续满足业主的要求。认证通常是指 ISO 9000 系列标准中的 ISO 9001 认证，ISO 9000 系列标准如下：

- ISO 9000：2015——涵盖了基本质量概念和术语；
- ISO 9001：2015——规定了质量管理体系的要求；
- ISO 9004：2009——关注如何使质量管理体系更加高效和有效；
- ISO 19011：2011——规定了质量管理体系的内部审核和外部审核指南；
- ISO/TS 29001：2010——规定了石油、石化和天然气行业质量管理体系的要求。

这些标准中的质量管理原则在 ISO 出版物(ISO，2015)中有更详细的描述。

质量保证(QA)和质量控制(QC)是确保质量项目所需的两项主要活动。他们共同确保适当的工具、材料和工艺相结合而完成的项目满足其设计意图。质量保证和质量控制是密切相关的，有时可以互换使用，但却又不同。质量控制和质量保证这两个术语在不同的组织中有不同的含义。然而，就本书而言，质量保证(QA)和质量控制(QC)的定义如下：

质量保证（QA）

质量保证（QA）是一套确保开发过程（即设计、工程、采购、施工等）足够满足项目目标的活动。换句话说，QA 可以被看作是预防质量问题、发现与工作实践相关的质量问题的一种手段。

> **质量保证**
>
> 为确保设备设计合理并确保设计意图不受损害而进行的活动，
> 能够为产品或服务全过程中提供保障，
> 会持续满足设备全生命周期的规定需求。
> （化工过程安全中心术语）

质量保证活动包括审核和评审，以确定项目交付物是否符合工作范围、设计基础和技术规范。质量保证通常由业主组织或由代表业主的第三方检查员进行。例如，项目管理团队可以委托审核，通过随机抽样确定承包商是否正确实施了商定的质量控制计划。

质量控制（QC）

相比之下，质量控制是一系列旨在评估已开发项目可交付成果的活动，因此质量控制可被视为发现设计、采购、制造和安装设备与材料等的错误。

> **质量控制**
>
> 实施一个或一套程序，以确保设计或制造的产品或实施的
> 服务/活动符合规定的一套质量标准或满足业主或顾客的要求。
> （化工过程安全中心术语）

质量控制活动包括各种验证、测量和检查，以发现构成项目设施的设备和材料中的缺陷或故障。质量控制通常由承包商、分包商检查员或工程工作人员实施。质量控制的例子包括：

- 高级工程师检查初级工程师进行的设计计算；
- 对管道系统中一定比例的焊缝进行探伤，以检测缺陷；
- 特定冶金材料（如特殊合金）的阳性材料标识。

本章讨论项目生命周期各个阶段的质量管理活动，包括：

- 设计/工程（第 8.1 节）；
- 采购（第 0 节）；
- 制造（第 8.3 节）；
- 接收（第 8.4 节）；
- 储存和发放（第 8.5 节）；
- 施工和安装（第 8.6 节）；
- 运行（第 8.7 节）。

8.1 设计与工程

设计中的质量管理从前期设计的工程规范和标准的选择开始。这是将质量和安全建立和“内置”于项目所用设备和材料的重要时机。一些公司有自己的工程标准，通常以行业规范和标准为基础，将公司运营中吸取的经验教训作为补充。一旦确定了适用的工程规范和标准，技术规范包括性能标准就会最终确定下来，以确定重要的过程安全属性，如可靠性、可用性、生存性和其他相关因素。此后，设计和工程期间的质量管理活动通常集中于保持设计完整性。

项目应任用质量实践经验丰富的人员。例如，许多公司将外部的相关领域专家(SMEs)引进项目管理团队来实施技术质量检查。项目的质量管理计划应在前期设计的初期制定，且在签订任何合同之前。质量管理计划可能是采购和供应链管理总体战略的一部分。质量应纳入项目计划，以防止不必要的返工、浪费、损失和延误。任何设计/工程错误或质量不符合项如果不加以识别和纠正，也可能导致过程安全事故。该计划应是项目管理体系的组成部分，并规定：

- 如何在项目的整个生命周期内管理质量；
- 所需的质量保证活动(即实践和程序)；
- 所需的质量控制活动(即实践和程序)；
- 项目可交付成果和工作流程的可接受质量水平。

应注意的是，该计划强调可交付成果(即项目设计)的质量和实现设计的过程(即实践和程序)的质量。该计划应设法解决已识别的质量管理风险，包括供应链完整性问题。该计划还应在每个设计阶段评估和检查设计，并建立采购、制造和施工期间使用的质量管理活动。

有时前期准备(FEL)工作，以及详细设计工程，经常外包给工程承包商。即使工作是在内部进行的，也需要有能力和经验丰富的工程师来正确解释标准，并制定和应用规范。应根据质量、能力、经验、技能和其他适用标准对提供工程化和危险源辨识与风险分析服务的潜在供应商进行评估。

在整个设计过程中需要一系列的质量保证和质量控制活动。项目管理团队应密切监督所有设计活动，并在不同阶段进行审查，以验证设计是否符合工作范围、设计基础、设计理念、商定的规范和标准、当地法规以及对第三方的任何承诺。项目管理团队还可以委托一些安全和设计评审，如工艺管道和仪表流程图、3D 模型和技术同行评审，以协助确保设计的质量和完整性。同时，设计组织应自我检查设计的准确性和完整性。许多工程承包商都有自己的清单和方法，化工过程安全中心已经发布了一个广泛的危害评估清单，公司可应用于内部设计工作(CCPS，2008)。

前期设计和详细设计期间的一系列典型活动见表 8.3。更多信息和指导可从以下出版物获得：

《资产完整性管理指南》(CCPS，2017)。

表 8.3 前期设计和详细设计期间的典型质量活动

项目阶段	概述	质量保证(QA)	质量控制(QC)
前期设计 第 2 阶段	建立采购质量方案	包含质量保证策略	包含质量控制策略
	关键服务提供商资格预审	考虑能力、经验等	考虑质量控制计划和能力
	选择开发选项	进行同行评审	
前期设计 第 3 阶段	完善设计和规范	审核以验证是否符合设计和规范	审查设计，检查计算、准确性等
		根据关键程度指定质量保证程序	根据关键程度指定质量控制程序
	订购长周期项目	应用质量保证要求	应用质量控制要求
	选择工程承包商	考虑能力、经验等	考虑承包商的质量控制计划和能力
详细设计	最终确定设计和规范	审核以验证是否符合设计和规范	审查设计、检查计算、精度等
	确定施工质量管理计划	包含质量保证策略	包含质量控制策略
	选择设备和材料供应商	考虑供应商规范	考虑供应商的质量控制计划
	订购设备、材料和服务	应用质量保证要求	应用质量控制要求

8.2 采购

采购期间的质量管理重点是确保采购符合批准的最终设计(即技术规范)，并使用合格的供应商和供货商。供应商(或第三方)可发布符合性声明，表明其产品符合特定标准，但对于设计的安全措施和其他确定为高临界性(生产、质量、环境等)的设备，项目应评估供应商使用的方法和信息是否与所有认证要求一致。应根据以前的供应商业绩，对潜在供应商的能力进行评估。对供应商和供货商进行资格预审，并限制其采购，有助于消除不适当或不符合标准的设备和材料。

同样重要的是，内部或承包采购服务部门应了解项目的变更管理政策和程序，特别是在替代品的可接受性和批准方面。项目可能要求寻找当地的和/或低成本的设备和材料来源，但必须控制所有采购严格符合技术规范。较便宜的替代品可能不符合技术规范。有时，供应商可能会要求对规范进行放宽或轻微变更，应通过修订/变更单进行管理，通过对修订/变更单进行评估，以确保从技术和安全角度来看，变更是可接受的。如果不符合危险区域划分的相关技术规范，即使是简单的电气外壳替代品也可能成为危险区域的潜在火源。采购计划(包括项目质量管理计划的应用)应在项目前期设计 FEL-3 中最终确定。

建设项目的采购活动通常跨越从项目前期设计 FEL-3 到施工的几个项目阶段，如：

- FEL-3　长周期设备；
- 详细设计　大多数设备和一些物料；
- 建设　剩余的设备和物料。

较小的项目和变更管理可能会缩短这一周期长度，但大多数项目，无论规模大小，都试图管理设备和材料的采购和交付以优化现金流。零库存(JIT)方法对于某些服务(如场地平整/开挖)和标准设备(如小型碳钢闸阀和管道)来说相对容易。其他服务(如用于超大型负载的海上起重船)和设备(如复杂机械、异种合金)可能需要在采购前进行广泛的研究和规划，以确保交付物符合项目进度。

无论何时，质量管理要求都应事先确定并写入合同和采购订单。特别是，所有设计的安全措施[包括安全关键设备/元件(SCE)]的合同/采购订单应包括相关的性能标准和要求的测试，并将其纳入设备项目的技术规范中。要求制造商有效实施其内部程序，以使其产品满足所有质量要求。质量管理要求，取决于关键过程的质量控制，可能包括必要的供应商/供货商检查(质量控制)、项目审核(质量保证)、文件和其他可交付物，如焊接的质量证书和射线照片。项目或代表项目的第三方质量检查员可能希望看到合同中确定了生产/制造过程中某些阶段的质量管理计划。

如果采购已外包[如作为设计、采购和施工(EPC)合同的一部分]，项目也宜对采购活动进行审计，以确保供应商满足工程标准、技术规范、质量要求，变更管理妥善处理。

采购的另一个方面是加快设备和材料交付。经验表明，如果没有监督和强有力的催交，可能会出现延误，往往会对项目进度产生连锁反应。

8.3 制造

设备制造中质量管理的重点是验证是否遵循了工程标准和技术规范，以及制造车间的生产是否影响了质量和设备完整性。

案例研究：未遵循制造规范

一个装有高达50000加仑(1加仑=3.7854L)润滑油的低压储罐在意外超压时发生灾难性故障。压缩空气被注入液面以下，并在罐内引起内部混合。

罐壁到底板的接缝破裂，大量接缝撕裂后油品泄漏导致真空，部分罐壁坍塌。幸运的是无人受伤且未引起火灾。

调查发现，罐壁与罐顶之间的弱焊缝可以使储罐内液体冒罐时使罐顶和罐壁安全分离。而事故中的罐顶施工方法不符合制造规范。一些内部支架(不在制造图纸上)加固了罐壁与罐顶之间的接缝，使其比失效的罐壁与底板之间的接缝更牢固。

参考文献：Sanders，R. E.，化工过程安全，从案例中学习，第四版。

确保产品质量的第一道防线是使用审批通过的制造车间。有些地区要求制造某些设备(如压力容器)需要经过批准，车间和他们的一些技工，如焊工，都要接受政府授权人员的定期检查和认证。不过项目也可能希望根据自己的检查和批准流程对制造车间进行资格预审。

设备制造的质量是制造者的责任，好的车间会具备一个包括程序、检测和检查的综合体系。其程序应涵盖制造的所有方面，包括测量/切割、轧制/成形/整形、零件组装、焊接、铸造和金属设备的焊后热处理。车间的质量控制活动通常包括检测和检查，如材料的可靠性鉴定、焊缝射线照相、内视镜检查、液压检测和其他无损检测(NDT)。所有的质量控制活动都应该有完整的文件记录。

对364起化工过程事故的研究表明，25%的事故是由管道系统故障引起的，其中3%的技术原因是制造不良，即焊接热处理不良(Kidam&Hurme，2013)。

其他工艺设备的制造商，如压力安全阀、动设备、管道、钢结构、电气和控制设备，也应具有全面的制造程序和质量控制规范。项目应在制造前和制造过程中在制造场所实施质量保证检查和/或审核计划，以监督质量控制活动。该质量保证计划可能基于风险，对关键设备进行更多的监督。某些关键和/或复杂设备(如压缩机、安全仪表系统)在交付前可在制造商的工厂进行工厂验收测试(FAT)，以验证其可操作性和功能性。该项目的一名代表通常会现场见证工厂验收测试。项目还可对一些需要特殊处理的关键或精密设备进行装运前检查，并监督运输至施工现场的装卸。

8.4 接收

在大型建设项目中，应建立一个正式的材料控制系统，以管理数千种不同部件和设备的采购材料。大多数项目在施工现场都有某种形式的安全仓库或有盖仓库，用于接收的设备和材料。较大的物品，如压力容器和管道，则通常存放在堆放场。

此阶段项目的质量保证活动应着重于验证设备和材料在接收时状态良好，并符合合同或采购订单中的设计技术规范。这些检查因所涉及的设备和材料的类型不同而有所不同，检查范围从简单的目视检查和对照采购订单和材料测试核对装箱单，到特殊合金的材料测试和材料鉴定。接收设备和材料的人员需要明确的程序和培训，以便他们知道何时需要额外的质量保证测试和检查。任何有损坏或不合格的物品都应存放在隔离区内，直到其拒收的问题得到解决。

案例研究：阀门部件的结构材料

Amajor 综合油气公司与一家工程和建筑公司签订合同，设计、采购和建造一个大型天然气处理装置。设计规范要求装置的进气口的冶金符合美国腐蚀工程师学会(NACE)标准，能够承受 150ppm H_2S。工程承包商提供符合 NACE 标准要求的容器、管道和设备。然而，阀门并不完全符合 NACE 的要求。

阀体的制造满足 NACE 承受 150ppm H_2S 的要求，但某些阀门部件，如弹簧、阀杆和密封材料不符合 NACE 要求。当业主询问工程承包商阀门是否符合 NACE 要求时，承包商回答“这些是所安装阀门的技术参数”。

这家工厂的业主及其合作伙伴在更换不合规阀门的策略上面临两难境地。问题是，如果不符合 NACE 要求的阀杆断裂，则阀杆弹出。虽然人们认为在含有不符合 NACE 要求的部件的球阀和蝶阀中不会出现大的泄漏，但如果阀杆失效并从阀体弹出，则可能存在较小的泄漏。

在编写本书时，公司与工程承包商之间正在进行进一步的讨论。

设备和材料所附的所有文件和质量证明应根据项目文件管理体系和要求的可追溯性水平进行审查、记录和归档。

8.5 储存和发放

在收到设备和材料后，应进行彻底检查，并将其放在指定区域，如有必要，应在最佳条件下储存。最佳储存条件是针对那些可能需要加热、空气调节和/或湿度控制来保持质量的特定设备。储存要求可能取决于当地环境条件；例如，在热带气候下，许多物品不应存放在室外。

其他要求可能包括电气部件需要控制静电、压力安全阀需要直立存放，以及转动设备(如泵和电机)需要周期性手动转动。储存在仓库外的设备可能需要额外的保护措施，例如包装密封保持内部氮气的正压力。应遵守供应商的存储说明。图 8.1 和图 8.2 说明了一些保护不善的项目实例。

图 8.1　电磁阀腐蚀

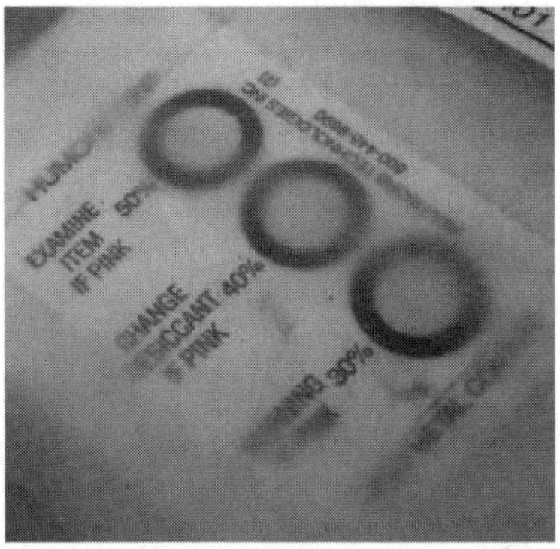

图 8.2　带过期干燥剂的包装设备

案例研究

炼油厂加氢装置在正常运行过程中，与热交换器相连的管道发生故障，引发严重火灾。一处管段法兰处故障，释放出高温高压氢气并点燃形成大的喷射火焰，燃烧持续了几个小时。损坏范围很广，火焰路径上导致管道和钢结构变形。幸运的是没有造成人员受伤。

调查发现，该单元有三个尺寸和外观相同的管段“弯头”。然而，两个弯头由合金钢制成，另外一个由碳钢制成。承包商不小心将其中一个合金钢弯头的位置与碳钢弯头互换，使其暴露在高温氢气中，因此不耐氢脆。

质量控制时检查管道部件的材料组分是否正确，可以避免可能导致严重后果的简单错误。

重要的是，所有的物品都要有适当的标签和隔离，以便于日后发放，并避免在视觉上相似但规格不同的设备和零件之间产生混淆。在维护周期的运行阶段也可能发生类似的错误。使用条形码或类似方法设计良好的存储和发放系统，可以将人为错误降到最低。正确处理项目也很重要。例如，控制阀等控制设备需要小心操作。不良的储存习惯也会增加高价值物品被盗的风险。

未能妥善保存和处理的设备可能导致过早故障，从而导致或不能缓解过程安全事故发生。发放、安装错误规格的设备或部件也可能导致或不能缓解过程安全事故。许多泄漏事故都是由于安装由碳钢而不是合金或耐低温不锈钢制成的管道和阀门引起的。

项目或其第三方质量检查员应进行质量保证审核，以确保设备在安装前正确储存、搬运和发放。应特别审核程序、质量控制检查以及负责存储和发放人员的实施情况。

8.6 施工和安装

如果任何设备或部件损坏或不符合正确的技术规范，则在施工和安装期间是检测该缺陷或不合格的最后机会。在施工和安装过程中，也可能损坏或安装错误的设备或部件(例如，管道系统中的垫圈类型错误)。因此，施工期间的质量管理应侧重于检测设备损坏/缺陷以及与最终设计和“批准施工”图纸不符的情况。

由于施工和安装期间所进行工作的多样性，因此对设备和部件的检验标准多有不同。质量管理活动通常基于关键性评估。例如，高压/高温工艺容器通常比小型土木工程受到更多关注。

大多数项目还涉及大量的材料搬运，其中许多需要谨慎维护质量，并确保按照最终设计安装。按程序实施设备、材料管理，在施工现场验收合格后对其发放和使用进行控制。

负责施工和安装的承包商(或公司人员)应自行开展或让分包商开展一系列与设备和材料类型和重要性相适应的质量控制活动。施工期间的典型质量控制检查包括但不限于以下工作：

- 对一定比例的现场焊缝进行无损检测；
- 测量法兰上螺栓的扭矩；
- 检查垫圈材料；
- 水压试验(以及特殊情况下的气压试验)；
- 仪表回路检查和安全仪表系统功能测试；
- 转动设备找正；
- 选择性阳性材料鉴定。

一些质量控制工作可能会影响邻近的施工或改扩建项目开发。如为了人员安全，射线照相探伤和压力测试需要周围设置隔离区。为识别和管理风险，应进行交叉作业的审查。虽然质量控制通常是施工承包商的责任，但项目管理团队通常要求实施质量保证检查。可在施工和安装过程中确定停工待检点，特别是对于关键设备。在这些停工待检点，项目质量检查员(或代表项目的第三方检查员)应检查前面的工作。除了停工待检点检查外，质量保证检查员还可以审查以下内容：

- 焊接程序和耗材；
- 校准质量控制测试和检验设备；
- 实施其他质量控制活动(通过随机抽样)；
- 质量控制文件和记录；
- 负责焊接、焊接检验、无损检测、重型起重机和高压电气设备的人员资格。

监督安全关键设备/元件的安装和测试是一项重要的质量管理活动，以验证其是否符合相关的技术规范和性能标准。根据定义，安全关键设备/元件需要很高的可靠性与可用性，以便按需工作，防止和减轻重大事故危害。因此，必须特别关注安全关键设备/元件的质量保证与质量控制任务。

在施工阶段即将结束时，项目管理团队、施工承包商和未来运营单位的代表通常会对最终安装进行详细检查，以确定错误、不合格和未完成的工作。这些项目通常被添加到“尾项清单”中，可能包括许多需要在试车前解决的质量问题。该检查和尾项清单可构成运行准备审查[即开车前安全审查(PSSR)]的一部分，第9章将对其进行更详细的讨论。

最后，施工和安装期间的所有质量保证和质量控制活动应记录在案，并保留完整记录，以便移交给运营单位。

8.7 运行

项目运行阶段的质量焦点在于日常和停车维护，以及设备缺陷引起的维修。例如，维修的质量管理是需要焊接过程和焊后的热处理，应在规范和标准中有说明。尽管与大多数建设项目相比，质量管理的规模小一些，但在运行阶段的许多质量管理活动是相似的，包括上文提到的采购、制造、接收、储存和发放以及施工和安装活动。在设计和安装过程中，一些临时维修(如管夹)需要特殊的质量管理和关注，并在整个运行过程中定期进行质量保证检查，直到下一次大修时可以进行永久性维修为止。

一些设备缺陷可以通过在不太恶劣的操作条件下进行重新定级来解决。例如，压力容器由于有明显腐蚀，其最大允许工作压力(MAWP)可以降低运行，当然也需验证泄压系统的充分性。在此情况下，需要特殊的质量管理要求以防止潜在的灾难性故障，并涵盖在适用的规范和标准中，例如，美国石油学会(API)压力容器检验规范 510(API，2014)。类似的质量管理要求也适用于消缺项目中如压力容器升级使用。在这两种情况下，最大允许工作压力的变更也应包含在工厂的变更管理程序中，并充分记录。

有关质量管理的更多信息和指导，请参阅化工过程安全中心出版物：《资产完整性管理指南》，2017 年。

8.8 文件

文件是质量管理的一个重要方面，通常从工程质量计划(PQP)开始，该计划定义了质量政策、理念、质量管理体系以及项目每个阶段涉及的各方(包括分包商、供应商和供货商)的责任。检验和测试计划(ITP)可以是构成工程质量计划的一部分，也可以是独立的文件。检验和测试计划涵盖了设备、材料、部件、系统、结构和软件的详细质量控制方法，以确保它们符合适用的技术规范和性能标准。检验和测试计划将描述清楚所需活动，如目视检查、尺寸检查、无损检测、功能测试、工厂验收测试、阳性材料鉴定和水压试验，以及这些活动将在哪里进行(即供应商的场所或施工现场)。其中许多质量控制任务，包括执行任务的人员所需的资格都在规范和标准中有规定。

每次质量控制活动都应形成文件，并通过签名的表格/证书、底片、测试设备数据、照片/视频等形式作为支持。报告应当包括不合格、缺陷和损坏的在内所有结果，以采取适当措施来纠正故障。

项目(或代表其的第三方专家)进行的质量保证活动也应记录在案。一般会采取审计报告的形式来评估质量控制系统的实施情况，但有时某些质量控制测试也可能随机进行或由于某种原因(例如，怀疑损坏或缺陷)。质量保证报告应得到相关记录的支持，如质量控制记录、焊工、电工和质量控制检查员的资格证书副本等。

应保留所有质量保证/质量控制文件和记录，以便移交给未来的操作运行人员。项目文档的所有方面，包括文档保留和控制系统，在第 12 章进行更详细的讨论。

有关文件的更多信息和指南，请参阅化工过程安全中心出版物：过程安全文件指南，1995 年。

8.9 小结

虽然通常安全被视为“价值”和“优先”，质量被视为“标准”，但质量管理和过程安全之间存在相互依赖的关系。为了安全、可靠和可操作的装置，项目组必须高水准地实现质量和过程安全。在建造新的工厂和设备时，重要的是设计和制造的设备要适合其工艺应用。必须进行适当的质量检查和检验，以确保设备安装正确，并符合设计规范和制造商说明书。在生命周期的后期，必须识别和纠正超出可接受工艺安全限制的设备缺陷，维修材料和备件必须适合其工艺应用。

其他信息可在多个出版物中找到：

API, *Material Verification Program for New and Existing Alloy Piping Systems*, 2nd edition, RP 578, American Petroleum Institute, 2010.

API 570, *Piping Inspection Code: Inspection, Repair, Alteration, and Rerating of In-service Piping*, American Petroleum Institute, Washington, DC.

API 610/ISO 13709, *Centrifugal Pumps for Petroleum, Petrochemical and Natural Gas Industries*, American Petroleum Institute, Washington, DC.

API 620, *Design and Construction of Large, Welded, Low-pressure Storage Tanks*, American Petroleum Institute, Washington, DC.

API 650, *Welded Steel Tanks for Oil Storage*, American Petroleum Institute, Washington, DC.

API 653, *Tank Inspection, Repair, Alteration, and Reconstruction*, American Petroleum Institute, Washington, DC.

ASME(American Society of Mechanical Engineers), *International Boiler and Pressure Vessel Code*, New York, NY.

ASME B31.3, *Process Piping*, American Society of Mechanical Engineers, New York, NY.

ASME B73.1, *Specification for Horizontal End Suction Centrifugal Pumps for Chemical Process*, American Society of Mechanical Engineers, New York, NY.

ASME B73.2, *Specifications for Vertical In-line Centrifugal Pumps for Chemical Process*, American Society of Mechanical Engineers, New York, NY.

ASME PCC-2, *Repair of Pressure Equipment and Piping*, American Society of Mechanical Engineers, New York, NY.

ASTM E1476-97, *Standard Guide for Metals Identification, Grade Verification, and Sorting*, ASTM International, West Conshohocken, PA.

IEC 61511, *Functional Safety: Safety Instrumented Systems for the Process Industry Sector-Part 1: Framework, Definitions, System, Hardware and Software Requirements*, International Electrotechnical Commission, Geneva, Switzerland.

NBBPVI, *National Board Inspection Code*, National Board of Boiler and Pressure Vessel Inspectors, Columbus, OH.

NFPA 70, *National Electrical Code*, National Fire Protection Association, Quincy, MA.

Pipe Fabrication Institute, *Standard for Positive Material Identification of Piping Components Using Portable X-Ray Emission Type Equipment*, New York, NY, 2005.

UL 142, *Steel Aboveground Tanks for Flammable and Combustible Liquids*, Underwriters Laboratories Inc., Northbrook, IL.

9　试车和开车

随着项目建设进入尾声，项目方和施工方开始为项目交接和运行做准备；但是在项目投入运行前，仍然有很多工作要开展。因此，在装置施工、预试车和机械竣工后，项目进入开车阶段，即项目实施的最后阶段。图 9.1 说明了在项目生命周期中开车阶段所处的位置。

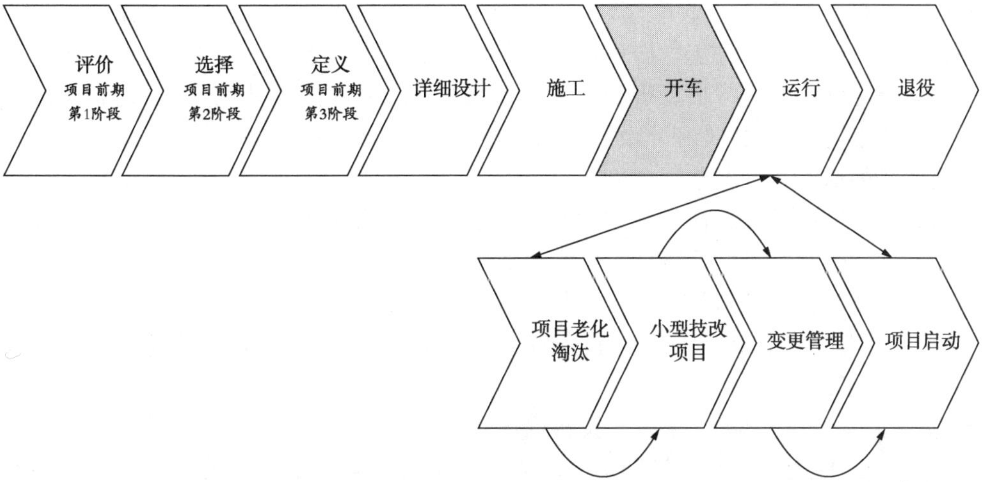

图 9.1　开车

操作人员参与项目开车过程是项目开车成功的关键。操作人员加入项目预试车和试车团队是非常必要的，操作和维护的角度上来说，这能够确保操作人员从对项目的装置有更深的了解，同时也有助于提升操作人员对项目装置的操作能力。

项目开车阶段分为两步：试车和开车。不同人员、项目、国家对试车和开车的定义是不同的。比如，有些将试车定义为预试车和开车，而另外一些则将开车定义为项目竣工和生产运行之间的过渡阶段，包括连接这两个阶段的所有活动(CII，1998)。实际上，试车和开车这两个术语有时定义不清，经常使用不明确。但是，出于本书的目的，这些术语被定义具有如下特征：

ⅰ. 预试车：预试车是项目建设过程的其中一个阶段，在机械竣工验收前完成(见第 7 章 7.4.21 节)。

ⅱ. 试车：试车是项目开车的一个阶段，其是在开车之前将工艺系统投入运行，并采用如空气、水等毒性低的介质对工艺系统进行测试、校准，证明工艺系统具备开车条件。

ⅲ. 开车：开车是项目开车的另一个阶段，是指真实工艺物料首次被引入工艺系统，装置被投入实际运行。

基于上述特征，试车和开车被定义如下：

试　　车

试车是在安全的条件下对所有设施进行运行和试车的过程，以验证装置在引入工艺物料时将按预期运行。

开　　车

开车是将工艺物料引入设施进行运行的过程。

根据项目规模，开车可由不同团队完成。对于小型项目的试车和开车，可由运营团队完成；对于大型新建项目的试车和开车，可根据需要选拔操作人员和承包商人员组成独立的试车团队完成。在上述任一情况下，设备、仪表材料等专业技术的供应商应根据要求为试车和开车提供支持。因此，与施工阶段一样，试车和开车阶段可能涉及到多方人员。这就需要涉及的多方人员之间的良好界面管理和沟通。除此之外，项目管理团队还需要与合作伙伴、当地社区、国家/地方政府机构和非政府组织等相关方之间保持沟通。

项目管理团队

项目管理团队的主要关注点是在成本和进度范围内安全地将一系列的容器、储罐、泵、压缩机、阀门、管道和控制系统建设为满足业主要求的运行装置。

试车和开车的典型项目目标为：

- 开车过程中的安全、环保绩效(例如，未发生过程安全事故和损失工时伤害)；
- 获得开车许可；
- 实现可靠运行(例如，未发生设备损坏)；
- 验证生产能力、产品质量和单个设备规格的性能考核(例如，在合理的时间范围内提供规格产品)；
- 向开车和运行团队提供工程和技术支持；
- 文件移交；
- 向运营方移交。

环境健康与安全

从 EHS 的角度，应当对试车和开车过程中存在的 EHS 风险进行识别、分析和管控，以降低风险。项目的 EHS 风险登记应当定期更新。还应对 EHS 工作计划进行更新，以确保 EHS 工作程序和应急预案适用于试车与开车过程。同时，应对包括 EHS 管理体系要求在内的运行管理做好准备。

过程安全

开车阶段关键的过程安全目标包括：

- 在开车开始之前，已经进行了运行准备审查，并且审查建议被圆满解决；
- 组建满足能力要求的试车和开车团队；
- 制定满足要求的试车和开车程序；
- 试车和开车过程中资产完整性的维护；
- 必要条件下，更新操作规程、培训和维护管理制度、应急响应等方面的过程安全工作计划，为运行做好准备。

在以下章节将对上述及以下过程安全活动进行讨论：

- 准备(9.1 节)；
- 运行准备(9.2 节)；
- 试车(9.3 节)；
- 开车(9.4 节)；
- 通用过程安全要素(9.5 节)；
- 其他项目工作(9.6 节)；
- 性能考核(9.7 节)；
- 移交(9.8 节)；
- 持续运行准备(9.9 节)；
- 项目竣工(9.10 节)。

危害识别和风险管理要素对实现良好的 EHS 绩效和过程安全绩效是非常重要的，需要项目和运行人员的共同参与。

9.1 准备

9.1.1 计划

新建装置的安全、高效试车与开车离不开认真、详细的计划。该计划应在详细设计阶段(见第 6 章 6.7 节)开始，并在整个施工阶段(见第 7 章 7.7 节)得到完善。不是所有的项目都需要制定充分提前或详细计划，但计划的重要性不言而喻。

实际上，对于大型建设项目，应当指定一名试车经理，对试车与开车计划的制定进行仔细监督，并对试车与开车计划实施所需的费用预算进行评估。该试车与开车计划可由主要工艺装置和/或系统试车顺序的原则开始，然后逐步制定的越来越详细。一个新建项目的典型试车与开车计划应当包括但不限于表 9.1 中的内容。其中，表中如 EHS 和过程安全程序等是改扩建项目中已经具备的内容。

表 9.1 典型试车与开车计划

内　容
进行试车的装置的范围
试车与开车组织机构的情况(人员的数量、应具备的能力、角色和职责等)
试车与开车团队人员的培训(例如，复杂设备供应商提供的培训等)
第三方人员的支持(例如技术供应商、工程设计单位等)
资源需求(如设备、无线通信、个体防护装备等)
项目的计划和进度(细到单个任务)
试车与开车程序(包括安全操作限值、偏差等)
检查、测试和预防性维护(IPTM)以保持资产完整性(包括维护、程序、备件等)
EHS 管理体系和过程安全管理体系(包括政策、程序、交叉作业、变更管理和应急预案等)
为验证性能目标进行的运行测试* [例如产品产量、质量、单个设备项目的现场验收测试(SAT)等]
文件要求和管理体系要求
测量和指标[例如关键绩效指标(KPIs)、进度报告等]

* 在达到运行稳定状态后进行。

项目建设机械竣工后，即可分阶段进行试车。对于大型建设项目，会出现某些系统的预试车(见第7章第7.4.21节)工作与其他系统的试车(见第7章第7.2.21节)工作相重合的情况。这一过程会涉及很多工作，有些工作是对设备或系统按预期运行或做好运行准备进行验证；有些工作则是对装置、系统或系统部件进行运行操作。某些系统的运行有助于其他系统试车，因此应优先安排试车。对于某些系统试车前要求其他系统试车必须完成的情况，为了确保顺利，应当设置为停工待检点。例如，火炬系统必须先于工艺装置进行试车。一般来说，在试车方案中应对设备或系统试车进行详细说明。

制定试车与开车计划时，特别是对于改扩建项目，应考虑交叉作业的潜在危害。当工艺化学物料或其他物料被引入工艺装置时，必须确保潜在危险物料仅限于特定已知区域，并且不会对邻近或交叉的试车工作造成危害。

试车与开车工作非常繁忙，但仍应重视安全生产。出于安全考虑，制定试车与开车计划时，应对完成每一项试车任务留出足够的时间，以免对试开车团队人员造成过多压力，进而分散精力忽视安全。

从以下出版物可以获得更多的相关信息和指导：《化学和工业工厂试车手册》[*Chemical and Process Plant Commissioning Handbook* (IChemE 2011)]；《建设项目成功试车规范》[*Achieving Success in the Commissioning and Start-up of Capital Projects* (CII 2015)]。

9.1.2 安全

对未经检验的装置进行试车，其危险性是很高的。例如，法兰、阀门和泵密封等因保存不良、热扩张/收缩、振动等影响，即便之前进行了泄漏试验，仍可能发生泄漏。除此之外，试车过程会经常用到氮气吹扫等公用工程设施。试车过程中将物料(包括有危害的和无危害的)，尤其是水电气风等公用辅助消耗，通入之前不存在危险性物料的场所，会增加试车过程的危险性。因此，安全是新装置试车时首要考虑的问题。而邻近的一些同步进行的试车工作也可能通过互相影响进一步增加试车的危险性。

案例研究：炼油厂大型扩建项目

一家专业公司受雇于为某大型炼油厂扩建项目安装大型涡轮转子。这些涡轮转子在适宜的温度和湿度下保存良好，并且试车过程中运行正常。一家承包商负责烃类泵的安装，这些泵露天或密闭存放了很长一段时间。业主未对泵的存放进行质量保证和监督。

在试车过程中，大多数烃类泵发生密封泄漏，因此发生了多起过程安全事故[初级泄漏(LOPC)]。据调查，密封损坏是由于烃类泵保存不当造成的。在很多案例中，因为泵密封备件及工艺维修人员缺乏，对泵进行更换是比较常用的解决方式。这造成重大的经济损失和进度延误。泵保存不当原因归因如下：

- 缺乏泵的妥善保护方案；
- 业主缺乏监督。

随着项目临近结束，试车过程可能成为安全工作被忽视的一个阶段。例如，项目人员可能因为有了其他工作而忙于其他事务。因此，试车与开车计划中应制定在试车与开车过程中为现场提供额外的职业安全和过程安全专家。

专家应履行如下职责：

- 随着工作开展和工作条件的变化，持续对危害进行再评估；
- 监督交叉作业的作业许可；
- 严格执行安全操作规程，确保安全措施到位；
- 发生不安全行为和出现不安全状况时时停止工作。

试车与开车计划还应确保所有的试车程序、规程和检查表是基于危害识别和所需的安全预防措施而制定的。

9.2 运行准备

试车与开车工作是项目装置首次投入运行，因此必须对项目装置的安全进行确认。至少需对项目建设与设计是否相符，危险源辨识与风险分析提出的所有建议是否合理解决，所需要的工作程序是否制定，项目人员是否进行了充分的培训等事项进行确认。通过确认装置已准备好安全开车或确定一系列行动能够实现准备就绪，进行项目运行条件的审查。对运行条件进行审核的计划不应晚于工程建设阶段(最好在详细设计阶段开始)，这些计划在试车过程中应进行更新。

运行准备审查应当包括以下一项或几项工作：

- 开车前阶段关口审查；
- 运行准备审查(ORR)[也称为开车前安全审查(PSSR)]；
- 开车效率审查(SUE)；

下面对运行准备审查进行详述。

9.2.1 预开车阶段关口审查

对于大型项目，应当进行开车前阶段关口审查，确保试车与开车过程中过程安全风险(包括 EHS 风险)得到有效管控，相关装置能够安全开车。开车前阶段关口审核应重点对所采用的方案和管理体系进行审查，不必详细到“螺母和螺栓”等细节层面，这些细节应当是运行准备审查(ORR)所关注的内容。举个例子来说，开车前阶段关口审查的任务之一是对运行准备审查(ORR)方案(包括工作团队、范围、时间、方法等)的可行性进行审查。

开车前阶段关口审查应当比引入工艺化学品的阶段至少提前 2 个月进行，以便有足够时间落实相关措施，进而不对项目进度造成影响。在某些情况下，开车前阶段关口审查可以分两步来实施：

例如：

ⅰ. 大型建设项目

- 第一步是尽早解决审核中发现的不符合项；
- 第二步是在引入工艺化学品之前，立即验证纠正措施和其他必要的准备工作是否完成。

ⅱ. 海上安装项目

- 第一步是施工场地内的安装/上部结构安装；
- 第二步是立管现场安装后。

这阶段关口审查小组可采用审查方案和/或检查表进行审查。附录 G 为审查方案的示例，表 9.2 对预开车前阶段关口审查的范围进行了详细介绍。

这个阶段关口审查小组应当独立于项目，对装置/工艺/技术熟悉，通常由经验丰富的领导、操作人员、工艺工程师、工艺安全工程师、监理工程师(视情况而定)和EHS方面的专家组成。在审查结束时，审查小组应对需要改进的方面提出建议，并在过程安全的基础上，向把关人说明项目是否做好了开车准备。

表9.2 预开车前阶段关口审查范围

审查项目
确认预试车已圆满完成，装置已做好试车准备
验证项目和/或现场正在实施全面准备工作(如开车前安全审查)以确认准备就绪，并获得开车批准
确认设计的完整性，项目建设与设计的偏差已得到解决，且不会影响工艺安全和EHS绩效
确认试车、开车和运营团队经过充分的培训，装备配备齐全，能够胜任所承担工作，并且制定了所需要的相关文件
确认业主/现场已经对开车做好了充分的准备
确认已经制定了应急响应的计划和程序

9.2.2 运行准备审查

运行准备审查(ORR)[也称为开车前安全审查(PSSR)]应当在预试车和试车阶段(会重合)进行以评估装置能否安全启动。与开车前阶段关口审查提前进行并重点审查方案和管理体系不同，运行准备审查重点关注具体实施，通常采用检查表来进行。其目的是评价装置能够安全启动。因为这是装置的第一次启动，运行准备审查必须非常彻底，其远比跳闸、公共设施故障、预防性关闭(如台风/飓风)之后开展的审查要详细得多。

运行准备审查应当包括对所有设施的巡查，并且作为最低要求，应当审查如下问题：

· 所有设备、控制系统、建筑物的施工和安装应当符合设计标准，包括安全关键设备/元件和其他保护装置的性能标准(例如安全仪表系统和其他独立保护层验证)；

- 功能安全评估(FSA)；
- 尾项清单项目解决情况(目录A和目录B)；
- 所有预试车工作的完成情况；
- 满足法规和公司要求的危险源辨识与风险分析；
- 工作落实情况(危险源辨识与风险分析以及其他相关建议)；
- 安全、操作、维护和应急程序；
- 所有员工的培训和能力保证。

大多数大型生产运营企业都制定了详细的检查表，并且化工过程安全中心还提供了可能超出地方政府要求的基于风险的示例检查表(CCPS 2007)。这些检查表可能包含多达几百个检查项。表9.3给出了检查表所涉及的典型检查项的例子。这些检查项可以通过修改来满足特定项目的要求。

运行准备审查是在开车之前识别设计和建设之间差异的最后机会之一。发现的差异或其他质量管理问题必须在开车之前进行评估、纠正(如有必要)，并进行记录。评估过程应按照变更管理(MOC)检查来进行。

如果采用如水、氮气等安全化学品进行试车，运行准备审查最好在试车阶段末、在采用工艺化学品进行开车前进行，这样对于大型建设项目审查可能需要几周的时间。在某些情况下，对于大型项目，在试车之前(即预试车和机械竣工后)并且/或者有两个及以上的评审组进行评审可能是合适的。运行准备审查最好由不参与设计或施工的人员领导，成员从项目和运行人员中选取，组成多专业学科的队伍。

运行准备审查表通常包括装置检查期间待验证项目的详细信息，包括但不限于整洁、EHS相关设备（如灭火器、自给式空气呼吸器、个体防护用品、急救箱等）的配备、标牌、照明以及脚手架、电缆和软管的拆除情况。

除了进行设备设施检查外，检查小组应审查大量的项目文件，包括但不限于：

- 试车、开车和运营团队的组织机构图；
- 试车、开车的计划、程序、检查表、技术支持文件；
- 工程数据表、图纸、规范、安全关键设备/元件注册、安全仪表系统验证、标准偏差；
- 验证容器铭牌信息与设计文件的一致性；
- 验证已安装压力安全阀的尺寸与设计文件的一致性；
- 施工文件、现场变更、质量保证/质量控制记录、尾项清单（A类、B类）；
- 危险源辨识与风险分析报告及解决措施；
- 操作程序、手册、检查表；
- 检查、测试和预防性维护计划和规程；
- 过程安全和EHS管理程序（如安全操作规程、变更管理、事故调查等）、设备、化学品安全说明书、应急响应计划；
- 培训计划、材料、记录。

表9.3 典型的运行准备审查表类别

类　别
整洁程度（包括电缆、软管）
脚手架拆除
EHS设备设施的配备（如灭火器、自给式空气呼气器、个体防护装备、急救箱等）
标志、标识
开车和运行的计划、组织和准备
过程安全和环境健康与安全的机构、程序、设备、制度和许可
技术支持机构
设备完整性管理[包括机构、程序、检查、测试和预防性维护计划、计算机化维修管理系统（CMMS）、备件等]
可供使用的安全设备和防护措施（如安全阀、安全关键设备/元件、将开启/关闭阀门锁定在正确位置、100%备用安全阀的入口阀门关闭等）
其他受影响的组织（如工程、采购、实验室、公用工程、相邻工序、安全保卫等）
危险源辨识与风险分析（包括安全保障措施信息、安全关键设备/元件）
操作程序和手册
试车与开车计划、控制、记录、技术保证
培训计划、状态、能力验证和记录
施工期间的质量保证和质量控制
设备审核及适用性（包括尾项清单项目、大型动设备的联轴器找正、人体工程学、照明等）
过程安全信息和其他文件（见第12章）

可从以下化工过程安全中心出版物中获得关于运行条件的进一步说明：《基于风险的过程安全》[*Guidelines for Risk Based Process Safety* (CCPS 2007)]；《化工装置开车前安全审查指南》[*Guidelines for Performing Effective Pre-Startup Safety Reviews* (CCPS 2007)]。

9.2.3 开车效率审查

为对装置交付后第一年运行期的潜在风险进行评价，一些企业开展了开车效率审查(SUE)工作，这项工作在不对长期运行产生影响的情况下，有助于降低装置交付后第一年运行期间的风险，提高运行可靠性。

尽管开车效率审查重点关注的是商业和产量的问题，但它也涉及一些可能影响早期运行的过程安全方面的问题。开车效率审查为这些本应在项目全生命周期的早期阶段解决而未解决的过程安全方面的问题提供了改进的机会。

典型的开车效率审查范围包括但不限于以下方面：

- 项目进度和初次生产的关键路径；
- 商业安排、合同、运行计划；
- 试车、移交和开车方案、应急方案；
- 过程安全和环境健康与安全战略、方案、管理体系：
  - 资产完整性管理方案(例如状态监测、腐蚀、磨损、振动等)；
  - 设计缺陷、改进、设备早期失效、事件/工艺异常管理；
- 运行和维护的策略(包括检查、备品备件)、程序、组织机构、培训/能力、与其他生产设施(如管道、通信等)的界面。

开车效率审查通常由一个独立的多专业团队实施，该团队与项目和操作人员一起工作。然而，由于可能与开车阶段审查重叠，为避免重复工作，开车效率审查和开车阶段审查可合并进行或至少共享一些相关信息。有时会开发一个综合产能模型(也称为 choke 模型)，以根据从原料供应到销售点的生产价值链中的产能和限制因素，确定第一年运行的优势和劣势。

根据以下方面的审核结果编制审核报告：

- 装置第一年交付运行的风险和机会与项目和运营达成一致，并记录在机会矩阵中；
- 为高优先风险和机会提出建议，以优化机会获取和缩小差距。

9.3 试车

试车是一种起源于造船工业的历史悠久的方法。经过试车的船舶表明其已经受了包括海试在内广泛的质量验证过程，所有这些验证过程都旨在对需要注意的操作问题或缺陷进行识别。船舶的各种设备系统都将检查和测试，任何缺陷都将被系统地识别、分类和纠正。此外，要对船员进行培训以确保他们知道如何正确操作船上的各种系统。

无论是工艺装置、支持系统(如公用设施)、还是单个设备，试车遵循的基本方法是相同的。试车关注的重点是具体的任务，而不是整体方法，从历史上看，它的价值没有得到普遍承认，因此工艺装置试车出现了资源投入不足的趋势。但是，在最近的 10~20 年中，由于项目成本和进度压力的要求，工艺装置试车方法重要性大幅提高。

试车过程应制定周密计划、系统和严格的方法，以确保设计的完整性得到维护，装置能够安全运行。从本质上讲，试车能够验证如下方面：

- 要求安装的内容已安装；
- 功能正常(即对包括控制和安全系统在内的工艺系统的全部功能进行测试)。

试车过程应做好记录，并要求在装置开车和移交给运营部门的过程中采用管理良好的工程方法。这对向最终用户移交、并满足当地法规和长期安全运行的要求产生有利影响。

案例研究：化工企业多个小型项目

某家化工企业的多个小型项目涉及对管道进行更换。在许多情况下，管道、法兰和垫片的材料规格与原始设计不匹配，但被视为“同等更换”。在实地检查中也不会识别这种变化。

在为一个重大项目做准备时，识别出了一些与材料规格要求有关的差异(例如ANSI 900级法兰中的ANSI 600级垫圈)。随后，工厂审查发现了许多类似的问题，这些问题需要投入额外资源的来纠正。这一潜在问题有可能导致涉及危险化学品泄漏的过程安全事故。

出现上述问题主要原因如下：

- 工单没有说明正确的材料要求；
- 对变更管理缺乏理解及未正确实施；
- 未对安装设备的质量进行验证。

装置的预试车和机械竣工圆满完成且识别出的缺陷得到圆满解决(见第7章)，这对于该装置具备试车条件是非常重要的。然而，对于大型建设项目来说，预试车、机械竣工验收过程与工艺装置、支持系统和/或单个设备项目的试车过程同时进行也是很常见的。因此，这需要一种良好的管理方法来系统地识别危害及其风险。

9.3.1 设备检测

与预试车过程在工艺设备中没有化学品的情况下进行不同，试车过程是在将工艺设备中首次引入水或其他相对安全的材料的情况下进行的。试车方法使得工艺设备的运行尽可能接近于正常操作。

虽然试车的方法肯定比使用工艺化学品更安全，而且看起来没有危险，但它并非没有风险。由于不能完全消除工艺故障和意外事件的可能性，因此要通过试车过程取得运行经验，必须关注细节并落实严格的安全预防措施。

公用工程系统(如电力、仪表空气、工艺用水、氮气等)投入使用也会带来一定的危险。例如，分馏塔和回流罐的试车，如果采用设备设计很少涉及的水为介质并首次投入运行，由于水的密度比轻烃等化学品的密度大得多，就会带来一定的危险。因此，试车运行必须在系统的设计限值(例如基础、钢结构等)范围内进行，并注意避免导致容器损坏和泄漏的超压、过载、热冲击和应力等情况。即使内部介质为安全化学品的设备发生故障(如压力爆破)，也可能造成人员伤害。

设备应设置在一个安全化学品(水、空气、氮气)连续循环使用的封闭回路中。以分馏塔为例，分馏塔是通过逐渐升高温度来启动的，在接近正常运行的情况下稳定一段时间，然后关闭，以便操作人员(最好是每班)在引入工艺化学品之前对设备进行熟悉并对操作有信心。使用安全化学品进行试车还允许在高温下进行泄漏和流动测试，进行清除污垢/碎屑(预试车冲洗很少清理所有碎屑)，并提供控制系统工作状况的信息。它还允许在不清除工艺装置中危险的过程化学品的情况下，对存在的任何问题进行纠正。使用安全化学品进行试车的另一种方法是使用仿真培训，让操作人员获得试车、正常运行和停车的经验。当然，这一情况下就不能发挥上述安全化学品试车的其他功能。

试车过程要求团队按照详细程序（见下文第 9.3.2 节）缓慢而有条理地进行，并表现出脆弱性和遵守良好的操作纪律。所有团队成员必须要有尽快发现泄漏和设备缺陷的意识。在运行过程中，未识别的设计或施工错误可能会变得明显。而某些缺陷（如换热器管泄漏）可能不会立即显现，可能需要在高温下持续运行一段时间才能检测到。

设备的某些“热”试验可在制造商人员的协助下进行，但试验过程应由试车人员和/或运行人员见证。现场验收测试（SAT）能够对系统或主要设备项目进行检查和动态测试，其结果可用于早期工厂验收测试（FAT），并能够验证系统或主要设备项目在装运和安装过程中有没有发生损坏。系统或主要设备操作人员的培训可与现场验收测试的检查和功能验证工作一块开展。

现场验收测试（SAT）

系统或设备测试按照业主同意的测试方案和程序进行，
以证明其被正确安装于工作环境中，并与其他系统和设备连接良好。

彻底测试和评估新技术对运行的影响是非常重要的。根据测试和评估结果，可能需要修改试车、开车和运行程序。

在使用水、空气或氮气为介质进行动态测试后，可采用使用一种或多种安全溶剂，或采用化学品进行动态测试。溶剂有时用于在引入更危险的工艺化学品/液体之前，在设计条件或接近设计条件的条件下用于系统和设备运行。但是，应开展审查工作来验证溶剂不会产生不可接受的工艺安全危害或问题，例如溶剂与建筑材料、催化剂等的反应性。

如果使用溶剂，它应该是一种性能接近于工艺化学品/液体性能的“相对安全”的液体。同时，可能需要先对系统采取排放、干燥和净化措施。采用临时性的管道和储罐进行溶剂供给和移除时，管道、储罐设计、安装和运行应按照临时变更管理进行危害和技术审查。以溶剂为运行介质的设备在接近设计生产能力和操作极限的情况下运行时，应对仪器进行校准，并做好操作人员的培训。

9.3.2 试车程序

在设备进行测试之前，必须提供详细的试车程序，程序制定不应晚于项目施工阶段（见第 7 章第 7.4.12 节），这些程序应涵盖如下方面：

- 以水、空气或氮气为介质的单个系统、设备和/或装置的运行；
- 以安全溶剂（如适用）为介质的单个系统、设备和/或装置的运行。

试车小组应制定公用设施系统、单个设备、工艺系统和以安全化学品为介质的装置具体试车程序。这些程序应涵盖临时、正常和瞬态操作（如启动和关闭），提供清晰的各步细节，并在适当的情况下用警告和注意说明每项活动的危害。

公用工程系统试车包括但不限于电力、工艺和冷却水、锅炉给水、蒸汽、工艺和仪表空气、氮气、天然气、含油水和受污染的雨水、废水处理以及泄压和火炬系统。所有安全系统如火灾和气体探测系统、消防系统也应可安全运行。其他试车活动也应建立相应程序以确保试车稳定运行。某些情况下，取样程序对于安全运行也是非常必要的，例如惰化前氮气中的氧含量。

某些设备首次投入运行时也会制定一些特定的程序。例如，对明火加热设备的耐火材料进行干燥时，可能需要引燃器和部分燃烧器点燃运行一段时间。而对其他设备进行干燥，则需要在较低温度下排出水，并在引入安全溶剂之前彻底干燥。

试车过程制定详细的程序有助于确保设备的状态和功能能够在没有损坏风险的情况下进行验证，并有助于试车期间对新安装设施的保护。从这一方面来讲，试车相关程序必须确保试车设备保持在其设计限制范围内运行，以避免出现超压、过载、温度冲击和应力现象，进而避免过程安全事故、设备设施损坏和延误开车等方面的问题。设备维护也应制定相应的程序避免腐蚀等原因造成设备退化。

对于撬装组件等特定设备，制定试车程序时应咨询设备制造商或供货商，并且应参与到试车过程的初始阶段工作中。

试车过程要有明确的职责，特别是对于改建项目和/或承包商参与试车的情况，需要明确职责的工作，包括但不限于：

- 阀门打开(包括现有的运行区域)；
- 电气设备启动；
- 现有控制系统的页面操作。

在试车工作中必须严格遵守这些职责，以避免潜在的过程安全事故。

所有程序在使用前，试车团队要对程序进行全面审查、评审、修订，并熟悉所用到的程序。对试车程序、当地法规以及对现场之间可能存在差异的相关说明，试车团队的所有成员都应进行了解。

从以下出版物可以获得更多关于试车程序的相关信息和指导：《基于风险的过程安全》[*Guidelines for Risk Based Process Safety* (CCPS 2007)]；《制订有效的操作及维修程序指南》[*Guidelines for Writing Effective Operating and Maintenance Procedures* (CCPS 1996)]。

试车之后，装置即进入开车阶段，工艺化学品在这一阶段引入到设备中。

9.4 开车

开车是以工艺化学品取代安全化学品或安全溶剂引入装置的过程。装置进行开车之前，试车工作已圆满完成，识别的任何缺陷得到妥善解决(见上文第 9.3 节)，这一点是非常重要的。一些大公司对于类似开车等重要工作，已经形成了在工作开展前进行“开展或不开展”论证的优秀实践。

9.4.1 开车准备

在使用工艺化学品进行开车的工作准备中，应建立完整的安全程序，所有的保护装置都能像正常运行设备一样工作，这一点是非常重要的。所有的试车工作都应充分计划，分配好各自的任务，并制定详细的操作程序。

从设备和系统中排出安全化学品(如水)或安全溶剂时，可从管道、控制阀回路、工艺容器和设备的低点排出。设备在引入工艺化学品之前，需要彻底干燥，以避免水合物的形成，从而导致工艺安全事故。干燥可以通过系统吹入空气或氮气，也可以通过油循环，然后在低点重复排放来实现。

在引入工艺化学品之前，另一个常见的做法是用氮气对装置进行吹扫和惰化，这包括加压[通常为50~100psig(1psi=6894.76Pa)]和减压几次，以达到低氧含量(通常小于3%)。从以下出版物可以获得更多关于吹扫、惰化和防爆的相关信息：《防爆系统吹扫、惰化和爆炸标准指南》(*Standard on Explosion Prevention Systems*)，美国消防规范 NFPA 69，2014。

为检查使用安全化学品进行动态试验时的应力是否造成泄漏，可以采用氮气和氦气作为示踪气体，在压力状态下监测一两个小时内的氦气损失来确定。以这种方式，可以检测到小于100 scf/年的泄漏情况。对压力衰减进行检测也可证实有无孔隙或裂缝。如果氦气和/或压力损失率表明存在泄漏，则必须在引入工艺化学品之前找到并修复。

开车的其他准备工作还应对催化剂或分子筛等原料和备件进行核查，确保原料和备件能够充足供应。最后，开车还需要当地管辖区的正式批准。

9.4.2 仪器仪表和分析仪器校准

大多数仪器仪表会在出厂时进行校准，使用安全化学品进行试车期间也会对其校准情况进行核查。一些仪器仪表可能需要在安装前使用适当的校准液进行现场校准。

在某些情况下，在使用安全化学品进行试车后，可能需要使用工艺化学品进行进一步校准，并且部分仪器仪表在开车前可能需要在闭合回路上使用工艺化学品/液体或适当的校准液体进行校准。同样的，分析仪器也应使用适当的校准液进行校准。

仪器仪表和分析仪器的详细校准程序应向制造商或供应商索取，校准程序也是需要向运营方移交的文件。

9.4.3 以工艺化学品/液体为介质的开车

大量的工艺安全事故，如泄漏和超出运行参数范围的工艺安全事故，发生在非常规的运行过程中(Duguid，2008；Ostrowski & Keim，2010)。历史上，大约50%的重大事故发生在开车、停车和发生异常/紧急事件等运行过程中。这些重大事件大多涉及工艺装置开车。因此，装置的首次开车，必须格外小心。典型的安全保障措施包括但不限于：

- 在装置周围对非必要人员和交叉作业划定禁区；
- 在开车前，针对危险、程序等问题向试车团队进行全面的情况说明；
- 在开车前，对阀门对准、能量隔离、原料存储、公用设施进行全面检查；
- 增加对异常信号报警设施巡查；
- 按照开车操作程序缓慢逐步进行开车工作，在高风险步骤之前有停工待检点；
- 各相关方定期沟通；
- 出现异常情况/不确定性时，倾向于停止开车并确保装置安全。

装置应制定详细的操作程序。这些程序应涵盖常规和非常规操作(如开车和停车)，明确操作步骤，并根据情况用不同的警告和警示说明每项活动的危害。

开车团队应包括操作人员，对其进行培训并增强新装置操作的经验。如果合适的话，技术许可方的代表应出席，并对开车工作提供建议和指导。

所有程序在使用前，试车团队要对程序进行全面审查、评审、修订，并熟悉所用到的程序。关于试车程序、当地法规以及对现场之间可能存在差异的相关说明，试车团队的所有成员都应进行了解。

从以下出版物可以获得更多关于试车程序的相关信息和指导：《基于风险的过程安全》

[*Guidelines for Risk Based Process Safety* (CCPS 2007)];《操作和维持程序编制指南》[*Gvidelines for Writing Effective Operating and Maintenance Procedures* (CCPS 1996)];《非常规操作过程安全指南》[*Guidelines for Process Safety During Transient Operations* (CCPS 2018b)]。

9.5 通用过程安全要素

以下过程安全要素适用于试车和开车工作。

9.5.1 危害评估

危害识别和评价是预防过程安全、职业安全和环境事故的核心。一般情况下，试车团队中要有1或2名人员参与过项目的危险源辨识与风险分析工作。然而，尽管项目的危险源辨识与风险分析工作可能已经识别确定了试车和开车工作中一些危害，但通过项目的识别确定试车和开车工作中的所有危害是不可能的。在试车开始之前，应由危险源辨识与风险分析团队对试车和开车程序进行审查。任何后期的现场变更也应在安全和技术基础上进行审查，以确保任何新出现的危险得到适当的解决。

试车团队应当确保严格执行安全作业规程，并确保每个作业许可证都开展了任务危害评估工作，例如开展作业安全分析(JSA)，识别出存在的危害，并在每一步工作中落实安全措施。

当相邻区域同时进行生产、钻井、检修、预试车、试车和开车等两个或多个作业时，应进行交叉作业分析研究，以识别和管理相邻区域两个或多个作业潜在的相互影响。在改扩建项目中经常会出现边试车边生产的上述情况。

良好的沟通是必需的。所有的危害(包括工作现场附近的危害)和所需的防护措施必须传达给工作人员和邻近的运行人员。工作人员还应将危害和不安全情况向其管理人员报告，以供项目管理人员注意。

从以下CCPS的出版物可以获得更多关于危险源辨识与风险分析的相关信息和指导：

《基于风险的过程安全》[*Guidelines for Risk Based Process Safety* (CCPS 2007)];

《危害评估程序指南》(第三版)[*Guidelines for Hazard Evaluation Procedures, 3rd edition* (CCPS 2008b)];

《操作和维护人员危害识别的实用方法》[*A Practical Approach to Hazard Identification for Operations and Maintenance Workers* (CCPS 2010)]。

9.5.2 安全作业规程

严格执行安全作业规程对试车和开车的安全至关重要。试车人员都应遵守业主/项目方规定和/或要求的经批准的安全作业规程。业主/项目方可能要求比当地法规更严格的安全作业规程。试车团队的每个成员可能需要接受安全作业规程的专项培训，并在现场按照安全操作规程严格履行职责。

第7章第7.4.11节中讨论的活动应当制定安全作业规程。然而，随着试车的进行，电气系统将通电，危险材料将转移到新的地点。这就需要特别注意并强调以下安全作业规程：

- 能量隔离(断电和通电系统设置标识);
- 管线断开(移除盲板);
- 屏障(带有识别禁区内活动的标签);

- 作业许可(包括热、冷/安全、进入受限空间、能量隔离/上锁/挂牌)；
- 安全关键设备/元件的任何旁路启动/抑制的管理。

如前所述，在非常规运行(如开车)期间，历史上发生过大量涉及泄漏的过程安全事故。许多公司在工艺装置周围设置隔离区以进行试车和开车工作。工艺装置周围设置隔离区限制非必要人员进入，特别是对具有高危险性的工厂，是一种可以降低风险的良好做法。我们都知道，大量液体通过安全阀泄放进入火炬分离罐，会导致高架火炬产生“燃烧雨”，因此，无论热辐射如何，在解决初始运行问题之前，应建立隔离区。

应当对试车区域实施作业许可证制度做出明确的规定。现场的安全专家应每天监测和执行安全作业规程，并定期对许可证进行审查。最重要的是，各方之间必须做好日常沟通工作，以在试车前了解计划活动、区域状态变化和安全条件变化情况。

从以下化工过程安全中心的出版物可以获得更多关于安全作业规程的相关信息和指导：《基于风险的过程安全》[*Guidelines for Risk Based Process Safety* (CCPS 2007)]；美国职业安全与健康管理局(OSHA)和英国健康安全委员会(HSE)也通过其网站提供指导信息。

9.5.3　程序

除试车和开车程序外，以下工作也需要制定程序：

- 环境健康与安全(EHS)和过程安全；
- 设备完整性(包括检查、测试和预防性维护规程)。

9.5.3.1　环境健康与安全(EHS)和过程安全程序

环境健康与安全(EHS)和过程安全程序(如变更管理、事件报告、事件调查等)可能与移交给运营方后装置运行所制定的程序相同。如果这些程序尚未制定，试车团队就需要同时制定这些程序。对于具体开车工作还可能需要额外的程序或现场说明。例如，如果以水为介质来某些系统进行试车，试车所用的水的处理就需要按照当地法规的要求进行循环使用或排入特定的污水管道。

试车团队必须遵守并严格执行现场 EHS 和过程安全程序和说明，特别是安全作业规程、限制/隔离区域要求以及个体防护装备的使用要求。

9.5.3.2　设备完整性程序

设备完整性程序可能与移交给运营方后装置运行所制定的程序相同。如果这些程序尚未制定，试车团队就需要同时制定这些程序。试车工作可能持续数周或数月的时间，在此期间必须确保所有设备在开车前得到适当保护(见第 7 章第 7.4.8 节；第 8 章第 8.5 节)。应要求制造商和设备供应商提供设备维护和保养说明。

从以下化工过程安全中心的出版物可以获得更多关于设备完整性的相关信息和指导：《资产完整性管理指南》[*Guidelines for Asset Integrity Management* (CCPS 2017)]；《基于风险的过程安全》[*Guidelines for Risk Based Process Safety* (CCPS 2007)]。

9.5.4　培训和能力保证

在装置建设期间应完成对运营团队(包括经理、主管、操作人员、技术人员、工程师和 EHS 专家)的培训。在适当的情况下，应由专有技术许可方和复杂设备和机械的制造商/供应商完成这些培训。应为每个专业制定课程，但所有人员均应接受 EHS 和过程安全程序和现场要求的培训。

对于操作人员及其主管人员，其培训应集中在操作程序上，例如，如何以工艺化学品为介质进行安全开车，正常运行(包括产品质量和故障排除)，停车和安全运行限值。采用书面考试的形式对操作人员已学习并理解程序进行测试。在可行的情况下，还应将通过现场参观了解设备、管道和阀门的位置列入培训范围。内操人员应接受在仿真模拟或类似设备上进行实操培训。

在试车和开车工作中，可以从其他工厂请来经验丰富的操作人员参与或带领进行试车与开车工作。试车团队中的人员，包括操作人员，应接受过试车程序及其他相关培训。通过参与试车工作，操作人员获得了实践经验，能够对理论培训进行有益补充。同样，技术许可方和制造商/供应商的培训(如适用)是必要的，以确保试车团队能够安全地履行其职责。

对于新建项目，尤其是在工业较少的农村地区，一些在当地招聘的操作人员可能很少或根本没有工艺经验，他们也可能不是正式试车团队的一员。他们在施工期间的理论培训可能侧重于一般指导(即工艺设备和系统，如分馏塔、热交换器、熔炉、泵、压缩机、管道、阀门、火炬以及控制系统)和操作程序，在试车开始前与竣工的装置周围接触的时间也很少。尽管如此，对于这些新操作人员来说，在能够胜任所承担的工作而再无需进行监督之前，试车期间为他们向有经验的操作人员学习提供给了最佳机会。

从以下化工过程安全中心的出版物可以获得更多关于培训和能力保证的相关信息和指导：《基于风险的过程安全》[*Guidelines for Risk Based Process Safety* (CCPS 2007)]；《过程安全能力需求指南》[*Guidelines for Defining Process Safety Competency Requirements* (CCPS 2015)]。

9.5.5 变更管理

开车前阶段关口审查和运行准备审查解决了试车和开车前装置的变更问题(见第9.2节)，而开车期间也可能发生对设备和设施的更改。如有必要，为支持运行而保留的一些项目工程资源可能能够处理设计和技术审查发现的问题。大型和复杂的变更可能需要提交给工程设计承包商和/或技术许可方进行审核。根据初始运行的经验，对试车和开车程序进行一些更改是很有可能的。无论是设备、化学品还是程序的变更，都应经过严格的安全和技术审查，以对危害进行评估并采取适当的保障措施。每项变更都应进行记录，并由高级管理人员审批。

从以下化工过程安全中心的出版物可以获得更多关于变更管理(MOC)的相关信息和指导：《基于风险的过程安全》[*Guidelines for Risk Based Process Safety* (CCPS 2007)]；《过程安全管理变更指南》[*Guidelines for the Management of Change for Process Safety* (CCPS 2008)]。

9.5.6 事件调查

为移交给运营方后装置运行所制定的 EHS 和过程安全程序还应包括事故和未遂事件调查和报告的程序。这些程序应包括但不限于人身伤害、疾病、火灾、化学品泄漏、财产/车辆损坏和未遂事件。

如果装置运行所需的环境健康与安全(EHS)和过程安全程序尚未制定，项目方将需要在试车期间制定事故事件程序以便处理试车现场发生的事故事件。

事故事件调查的目的是找出根本原因，并提出防止事故事件再次发生的建议。应跟踪纠正措施直至完成，并将吸取的经验教训传达给员工。

案例分析：生产设施扩建项目

在扩建项目热试车期间，对工艺系统加压时，在管道法兰处检测到气体泄漏，形成了可燃气体混合物，并启动了紧急警报和程序。幸运的是，可燃气体混合物没有被点燃，人员得以安全疏散。

调查发现，尽管冷试车阶段采用了质量保证/质量控制系统，但是在当地从不合格的供应商处采购了有缺陷的法兰。

另一项主要发现与安全启动操作程序中的操作纪律要求有关。由于项目推迟，运营团队决定使用工艺气体而不是氮气/惰性气体进行泄漏测试，这违反了冷试车和热试车方案以及公司救命法则(即黄金法则)。

一些公司还对设备完整性事件(如设备故障)和对保护系统的需求(如增加安全阀)、温度或压力偏移或防汛警报报警等工艺异常进行调查和报告。在试车和开车工作过程中，由于试车团队人员对新装置不熟悉，可能会出现一些工艺异常。对这些异常事件进行及时报告和调查应能使得试车工作更加顺利。

从以下化工过程安全中心的出版物可以获得更多关于事故事件调查和报告的相关信息和指导：《基于风险的过程安全》[*Guidelines for Risk Based Process Safety* (CCPS 2007)]；《化学过程事故调查指南》[*Guidelines for Investigating Chemical Process Incidents, 2nd edition* (CCPS 2003)]。

9.5.7 应急响应

如前所述，对未经验证的装置进行试车和开车工作是非常危险的。虽然最初使用的是水和安全化学品，但电气和其他公用工程系统将投入使用，以及可能需要的大量惰性气体，都会带来危险。由于受热膨胀/遇冷收缩和振动影响，可能会出现泄漏，而阀门被错误打开会使材料流动到先前被隔离、无危险且缺乏适当保护的区域。棕地现场发生的生产事故(例如火灾、爆炸和毒物泄放)也有可能对试车现场造成影响。

试车过程中制定的应急响应预案及配置的应急响应资源对装置移交给运营方后运行也是适用的。应急响应方案的内容包括但不限于以下方面：

- 急救和医疗救护；
- 火灾和爆炸；
- 有毒化学物质释放；
- 高处/受限空间/水上救援；
- 交通事故；
- 触电；
- 滑倒/绊倒/摔倒/被撞击/挤压造成的伤害；
- 安保事件(侵入、炸弹威胁、恐怖主义等)。

在整个开车和试车过程中，现场应急服务应为及时响应任何事做好准备。应根据试车过程中可能发生的事故进行桌面或应急演练，以验证应急预案的有效性。

从以下化工过程安全中心的出版物可以获得更多关于应急管理的相关信息和指导：《基于风险的过程安全》[*Guidelines for Risk Based Process Safety* (CCPS 2007)]；《现场应急技术规划指南》[*Guidelines for Technical Planning for On-Site Emergencies* (CCPS 1995)]。

9.5.8 审核

对上述第 9.3 节中讨论的任何要素进行的环境健康与安全及过程安全审核，可使得管理层关注可能导致不良 EHS 和过程安全绩效的问题。考虑到试车过程有时很繁忙，安全作业规程(特别是作业许可证)和安全条例的遵守情况可以作为最初的审核重点。审核的其他重点可以根据事故事件、安全观察和员工关注点确定。

应记录所有的审核发现、建议和改进机会，并跟踪纠正措施直至结束。后续审核应验证纠正措施是否解决了之前审核发现的问题。

从以下化工过程安全中心的出版物可以获得更多关于审核的相关信息和指导：《基于风险的过程安全》[*Guidelines for Risk Based Process Safety* (CCPS 2007)]；《过程安全管理体系审核指南》[*Guidelines for Auditing Process Safety Management Systems* (CCPS 2011)]。

9.5.9 文件

除了为运营部门移交的“竣工”文件(见第 7 章第 7.4.23 节)和制定的试车和开车程序之外，设备运行、系统测试、以安全化学品为介质进行的试车和以工艺化学品为介质进行的开车的相关结果也应完整记录形成文件。

试车的文件应包含试车结果，特别是应包括关系到设备开车的任何后续工作或步骤。在许多情况下，试车工作是分步骤、分时间，并由不同的人员完成的。完整的文件记录能够最大限度地减少试车过程中沟通失误或遗漏步骤的情况。为每个系统和设备项目制定一份全面的文件，说明已实施的每个步骤的状态，这对试车成功至关重要。开车的文件要求与试车类似，并应包括性能考核的数据和示例分析结果。

试车和开车团队应对运行日志、交接班记录和试车程序中每个步骤的实施记录进行文件保存。这些运行日志必须详细，详细的日志有助于根据出现的一些偏离规范的情况来排除故障。

某些临时操作和持续进行的操作也有相应的记录。例如，应有记录隔离位置和状态的盲板清单，动设备上的临时过滤器也应有记录，以便日后对照记录进行拆除。每次停车时启动紧急停车系统来测试紧急停车系统的可靠性，这也应进行记录。

第 12 章将对文件记录进行更详细的论述。

从以下化工过程安全中心的出版物可以获得更多关于知识管理的相关信息和指导：《基于风险的过程安全》[*Guidelines for Risk Based Process Safety* (CCPS 2007)]；《过程安全文件指南》[*Guidelines for Process Safety Documentation* (CCPS 1995)]。

9.5.10 绩效测量

试车和开车工作的绩效指标因项目规模和公司而异。典型建设项目的试车和开车过程采用的绩效指标如下：

- EHS 和过程安全绩效指标；
- 工作进度(即试车工作完成率)；
- 成本与预算；
- 作业准备情况。

所有项目都会在项目建设过程中对进度和成本进行测量。试车和开车的工作进度包括每个设备项目、系统和装置的以安全化学品为介质和以工艺化学品为介质的试车任务的完成情况。

环境健康与安全与过程安全的关键绩效指标(KPI)可根据当地监管机构规定确定，可能包括伤害(如急救、可记录事件、损失工时事件)、泄漏/排污和过程安全事件(火灾、爆炸、危险介质泄漏)。一些公司还测量过程安全绩效的领先和滞后指标，如试车程序的充分性，这些指标表明关键保护层的有效性。

从以下化工过程安全中心的出版物可以获得更多关于绩效指标的相关信息和指导：《基于风险的过程安全》[*Guidelines for Risk Based Process Safety* (CCPS 2007)]；《过程安全指标体系指南》[*Guidelines for Process Safety Metrics* (CCPS 2009)]。

9.6 其他项目工作

除了试车和开车所涉及的各种过程安全和技术工作外，项目实施过程中还涉及其他一些工作。

9.6.1 EHS 和过程安全方案

应根据试车、开车和交接工作情况对环境健康与安全方案和过程安全方案进行更新，例如应根据预试车和试车中吸取的经验教训对未来的环境健康与安全工作和过程安全工作进行更改或补充(附录 B)。需明确的是，有助于将项目建设顺利过渡到项目运行所需的所有的环境健康与安全工作都应纳入环境健康与安全方案和过程安全方案中。

9.6.2 风险登记

应根据开车和试车过程中发现的任何新的或变更的危险/风险对风险登记工作进行完善(附录 C)。需强调的是，与项目交接和交接过渡期相关的关键风险必须进行识别和管控。其中，每一项关键风险都需制定响应方案。项目管理团队应对风险登记和响应方案进行定期审查。

9.6.3 行动项跟踪

项目行动项跟踪数据库或电子表格应定期更新。项目管理团队还应跟踪承包商的相关工作，确保所有行动逐步得到落实、关闭和记录。通常，所有与安全相关的工作都应在向运行方移交前完成，如有未完成的行动项应与运行方进行沟通。

9.7 性能考核

工程设计承包商和/或技术许可方通常会保证工艺装置能够达到的生产率、产品质量和/或效率参数。单项设备也可能有性能保证。要达到所确保的性能必须按照设计条件、批准的操作程序和维护规程运行。

性能考核(也称为性能运行测试，GTR)是在达到稳态运行后对生产和效率参数进行核查。在进行性能考核之前，必须完成开车工作，将开车过程中出现的问题解决，且所有仪器仪表和分析仪器进行了校正。性能考核通常在装置满负荷稳定运行了一段时间后进行。性能考核可能在开车后很长时间进行，以证明单个设备和系统的质量。这通常是交钥匙工程的最后一项任务。

性能考核应制定详细的程序，程序应经项目方、业主、工程设计承包商和/或技术许可方同意。尽管性能考核中设备比工艺更受关注，但美国机械工程师学会出版了一系列性能考核规范(PTCs)，涵盖发电、燃烧和传热、流体处理和排放，以及分析技术和工艺参数测量指导原则(美国机械工程师协会)。

每次性能考核应由经验丰富的工艺工程师领导的由项目各方组成的团队进行。测试团队应对必要的数据进行记录，对采集的原料和产品样本进行分析，并对结果进行评估，如果必要时，对解决数据差异、仪表错误、控制系统和操作调整提出改进建议。

在所有性能考核完成后，假设能够达到性能指标，则表明装置能够投入生产运行。

从以下化工过程安全中心的出版物可以获得更多关于性能考核的相关信息和指导：《化学和工业工厂试车手册》[*Chemical and Process Plant Commissioning Handbook* (IChemE, 2011)]；《建设项目成功试车与开车规范》[*Achieving Success in the Commissioning and Start-up of Capital Projects* (CII, 2015)]。

9.8 移交

在完成性能考核并达到性能指标要求后，装置即具备投入生产运行的条件。在项目满足运营方对过程安全、职业健康安全和环境、技术、操作和质量规范的要求并得到运营方认可的基础上，通常即可开展向运营方的移交工作。

许多公司都形成了关于项目移交的正式流程，通常包括移交程序、检查表和责任移交表。责任移交表通常由项目经理和业主经理签署。包括项目、运营或支持团队在内的所有人员，都应了解其各自职责的变化，特别是对于大型建设项目，会出现工艺装置分阶段移交的情况，更应了解职责的变化。

作为项目移交的条件，工程、技术许可方和供应商在初始运行期应对项目运行提供支持。

项目管理团队在项目全生命周期内应编制大量文件，并与运营方就装置持续运行所需的核心文件信息达成一致。文件的格式也应得到运营方的同意。应移交给运营方的文件示例如下：

- 装置持续运行、维护和进一步开发所需的信息；
- 法定要求及将来发生变化时关于设计意图/标准、验证、质量证书的文件；
- 符合法律规范的通知、要求和责任；
- 商业协议和对利益相关方的承诺；
- 安全运行案例(如适用)；
- 法律责任、保证/担保、财务审计和税务要求保留的合同和财务文件；
- 包括风险登记、事故报告、行动项跟踪数据、尾项清单和项目技术在内的其他项目文件。

上述前两项文件要求包括了所有过程安全信息(PSI)，包括竣工图、设备数据表、操作/维护手册、操作程序等。安全自愿行动方案解释了所有的安全注意事项，包括为什么和如何规定某些保障措施。本书第12章对此进行了更详细的论述。

装置移交给运营单位时，其可能不是100%竣工的。遗留的问题可能包括未清项清单，以及未完成的竣工图纸和文件。项目方和运营方应就谁有责任完成未完成的项目达成一致。

9.9 持续运行准备

业主/运营方在项目实施阶段应制定和完善运行方案。方案应包括但不限于下列工作：

- 经营许可证和监管机构审批；
- 包括 EHS 和过程安全现场管理体系在内的现场管理体系；
- 危险源辨识与风险分析(包括交叉作业)；
- 人员的招聘和培训；
- 操作和维护程序；
- 维修管理制度(基线数据，检查、测试和预防性维护任务)；
- EHS 和过程安全程序(如安全作业规程、变更管理、应急响应、事故调查等)；
- EHS 设备设施(如救护车、消防车、灭火器等)；
- 备品备件、消耗品等；
- 原料、化学品、润滑剂、催化剂等；
- 工程、技术和供应商支持；
- 其他业务支持功能(如生产计划、人力资源、会计等)。

上述许多工作属于基于风险的过程安全要素内容，在开始试车之前，需要完成其中的一些工作(例如 EHS 和过程安全程序)。

第 10 章将对持续运行进行更进一步详细讨论。

9.10 项目竣工

当施工合同按要求完成的时候，项目竣工应完成对所有剩余任务和文档的收尾工作。在某些情况下，整个项目竣工工作可能要到移交后一年左右才能全部完成，届时设备实际性能可与合同中保证的性能进行比较。竣工工作方案应在项目早期开始策划，以确保有适当的资源可用于项目竣工工作。

项目竣工关键工作包括但不限于：

- 向承包商索取未清发票和赔款工作；
- 剩余的工程材料处理或移交；
- 竣工报告准备工作；
- 总结可供以后项目参考的经验教训；
- 评估承包商的绩效；
- 完成文件归档或向运营方移交；
- 项目审计(在财务和技术问题上满足利益相关方的要求)；
- 项目组成员重新分配。

9.10.1 竣工报告

大型公司的一个常见做法是编制竣工报告，以帮助未来的项目对设备、材料、劳动力和设计服务的成本进行估算。例如，报告应包括主要设备的规格、成本、交货、质量、备件等数据。人力成本应按照每个工艺、区域、监督、每小时/吨/英尺的成本等应按工时计算。有关设计和管理服务的数据也应按专业和系统以及差旅费、住宿费、办公费等进行计算。

9.10.2 项目后评估

项目的最后一步是项目后评估。项目总有一些方面可以改进提高，项目后评估总结了项目的经验和教训(好的方面和坏的方面)，其可以应用到未来的项目中。虽然项目人员的注意力会转移到下一个项目上，但在报告和传播经验教训所花费的时间是有价值的，对后续项目的项目经理是非常有益的。通常，余下的项目管理团队人员，有时与业主/运营方的代表共同讨论并记录项目的经验教训。

项目是否符合最初的意图、以及业主和其他利益相关方的期望，这一期望的实现情况是项目后评估解决的一个关键问题。项目后评估总结的经验教训可涵盖项目的领导力、胜任力、工具、技术、程序、方案、进度报告、可交付成果、问题分析、团队合作、沟通交流、界面管理、承包商绩效等诸多方面。从过程安全的角度来看，胜任力、工具、技术和承包商绩效方面的经验教训可能会对改进基本过程安全原则和实践的实施产生影响。

9.11 小结

开车阶段主要包括两个方面：试车和开车。项目的主要目标是将一系列工艺设备转变为满足业主要求的运行装置。要做到这一点，需要开展以运行准备审查为终点的一系列过程安全工作，对装置是否符合设计意图，危害和风险是否被理解并采取管控措施，人员是否经过培训并具备能力，是否有适当的程序(包括职业健康安全和环境、运行、资产完整性等方面)，以及未来的运营方是否做好持续运营的准备等方面进行验证。从运营方的方面来说，运营方全程参与，特别是在开车阶段进行参与是项目成功的保证。

10 运行

在试车、开车和移交给业主组织之后，项目从实施阶段进入运行阶段。进入运行阶段通常取决于预试车、试车、开车和达到稳态运行条件。假设已经向运营单位提供了必要的文件和数据(见第 12 章)，并且所有必要的准备工作都已完成(见第 9 章第 9.8 节)，那么装置现在可以投入商业运营。图 10.1 说明了在项目生命周期中运行的位置。

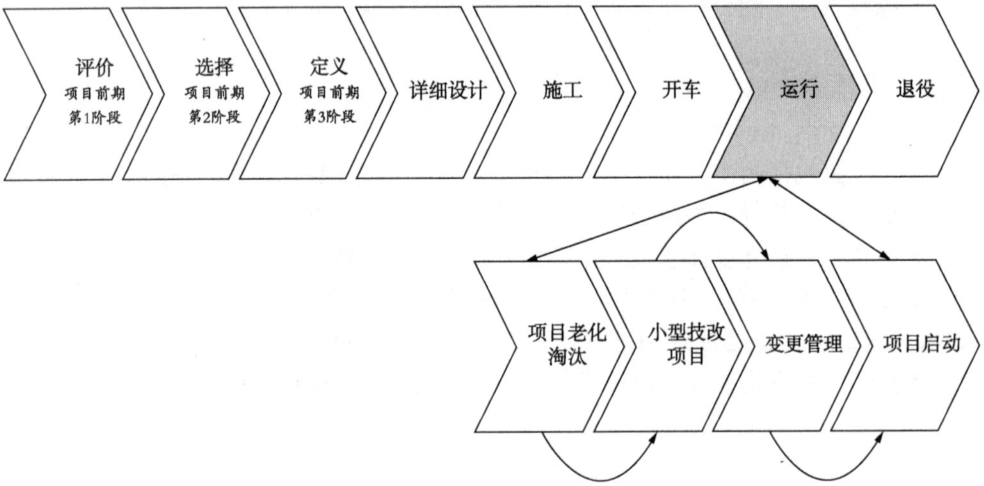

图 10.1 运行

运行阶段是运营单位的首要责任，尽管有些公司可能会推迟全面移交，直到运营单位正式接受设计生产速度且产品质量已经达到。运营单位的工作重点是以设计生产速度实现安全可靠的运行。本质上，运营单位的初始目标是评估装置，以确保性能符合规范，并使投资回报最大化。卓越的过程安全和环境健康与安全(EHS)是实现这些目标的基础。

在初始运行期间，可以进行一些性能考核，以验证设计生产速度下的产品质量。在整个运行阶段，还定期进行一些过程安全和技术研究，以确保满足性能规范，最大限度地回报股东，并保护运营许可。

项目管理团队

尽管运营单位负有最终责任，但项目管理团队的参与度可能会持续(尽管在下降)，直到至少在设计生产速率下实现稳定运行。项目管理团队活动可能包括但不限于以下内容：

- 为初期运行提供工程和技术支持；
- 完成遗留的尾项清单；
- 与运营单位对所移交的任何未完成项目保持充分的透明和沟通；
- 运营单位对装置的正式验收；

- 参与阶段关卡和绩效评审；
- 项目绩效与项目目标的比较；
- 项目文件的完成和移交；
- 项目竣工和退场；
- 重组项目组以开展上述活动。

运营单位

业主/运营单位应在项目实施阶段制定并实施商业运行计划。理想情况下，运营单位的团队应该参与整个开发过程，特别是在开车阶段的活动。这应该有助于建立运行能力，并创造新装置的“所有权”。

这些计划的实施应包括但不限于以下活动：

- 运行许可证和监管批准；
- 现场管理系统，包括环境健康与安全以及过程安全；
- 危险源辨识与风险分析(HIRA)(包括任何交叉作业)；
- 员工的招聘和培训；
- 操作和维护程序；
- 维护管理系统[基线数据、检查、测试和预防性维护(ITPM)任务等]；
- 环境健康与安全(EHS)和过程安全程序[如安全作业规程、变更管理(MOC)、应急响应、事件调查等]；
- 环境健康与安全(EHS)设备(如救护车、消防车、灭火器等)；
- 备件、消耗品等的初始库存；
- 原料、化学品、润滑剂、催化剂等；
- 工程、技术和供应商支持；
- 其他业务支持职能(如生产计划、人力资源、会计等)；
- 将任何剩余的低风险项目从项目转移到运营单位，如尾项清单、开车前安全审查(PSSR)、阶段关口审查。

其中一些活动属于《基于风险的过程安全》(CCPS，2007 年)要素，下文第 10.1 节将对此进行讨论。

环境健康与安全

从环境健康与安全(EHS)的角度来看，运营单位管理层需要通过制定和实施高标准的 EHS 来展示对环境健康与安全的坚定和可见的承诺，并提供足够的资源来实现积极的 EHS 绩效。应更新项目 EHS 风险登记册，以解决向运行过渡的问题，并对风险进行相应管理。应建立并实施具有健全 EHS 程序的文件化的 EHS 管理体系。

过程安全

运行阶段的关键过程安全目标包括：

- 已圆满解决并实施准备就绪状态和阶段关卡评审的建议；
- 更新过程安全风险登记册，以处理向运行的过渡，以及适当管理的风险，以及跟踪到解决的任何剩余行动项目；
- 实施过程安全计划，以解决向运行的过渡；
- 过程安全管理系统，具有健全的程序并得到适当实施；

- 彻底调查并及时响应任何工艺安全事件、工艺故障和资产完整性问题；
- 从新装置的运营中汲取的经验教训被广泛吸收和分享。

项目运行阶段的这些过程安全目标和其他过程安全活动讨论如下：

- 过程安全管理体系(第 10.1 节)；
- 其他项目活动(第 10.2 节)；
- 技术支持(第 10.3 节)；
- 运行阶段关口审查(第 10.5 节)。

本章还简要讨论了在早期运营期间通常会发生的一些其他项目活动：

- 性能考核运行(第 10.4 节)；
- 运行后审查(第 10.6 节)；
- 项目竣工(第 10.7 节)。

10.1 过程安全管理体系

运营单位应在项目实施阶段制定业务管理体系(BMS)计划。业务管理体系(BMS)应包括当地的现场程序，其内容可能受到任何公司政策和标准的影响。业务管理系统的一个关键组成部分是过程安全管理体系(PSMS)，该体系与其他要求相结合，如制造运行、环境健康与安全(EHS)、人力资源(HR)、工程、采购等。例如，过程安全管理体系(PSMS)和人力资源(HR)体系都可能涉及能力和培训实践，因此应确保一致性。

在运行阶段之前，应将过程安全管理体系完整记录并实施。其设计应基于对运行危害及其相关风险的彻底评估。所有的危害和风险都不是平等的，所以更多的资源和要求应该集中在更高的危害和风险上。但是，所有危险和风险都应通过采取一切必要措施来管理，以确保安全可靠的操作。仅遵守地方/国家法规并不能保证危险和风险得到令人满意的管理，以避免过程安全事故。

制定和实施有效的过程安全管理体系的一种方法是遵循化工过程安全中心(CCPS)对基于风险的过程安全(RBPS)管理框架的指导。基于风险的过程安全(RBPS)框架基于四个事故预防来支撑：

- 过程安全承诺；
- 理解危害和风险；
- 管理风险；
- 从经验中学习。

如表 10.1 所示，这四个支撑包含 20 个基于风险的过程安全(RBPS)要素。如果一个地方将其过程安全工作的重点放在这些要素上，那么它的过程安全绩效应该会提高，并且事件的可能性和严重性应该下降。过程安全绩效和有效性可以通过改变每个要素实施的严格程度与危害和风险水平相称来优化。下面简要讨论每个要素。

有关过程安全管理体系的进一步指导，可从以下出版物获得：

《基于风险的过程安全》[*Guidelines for Risk Based Process Safety* (CCPS 2007)]；

《过程安全管理实施指南》(第二版)[*Guidelines for Implementing Process Safety Management, 2nd edition* (CCPS 2016)]；

《满足EI过程安全管理框架期望指南》(*Guidance on Meeting Expectations of EI Process Safety Management Framework*)，能源研究所，伦敦，英国，2013年。

表10.1 基于风险的过程安全要素

基于风险的过程安全(RBPS)支撑	基于风险的过程安全(RBPS)要素
致力于过程安全	过程安全文化
	符合标准
	过程安全能力
	员工参与
	外部利益相关方沟通
了解危险和风险	过程知识管理
	危险源辨识与风险分析
管理风险	操作程序
	安全作业规程
	资产完整性和可靠性
	承包商管理
	培训和绩效保证
	变更管理
	运行准备
	运行控制
	应急管理
从经验中学习	事故调查
	测量与指标
	审核
	管理评审与持续改进

10.1.1 过程安全文化

对过程安全的承诺是积极安全文化的基石。对过程安全的承诺从组织的最高级别开始，必须由所有人共享。现场领导和承诺的质量可以驱动或限制文化。领导层必须关心并以身作则，这样整个组织才能共同承担责任。领导者还需要了解过程安全活动如何受到文化的影响。

健全文化的基本特征是：

- 执行高标准，即干预纠正偏离行为正常化；
- 保持忧患意识；
- 开放的、有效的沟通；
- 及时应对问题和员工关注点。

以下化工过程安全中心(CCPS)出版物提供了关于文化的进一步指导：《创建、加强和保持过程安全文化的基本做法》[*Essential Practices for Creating, Strengthening, and Sustaining Process Safety Culture* (CCPS 2018e)]；《建立过程安全文化：增强过程安全绩效的工具》[*Building Process Safety Culture: Tools to Enhance Process Safety Performance* (CCPS 2005)]。

10.1.2　符合标准

现场领导应确保组织了解并理解国家、州/省和地方政府、共识标准组织和公司发布的所有适用法规、标准、规范和其他要求。虽然合规性不一定能防止过程安全事故，但所有适用要求的实施应减少风险和法律责任，并有助于过程安全实践。

10.1.3　过程安全能力

过程安全应由大多数员工负责，并由他们提供，无论他们受雇于运行、维护、工程、环境健康与安全(EHS)、其他部门或承包商组织。运营单位应在项目实施阶段制定并实施招聘和培训计划。这应该包括过程安全知识和技能，这些知识和技能应放在适当的地方，以便(i)了解危险和风险，以及(ii)管理风险，即至少两个基于风险的过程安全(RBPS)支撑。

有关过程安全能力的进一步指导，请参阅以下化工过程安全中心(CCPS)出版物：《定义过程安全能力要求指南》[*Guidelines for Defining Process Safety Competency Requirements*(CCPS 2015)]。

10.1.4　员工参与

如上所述，过程安全应是大多数员工和承包商的责任。虽然参与运行和维护工厂的工人最容易受到伤害，但他们在日常运行中是潜在的知识最丰富的。因此，运行和维护人员广泛参与过程安全活动至关重要。员工参与还确保最接近这一进程的人能够吸取经验教训这件事被思考和解决。

10.1.5　外部利益相关方

项目管理团队应该开始与利益相关者，如当地社区和政府当局接触。现场领导应继续开展外部活动，以建立信任并支持许可证的运营。这也将有助于外部响应者和公众了解工厂的危险和潜在的紧急情况，以及在发生事故时如何应对这些情况。

10.1.6　过程知识管理

项目管理团队应将执行过程安全活动所需的所有信息移交给运营单位。这应包括“竣工”技术文件和规范、工程图纸和计算、假设、研究和其他有关技术、工艺设备、工艺化学品和材料的文件。任何未完成的红线图应尽快更新为“竣工”状态，并移交给运营单位。

现场领导需要一个文件管理系统来存档这些信息以备将来参考，使其保持最新，并为需要这些信息的人提供随时访问权限，以便他们安全地执行工作。过程安全研究和评审，如泄压和火炬、装置选址、危险源辨识与风险分析(HIRA)、开车前安全审查(PSSR)以及相关的支持信息和行动项的关闭，也应存档。

第12章详细讨论了文件。有关文件的进一步指导可从以下化工过程安全中心(CCPS)出版物获得：《过程安全文件指南》[*Guidelines for Process Safety Documentation*(CCPS 1995)]。

10.1.7　危险源辨识与风险分析

危险源辨识与风险分析(HIRA)使用过程知识管理(上文第10.1.7节)中讨论的信息，是管理过程风险所必需的其他过程安全活动的基础。项目应在设计和施工期间移交危险源辨识与风险分析(HIRA)研究，但运营单位应定期重新验证这些研究。如果有新装置或现有装置的修改，运营单位应进行新的危险源辨识与风险分析(HIRA)研究。所有危险源辨识与风险分析(HIRA)研究应定期重新验证或重做。

如果是大型建设项目，在项目其他部分的施工和/或试车活动继续进行时，可能会将一些工艺装置移交给运营单位。在这种情况下，运营单位应参与作业许可的作业安全分析

(JSAs)以及研究，以识别和管理交叉作业的危害和风险。项目施工方和运营单位之间的密切联系和沟通是必不可少的，因为在施工过程出现异常时，可能需要快速关闭相邻的施工和试车活动。

关于危险源辨识与风险分析(HIRA)的进一步指导可从以下化工过程安全中心(CCPS)出版物中获得：

《危害评估程序指南》(第三版)[*Guidelines for Hazard Evaluation Procedures, 3rd edition* (CCPS 2008)]；

《化工过程量化风险分析指南》(第二版)[*Guidelines for Chemical Process Quantitative Risk Analysis, 2nd edition* (CCPS 2000)]；

《重新确认过程危险分析》[*Revalidating Process Hazard Analyses* (CCPS 2001)]；

《保护层分析》[*Layer of Protection Analysis* (CCPS 2001)]；

《操作和维修工人识别危险的一种适用方法》[*A Practical Approach to Hazard Identification for Operations and Maintenance Workers* (CCPS 2010)]。

10.1.8 操作程序

操作程序应在项目实施阶段制定。根据每项任务的步骤、危害和保护设备的顺序，操作程序为各工艺装置的安全开车、关闭和正常运行提供详细说明。偏离程序、安全过程限制、关键保障措施以及任何特殊情况和紧急情况的后果也应包括在内。

根据在试车和早期运行期间获得的经验，可能有必要吸取经验教训并修改操作程序，特别是在需要修改工艺设备或运行条件的情况下。此后，运营单位应确保定期的审查程序，并保持准确和最新。

有关操作程序的进一步指导可从以下出版物中获得：

《制订有效的操作及维修程序指南》[*Guidelines for Writing Effective Operating and Maintenance Procedures* (CCPS 1996)]；

《满足EI过程安全管理框架期望指南，要素8：操作手册和程序》(*Guidance on Meeting Expectations of EI Process Safety Management Framework, Element 8: Operating Manuals and Procedures*)，能源研究所，伦敦，英国，2013年；

《HSE，COMAH指南，技术措施，操作程序》，健康与安全管理局，Bootle，英国，http://www.hse.gov.uk/comah/sragtech/techmeasoperatio.htm，2017年10月。

10.1.9 安全作业规程

运营单位应建立安全工作程序，并辅以作业许可，以安全管理非常规工作。地方法规和公司标准可能会定义某些要求。

典型的安全作业规程包括：

- 现场访问控制；
- 动火作业；
- 能量隔离；
- 断路作业；
- 高处作业；
- 开挖和挖沟；
- 进入受限空间；

- 大型吊装；
- 电气系统；
- 危害沟通，如化学品安全说明书；
- 个体防护装备(PPE)。

作业安全分析(JSAs)应支持每个作业许可。应召开每日工具箱会议，讨论当天的工作任务、危险、所需的防护措施和邻近活动。如果相邻装置继续施工和/或试车，运营单位应参与交叉作业研究，以确定和管理潜在的相互作用，并与负责相邻活动的人员保持密切联系和沟通。

美国职业安全与健康管理局(OSHA)和英国健康与安全管理局(HSE)的网站提供了关于安全作业规程的进一步指导。

10.1.10　资产完整性和可靠性

应在项目实施阶段制定一项战略，以确保运行设备在其整个生命周期内始终适用。未能保持资产完整性可能导致、促成或未能预防或减轻重大事故。该策略应基于设备的临界性(包括安全临界性)、潜在损坏和故障机制的知识，以及以下一种或多种故障管理方法：可靠性、预测性、预防性或运行到故障基础。在最近出版的化工过程安全中心(CCPS)书籍《资产完整性管理指南》[*Guidelines for Asset Integrity Management*(CCPS 2017)]中提供了关于这些可供选择策略的指导。

根据策略、行业规范和设备供应商提供的信息，运营单位应制定系统活动计划，包括对所有运行设备和管道进行定期检查、测试和预防性维护(ITPM)。例如，每个安全仪表系统(SIS)应按照其安全要求规格书(SRS)进行维护和功能测试。该程序应输入维修管理系统(MMS)，以便于及时执行检查、测试和预防性维护(ITPM)任务。检查、测试和预防性维护(ITPM)程序和维修任务程序以及质量管理(QM)应提供给维护和承包商人员。

案例分析：新工艺装置的腐蚀

一个新的原油蒸馏装置遭受严重腐蚀，在大型扩建项目启动几周后不得不关闭进行大规模维修。

在开车后不久，装置被关闭，以修复一个小的蒸汽泄漏。当装置关闭时，氢氧化钠继续流入装置管道。尽管氢氧化钠泵已关闭，但系统压力导致氢氧化钠流经泵(不是隔离阀)进入工艺管道。当装置重新启动时，氢氧化钠被加热并蒸发，迅速腐蚀管道，导致泄漏，导致小火灾和加热器系统破裂。

检查发现不锈钢管道有腐蚀性开裂。修复工作历时7个半月，对腐蚀系统进行了重新设计，以防止不受控制的水流进入装置。

关键设备和管道的基线检查应在施工活动期间进行。此后，在获得运行经验之前，初始检查频率应保持谨慎，如果适当，可根据行业良好实践增加某些频率。关键运行设备和控制装置(如紧急停车系统)的测试应基于所需的可靠性。一旦装置运行了几年并收集了足够的数据，应对每个安全仪表功能(SIF)进行一次国际电工委员会(IEC)第4阶段功能安全评估(FSA)，以审查初始假设并对其进行验证或更新，以反映运行经验。

如果早期运行和/或检查和测试表明存在任何资产完整性问题，则应进行彻底调查，以确定故障或其他缺陷的根本原因。应及时执行解决完整性问题的建议，以防止潜在的过程安全事件。

有关完整性管理的进一步指导，请参阅以下化工过程安全中心(CCPS)出版物：

《资产完整性管理指南》[*Guidelines for Asset Integrity Management* (CCPS 2017)]；

《化工过程安全自动化应用指南》[*Guidelines for Safe Automation of Chemical Processes* (CCPS 2017)]；

《制订有效的操作及维修程序指南》[*Guidelines for Writing Effective Operating and Maintenance Procedures* (CCPS 1996)]。

案例分析：精细化工厂投产初期火灾

在制药工艺装置的第一个生产周期发生火灾。在用甲苯清洗装置时，溶剂接收罐盖接头发生甲苯泄漏。由于电气故障(凸耳固定不良)，导致油箱加注过量，油箱排放泵无法启动。泄漏物点燃后，接踵而来的闪光使十几名员工遭受了轻微烧伤。

新装置有几个设计和维护故障：

- 溶剂箱过小意味着排水泵必须启动几次；
- 非冗余油箱液位警报(唯一的溢流安全装置)；
- 不适合甲苯介电性能的塑料罐和管道；
- 由易碎塑料制成的罐；
- 盖子安全性不良(4 个螺栓设计修改为 8 个螺栓，但图纸未更新)，只安装了 7 个螺栓，第 8 个螺栓用夹具更换；
- 设施中缺乏气体检测。

教训涉及设计危害管理、变更管理和资产完整性。

参考文献：No. 14500 ARIA database；Ministry of Ecology，Sustainable Development and Energy，France。

10.1.11 承包商管理

在早期运行期间，可能需要一些承包商和供货商代表提供支持。此后，根据现场的合同，可雇佣各种承包商进行维护、施工或其他活动。运营单位应开发承包商管理系统，以选择、监督和审查承包商，确保合同工人能够安全地履行其工作，并确保合同服务不会增加或提高风险。

当工作人员第一次进入现场时，他们应接受有关运营单位的环境健康与安全(EHS)和过程安全的要求、规则和程序的定向培训。然后，他们应通过工作前工具箱会议、参与制定作业安全分析(JSAs)或其他方式，每天听取关于其工作危害和工作现场附近任何危害的简报。安全专家和/或主管应监控工作现场，并在发生不安全行为或情况时进行干预。

运营单位应定期审查各承包商组织在满足环境健康与安全(EHS)和过程安全的规则和程序以及合同条件方面的绩效，并在需要改进绩效时进行介入。

10.1.12 培训和绩效保证

运营单位应根据其资质、知识、技能和经验招聘员工。必要时，应在启动前进行培训。

例如，工艺运行人员应在试车和启动活动中接受工艺装置的操作指导并熟知。所有员工还应接受过有关环境健康与安全(EHS)和过程安全程序的培训。

此后，运营单位应建立一个系统，确保新员工在工作和任务要求方面得到合适的实际指导。运营单位还应验证所有员工在接受培训过的知识和技能方面的表现是否熟练。

10.1.13　变更管理

新装置的设计和建造需要由专业工程师进行数百甚至数千工时的技术和安全分析，以确保装置的完整性符合目标。仓促和欠考虑的变化很容易损害完整性并导致、促成或未能阻止或减轻重大过程安全事件。

在早期运行中，遇到可能需要改变设备或运行条件/程序的运行问题是不常见的。后来，运营单位可能有识别排除设施故障的机会或进行其他的生产改进。因此，运营单位应建立正式的变更管理(MOC)实践，在实施之前以仔细审查和授权提出的装置设计、运行、组织或活动的变化。变更管理(MOC)的最后阶段应该要求文件被更新和传达。

从以下化工过程安全中心(CCPS)出版物中可以获得进一步有关变更管理的指导：《过程安全变更管理指南》[*Guidelines for the Management of Change for Process Safety* (CCPS 2008)]；《组织变更的过程安全风险管理指南》[*Guidelines for Managing Process Safety Risks During Organizational Change* (CCPS 2013)]。

10.1.14　运行准备

在早期的运行中，很可能该装置经历过程混乱或面临设备问题，从而导致全面或部分停工。经验表明，在诸如开车之类的瞬态操作期间发生事故的风险较高，特别是在工艺条件不完全符合预期的情况下。因此，运营单位应该建立一个运行准备的审查实践，以在开车或重新开车时评估工厂，以确保装置可以安全地开车。这种实践应适用于：

- 新装置或改建装置的开车；
- 在停工或暂时关闭工厂后重新开车，如断电、维修等。

从以下化工过程安全中心(CCPS)出版物中可以获得进一步有关操作准备的指导：《执行有效的试开车前安全审查的指南》[*Guidelines for Performing Effective Pre-Startup Safety Reviews* (CCPS 2007)]。

10.1.15　操作行为

员工作能力的水平不足会对运行产生不利影响，并可能导致、促成或未能阻止或减轻重大过程安全事件。现场领导应该制定一个有效的计划，以确保工人们负责地以一种深思熟虑的、忠实的和结构化的方式完美地完成他们的任务。投入运行是文化的核心，管理者应进行干预，以执行高标准，防止偏离预期绩效。

从以下化工过程安全中心(CCPS)出版物中可以获得进一步有关投入运行的指导：《操作行为和操作纪律：用于改善工业中的过程安全》[*Conduct of Operations and Operational Discipline: For Improving Process Safety in Industry* (CCPS 2011)]。

10.1.16　应急管理

现场的应急响应计划应该已经准备就绪，用于试车与开车活动。该计划应涵盖所有可能的紧急情况，并确定要采取的行动和执行这些行动所需的资源。

作为在早期运行中的演习和应急演练的结果，可能有必要更新和改进原计划。此后，应定期举行训练和演习，不断完善内部应急人员的计划和培训，并与外部资源协调。员工、承包商、邻近者、地方当局和其他利益相关者应被告知在发生事故时影响他们的任何变化。应考虑有时在轮班和周末期间进行演习，以在实际情况下，在有限的资源时，在非工作时间的情况下测试应急响应。

从以下化工过程安全中心(CCPS)出版物中可以获得进一步有关应急管理的指导：《现场应急技术规划指南》[*Guidelines for Technical Planning for On-Site Emergencies* (CCPS 1995)]。

10.1.17 事件调查

一个用于试车与开车活动的报告和调查现场发生的所有事故和未遂事件的系统应已经准备就绪(包括涉及承包商的事故事件)。该系统应确定事故的根本原因和纠正措施，跟踪行动项的完成，并向员工传达经验教训。应定期评估事件趋势，以确定是否需要进一步的管理干预来减少类似事件的发生。

一些公司还报告和调查资产完整性事件(例如设备故障)和过程异常，例如对保护系统(例如安全阀(PSV)提升)的需求、温度或压力漂移或报警泛流。当运行团队获得运行新设备的经验时，可以预期的是，在早期运行过程中会出现一些过程异常。报告和及时调查这些异常能使长周期运行更加顺利。

从以下化工过程安全中心(CCPS)出版物中可以获得进一步有关事故调查的指导：《化工过程事件调查指南》(第二版)[*Guidelines for Investigating Chemical Process Incidents, 2nd edition* (CCPS 2003)]。

10.1.18 测量和指标

过程安全事故往往是高后果和低频率，而职业安全事故往往是相反的，即低后果和高频率。因此，运营单位需要一个早期预警系统来预警过程安全性能的下降和/或过程安全性能降低，这样管理就有机会在重大的安全事故发生之前进行干预。这种早期预警系统可以包含许多信息来源，如：

- 倾听员工的担忧，即坏消息；
- 事件根原因趋势分析；
- 审计结果；
- 未经宣布的现场检查；
- 学习他人的事故经验，例如从其他装置或公司学习。

然而，一套精心设置的关键绩效指标(KPIs)应当是预警系统的一个重要组成部分。过程安全绩效的领先和滞后指标，包括显示关键过程安全要素执行情况的指标，可用于加强薄弱点和推动过程安全改进。例如，关于密封失效和超出校准传感器等问题的可靠性数据可用于改进资产完整性管理。现场领导应定期审查指标，并在绩效下降时进行干预(见下文第10.1.20节)。

环境健康与安全(EHS)及过程安全的关键绩效指标(KPIs)可由当地监管机构规定，可能包括伤害(如急救、可记录、损失时间)、环境泄漏/排放和过程安全事故(火灾、爆炸、危险材料泄漏)。

从以下化工过程安全中心(CCPS)出版物中可以获得进一步有关测量和指标的指导：

《过程安全指标指南》[*Guidelines for Process Safety Metrics* (CCPS 2009)]；

《过程安全领先和之后指标……你不知道如何测量》[*Process Safety Leading and Lagging*

Metrics… You Don't Know What You Don't Measure (CCPS 2011)];

《过程安全领先指标工业调查》[*Process Safety Leading Indicators Industry Survey* (CCPS 2013)];

《一体化管理体系和指标提升过程安全绩效指南》[*Guidelines for Integrating Managemnt Systems and Metrics to Improve Process Safety Performance* (CCPS 2016)]。

其他指导可从以下出版物中获得:

《逐步制定过程安全指标指南》(*Step - by - Step Guide to Developing Process Safety Indicators*), HSG 254, 健康与安全执行局, 英国, 2006 年;

《炼油和石化工业过程安全性能指标》(*Process Safety Performance Indicators for the Refining & Petrochemical Industries*), API, 第 2 部分: 第 1 层和第 2 层过程安全事件, 推荐规范 754, 第 2 版, API, 华盛顿特区, 2016;

《过程安全事件报告指南》(*Guide to Reporting Process Safety Events*), API 3.0 版, 美国石油协会, 华盛顿特区, 2016。

10.1.19 审核

现场领导应建立一个对环境健康与安全(EHS)和过程安全进行定期审核的程序, 以提供对管理体系绩效的审核。这些审核应由未分配到现场的审核员进行, 以便提供客观的审查。审计应深入现场调查, 以提供一个有判断力的审查, 因为浅显的表格化审计会导致自满和丧失危机感。

对上述第 10.1 节中讨论的任意要素进行过程安全审核, 可以提醒现场管理层注意可能导致过程安全事故的绩效差距, 并确定改进机会。审计的重点领域可以由任何事件趋势、指标、观察结果和员工关注点来确定。

应记录所有审核发现、建议和改进机会, 并跟踪纠正措施直至结束。后续审核应验证纠正措施是否解决了原始发现。

从以下化工过程安全中心(CCPS)出版物中可以获得进一步有审核的指导:《过程安全管理体系审核指南》[*Guidelines for Auditing Process Safety Management Systems* (CCPS 2011)]。

10.1.20 管理评审和持续改进

现场领导应建立定期讨论, 评审管理体系的绩效。该讨论应:

- 为员工设定过程安全期望和目标;
- 通过检查指标、事故和审核发现以及其他"预警系统"信息, 评审过程安全绩效;
- 评审过程安全目标的进展情况;
- 确定改进机会并跟踪完成。

管理评审讨论的一个成功办法是每月定期举行一次会议评审(例如)过程安全的两个要素, 以便在一年内所有要素可以被评审。如果某个要素被认为是薄弱的, 则在一年中对该要素进行两次或多次评审可能是适当的。评审讨论应由部门经理主持, 但过程安全工程师可以准备绩效数据以供评审, 并为会议提供便利。

10.1.21 环境健康与安全(EHS)和过程安全程序

除了运行和维护程序外, 还需要现场政策和程序来确保环境健康与安全(EHS)以及过程安全。这些政策和程序至少可能涉及上文第 10.1 节中的内容。公司标准和/或当地法规可能会对这些程序设定最低要求。

10.2 其他项目活动

除了运行所需的各种过程安全和技术活动外，还有许多其他活动支持项目。

10.2.1 环境健康与安全(EHS)和过程安全计划

如有必要，应更新环境健康与安全(EHS)计划和过程安全计划，以反映装置运行的任何具体活动(附录B)。

10.2.2 风险登记册

应更新项目风险登记册，以了解为装置运行确定的任何新的或变更的危险/风险(附录C)。应指定专人负责制定响应计划来管理每个条目。项目管理团队和运营单位应共同审查登记册和响应计划。

10.2.3 行动项跟踪

应更新项目行动项跟踪数据库或电子表格。当装置移交给运营单位时，有些行动可能尚未完成。可能需要解决的一些措施包括未完成的尾项清单项、未完成的竣工图纸和文件。法规要求的义务、环境健康与安全(EHS)和过程安全符合性以及商业协议中的一些义务也可能需要完成。项目和运营单位应就谁负责完成未完成的项目达成一致。

10.3 技术支持

对运营单位的技术支持通常适用于商业运营的初期。该技术支持可由项目工艺工程师、工程设计承包商、技术许可方和/或压缩机等专用设备供应商提供。合同和/或移交条件可规定达成一定生产水平和有期限的技术支持。

如果是大型建设项目，在运行早期，其他公司的装置和办公室可能会在一段时间内为运行、过程安全和环境健康与安全(EHS)提供额外的支持。

10.4 性能考核运行

虽然一些性能考核运行(即性能保证测试、验收测试)可能在试车与开车活动期间开始(见第9章第9.7节)，但在早期运行期间，可能会持续进行一次或多次测试运行，以证明装置以满产率运行。进行这些测试运行是为了检查工程设计承包商和/或技术许可方提供的性能保证方面的保证产量、产品质量和效率的参数。

每次测试运行的详细程序应制定并经各方同意，各方还应见证试验并评估结果。该程序还应包括待记录的数据和待分析的过程样品。在开始测试运行之前，应解决任何设备问题，并校准所有仪器和过程分析仪。

10.5 运行阶段关口审查

应对大型项目进行阶段关口审查，以验证早期运行期间的过程安全(和环境健康与安全(EHS))性能符合设计意图，并分享从早期运行中吸取的经验教训。该阶段关口审查应在达到稳态运行约12个月后进行。

阶段关口审查小组可使用规程和/或清单，如附录 G 中的详细规程。开车前阶段关口审查的典型过程安全范围如表 10.2 所示。

表 10.2　运行阶段关口审查范围

项目范围
确认已妥善实施充分的过程安全和环境健康与安全(EHS)管理体系
确认操作装置的过程安全和环境健康与安全(EHS)性能符合设计意图
验证对任意过程安全和环境健康与安全(EHS)事件的响应是否充分，以及在早期运行期间发生的工艺异常
验证程序是否足以解决早期运行期间出现的任何资产完整性问题
确认在早期运行期间对原始设计意图进行的任何变更/修改的基本原理
确认从装置早期运行中吸取的经验教训得到了记录和分享

阶段关口审查小组应独立于项目，熟悉类似装置/工艺/技术，通常由经验丰富的领导、操作代表、工艺工程师、过程安全工程师和环境健康与安全(EHS)专家组成。项目的工艺工程师对设计意图最为了解，也应参加。在审查结束时，审查组将就项目所需的任何改进和今后项目的经验教训提出建议。

10.6　运行后审查

一些公司在实现稳定运营大约一年后，对大型建设项目(通常超过 5000 万美元)进行外部基准审查。该可运行性审查将装置在运行的第一年的生产性能与类似工业装置的生产性能进行比较，以确定影响生产性能的情况(包括技术限制和市场限制)。这为实际的项目改进提供了目标，并提供了对实现改进所需改变的理解。此反馈给项目管理的信息可用于规划未来的项目。

其他公司可能会进行不同范围的内部审查，但总体目标是相似的，即改进未来的项目。

10.7　项目竣工

项目竣工活动应在试车与开车期间开始(见第 9 章第 9.9 节)。然而，在某些情况下，整个项目的收尾工作可能要到移交后一年左右才能完全完成，届时实际设备性能可以与任何合同保证进行比较。特别是，过期未付发票和承包商索赔的解决，以及在财务和技术问题上满足利益相关者要求的最终审计，往往会延迟收尾。如果适用，运行阶段的关口审查(见第 10.5 节)和运行后审查(见第 10.6 节)也将延迟收尾 12 个月。

10.8　小结

一旦装置移交并被运营单位接受，即可投入商业运行。运营单位的主要目标是以设计生产能力实现安全可靠的运行，为此，一个包含基于风险的过程安全所有要素的业务管理系统至关重要。应建立健全的过程安全和环境健康与安全(EHS)程序，并妥善实施。该项目的一些工程和技术支持可能适合于早期运行。此后，运营单位有责任定期进行各种过程安全和技术研究，以保持安全、高效的操作和资产完整性。

11 退役

最终，所有装置都将达到其使用寿命，退役与否通常取决于经济、社会政治、法规、过程安全、环境/健康/安全(EHS)以及老化的资产压力等。例如，与较新的大型工厂相比，工艺装置具有较低的收益率、生产率、产品质量、排放和废物、能源需求和过度的维护要求，有时会针对不同的技术进行设计。由于产品供求关系的变化，生产可能会转移到偏远的新位置。对灾难性事件造成的重大破坏进行维修、重建或现代化可能不经济实用。有时，供需问题也可以使工厂的寿命超出其最初的设计意图，但是最终仍将会永久关闭。图 11.1 说明了退役在项目生命周期中的位置。

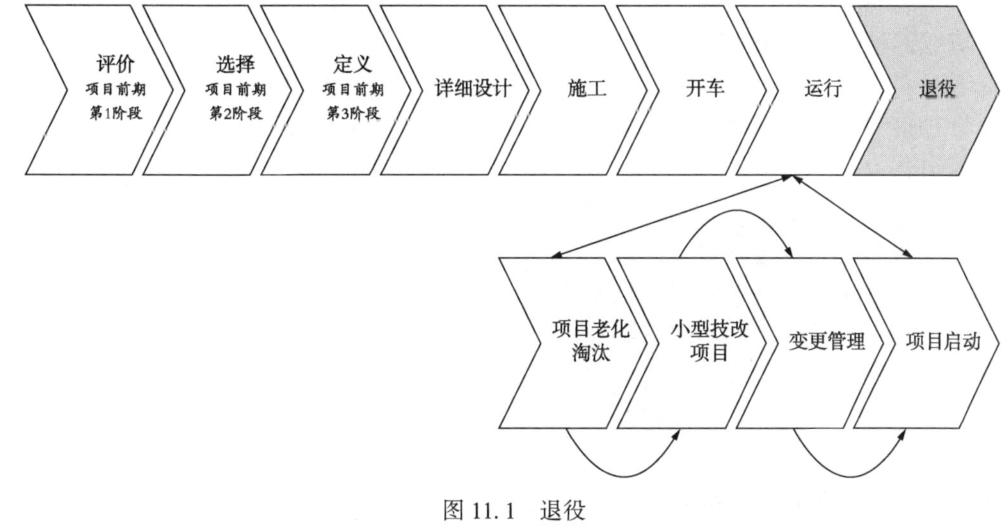

图 11.1 退役

一旦决定停止使用，待退役装置有多种处理方式可选择，这些选择均会影响过程安全，包括：

- 封存，即工艺装置或设备后续可能会被重新启用；
- 解构，即工艺装置将被拆卸，设备的个别零件可以重复利用；
- 拆除，即工艺装置基本上被销毁，用于报废和潜在的材料回收。

不管选择哪一种，装置退役都应单独视为一个项目。因此，前面各章中讨论的许多问题同样适用。化工、油气工业、制药及其他类似过程工业中的装置涉及有害物质，这导致此类装置的退役具有一定的难度。严格的做法是在退役的所有阶段进行详细计划、危害评估和风险管理，这对于避免人员伤害和环境破坏尤为重要。

项目管理团队

项目管理团队与负责设计、建造和试车新装置的团队不同。许多公司拥有在设计和建造新装置方面优秀的领导和相关工程师，但是他们缺乏在装置退役方面的专业知识。因此，大多数公司需要在装置退役方面具有丰富经验的顾问和承包商来协助和管理项目的各个阶段：从项目前期保密的战略研究到解构、拆除和场地修复。

由于现场运营团队，包括生产、工程、维护、EHS 和过程安全部门，具有丰富的装置专业知识，项目管理团队需要他们的支持。现场管理人员还需要提供建议和处理监管许可、财务和税收、人力资源和社区问题。

项目管理团队的工作重点在于保障装置安全退役，如果需要，在成本和进度范围允许的情况下，安全地拆除一系列容器、储罐、泵、压缩机、阀门、管道、控制装置和结构。典型的装置退役项目目标包括：

- 没有人员伤害或过程安全事件；
- 没有环境不符合项；
- 装置已去污并安全移交给了装置退役项目承包商；
- 按预算和进度完成项目；
- 最大化任何可重复使用的设备零部件和可回收材料的价值；
- 现场恢复和成功实施补救措施；
- 符合法规和公司要求。

环境健康与安全(EHS)

从 EHS 的角度来看，应识别、理解和管理装置退役的 EHS 风险以降低风险；应制定并实施项目 EHS 计划，包括健全的 EHS 程序和适用于装置退役活动的应急计划。

过程安全

装置退役过程中的关键过程安全指标包括：

- 退役准备工作的过程安全计划；
- 辨识和评估退役危险，了解相关风险；
- 管理退役风险的程序和规范；
- 能胜任退役过程的人员；
- 后期运营中的资产完整性管理；
- 可靠的退役应急计划；
- 封存或重复使用设备的待运状态。

下面对退役期间的过程安全活动进行讨论：

- 退役设计(第 11.1 节)；
- 退役计划(第 11.2 节)；
- 退役程序(第 11.3 节)；
- 解构和拆除(第 11.4 节)；
- 退役过程安全(第 11.5 节)；
- 其他项目活动(第 11.6 节)。

11.1 退役设计

长期以来，在对装置进行原始设计时，几乎没有考虑过它们在寿命周期结束时的退役问题。随着 20 世纪 70 年代和 80 年代在北海、墨西哥湾和其他近海地区安装的许多固定平台的老化，为它们的最终退役做好准备对运营单位而言越来越重要。海上设施的退役受国家和地方法规的约束，进行拆除时也面临着巨大的技术挑战。在30年前的设计中，没有优先考虑过便于退役的问题，据报道，退役成本正在增加，并且在较旧的海上设施和管道上工作时需要采取重要的安全防护措施。这个问题并不只存在于海上工业，若在设计新化工厂时考虑退役问题，对于降低生命周期成本、降低风险以及减少安全和环境影响也存在重要意义。

如今，人们越来越意识到，设计工程师需要将海上平台退役纳入平台设计的早期阶段。然而，退役设计并未纳入陆地加工工业的考虑范围，而是交给个人业主公司来强调和明确对工程和建筑承包商的要求。实际上，退役过程中存在的工厂库存清点、拆卸或拆除过程中结构的完整性、过程安全性和EHS等主要风险，可以通过恰当的设施设计来消除或减少。如果在项目的概念和工程设计阶段考虑以下风险管理和其他过程安全注意事项，则将大大降低退役期间的风险。

11.2 退役计划

退役涉及与施工相关的许多危害(参见第7章)，但由于未知因素的存在，还涉及其他危害，这些危害增加了工作的潜在危险性。未知因素可能包括：

- 在施工期间引入的设施设计变更(即项目变更管理系统)；
- 后续改变了原始设计的修改(即运营单位对变更系统的管理)；
- 对所有过程流体、催化剂和其他材料进行去库存和处置；
- 需要特殊处理的过程容器、管道、绝缘材料和结构构件中的残留危险物质，例如工艺化学品、石棉、铅、重金属等；
- 由于老化，建筑材料的优劣势未知；
- 因装置退役所进行必要工作而造成的危险(例如，对相邻工艺装置、第三方装置和当地社区造成的危险)。

因装置退役而进行的工作通常具有挑战性，包括但不限于：

- 处理、储存和处置危险物质；
- 处理和储存炸药；
- 拆除大型设备和结构；
- 部分或受损结构的完整性；
- 高处作业；
- 水上或水面附近作业；
- 存在或拆除架空、地下、海底管线和公用设施。

为保障退役的安全有效性，需要对以上问题进行周密的计划，员工必须对危险有充分的了解，并应采取适当的安全措施以减轻危险。与解构或拆卸相比，拆除很可能造成更大的危险，而恰当的计划对于避免事故和伤害至关重要。

在计划设备退役时，项目管理团队还应遵守公司政策、标准和时间，包括过程安全和EHS。附录E列出了一个特例的退役清单或调查表，可在计划和执行退役任务期间使用。

案例分析：炼油厂退役

一家炼油厂进入破产清算、停工，解雇了大部分员工。最终任命了一个退役小组协助进行退役工作，但是在停产12个月期间没有进行任何维护，工艺装置的状况未知，蒸汽和电力服务无法使用。氮气覆盖下的火炬系统据称有大量的自燃性沉积物，如果中断氮气供应，则有引发火灾的危险。

鉴于此，为实现炼油厂的安全退役，制定并执行了详细的工作计划。包括工程调研、危害识别和风险分析、提供临时公用设施、设计临时管道(0.9英里，1英里=1.6093km)。对工艺设备进行去污清洗已清洁原油常压和真空分馏塔，使其不含易燃物质，与火炬系统隔离并与大气相通。

11.2.1 工程调研

作为退役计划工作的一部分，工程调研应由可胜任工作的人员负责，识别潜在危害并彻底评估结构和建筑物的状况以及计划外倒塌的可能性，评估解构和/或拆除对周围设施的影响，并补充预防事故发生的防护措施建议。

调查需要原始建筑及结构图纸(如果有的话)，包括轴测图、设计信息和计算。由于对变更规范的管理不善或缺失，一些装置可能没有准确的图纸，文件也可能丢失或放错位置。在这种情况下，必须巡视装置并修改图纸以反映竣工条件。在现场工作多年的操作人员可以提供协助，但是随着项目的开展，现场人员配备水平可能会迅速下降，因此这种支持是短暂的。如果工厂关闭，员工的积极性也会变差。详细的装置知识对于退役项目的顺利开展是必不可少的，但是在项目结束前如果不能采取激励措施留住这些有经验的人员，也难以随时获得知识。主体装置结构损伤会影响原始设计的完整性，因此需辨识是否存在损伤。附近结构损坏会影响退役方法的选择，如发现则应记录在案，并辅以摄影记录，这样一旦在主体装置退役过程中被无意进一步损坏，可减轻潜在责任。

工程调研报告的典型内容如表11.1所示。

表11.1 工程调研报告典型内容

典型内容*	典型内容*
结构/建筑物特征： • 结构类型 • 结构尺寸 • 高度/层数 • 结构危害 • 密闭空间/地下室 • 支撑/墙拉杆位置 • 相邻结构的支撑要求 • 支撑类型和位置	采用的退役方法： • 拆除、解构或拆卸、封存 • 炸药搬运/储存 • 切割(电弧、机械等) • 起重、倾倒 • 临时支护要求等
相邻结构的保护要求	安保/人员和公共保护： • 路障、围栏和人员出入控制 • 警告标志 • 重新安置或保护人行道、道路 • 照明和内务管理 • 特殊控制或程序(如果结构的一部分被占用)

* 根据项目和现场的具体情况，可能需要额外的内容。

国家、地方法规和行业标准对某些退役方法可能有具体的要求，从而影响退役方法的选择。例如，以下适用于北美：

- 《爆炸物和爆破剂》(*Explosives and Blasting Agent*), 29 CFR 1910. 109s, 美国劳工部职业安全与健康管理局(OSHA 1972, 及随后的修正案)。
- 《拆除作业的安全和健康计划要求》(*Safety and Health Program Requirements for Demolition Operations*), ANSI/ASSE A10. 6-2006, 美国国家标准协会, 美国。
- 《运输、储存、搬运和使用商用爆炸物和爆破剂的安全要求》(*Safety Requirements for Transportation, Storage, Handling and Use of Commercial Explosives and Blasting Agents*), ANSI/ASSE A10. 7-2011, 美国国家标准协会, 美国。
- 《施工、维修和拆除作业期间使用的安全网》(*Safety Nets Used During Construction, Repair, and Demolition Operations*), ANSI A10. 11-1989(R1998), 美国国家标准协会, 美国。
- 《国家工业场地退役指南》(*National Guidelines for Decommissioning Industrial Sites*), CCMETS/WM-TRE013E, 加拿大环境部长理事会, 加拿大。

其他国际法规和标准包括:

- ISO 7518: 1983《技术图纸-施工图纸-拆除和重建的简化表示》(*Technical drawings-Construction drawings-Simplified Representation of Demolition and Rebuilding*), 国际标准化组织, 瑞士。
- 《建筑(设计和管理)条例》[*The Construction (Design and Management) Regulations* (CDM, 2015)], 法定文书, 2015 年第 51 号, 健康与安全, 英国。
- 《全面和部分拆除实施规程》(*Code of Practice for Full and Partial Demolition*), BS 6187: 2011, 英国标准协会, 英国。

11.2.2 风险评估

一旦工程调查确定了退役方法, 应进行危害识别和风险分析研究, 如危害识别、What If、检查表, 以辨识危害因素并确定恰当的防护措施, 避免对人员、邻近财产和环境造成不利影响。HAZOP 方法侧重于分析与工艺流程图(P&ID)中描述的工艺系统设计意图的偏差, 不太适用于退役工作, 应用限于为去库存和净化安装的临时管线和连接件。

无论采用何种危害识别和风险分析方法, 项目管理团队都需要制定与退役工作更为相关的附加指南, 可能需要类似的指导词清单对作业许可证的发放进行补充。需要解决的关键问题是可能存在的危险品、解构或拆除方法和程序, 以及其他固有的现场特定危险, 如使用爆炸物、切割设备、起重机、大型机械或车辆移动、临时系统、再污染等。一些危险品可能引发火灾, 爆炸、毒性和其他健康危害。危害识别和风险分析研究应记录在案, 包括为解决建议而采取的措施。

具有潜在重大后果的危险应纳入风险登记册, 指定人员制定风险降低方案, 供项目管理团队定期审查。

有关退役危险的进一步指导, 请参阅以下出版物:《拆除人员、拆除专家观察并避免危险》[*Demolition Man, Expert Observations of Demolition Dangers and How to Avoid Them* (IChemE 2018)]。

有关危害识别和风险分析研究的进一步指导, 请参阅以下 CCPS 出版物:《危害评估程序指南》(第三版)[*Guidelines for Hazard Evaluation Procedures, 3rd edition* (CCPS 2017)]。

11.2.3 危险材料

在开始退役工作之前，大多数危险材料应可识别。但是，在工作期间始终存在发现另一种有害物质的风险，应在计划中对安全人员给予警示。

老化装置可能含有：

- 作为绝缘材料、防火材料和一些建筑材料的石棉；
- 电气设备(如电容器和变压器)、传热系统和一些涂层中的多氯联苯(PCBs)；
- 一些管道系统和含铅涂料中的铅。

可能存在的其他有害物质包括但不限于工艺流体(如碳氢化合物、活性化学品、酸、碱等)、重金属(如汞、铬、砷、钒等)、天然放射性物质(NORM)、废物流以及其他健康和环境敏感材料。

应制定适当的计划，对存在的所有危险材料进行去库存、移除、安全处理和处置，国家法规可以控制一些材料的处理和处置，工艺容器也应清洗干净以去除残余材料。

11.2.4 过程安全计划

应制定一份过程安全计划，该计划应针对拟进行的具体退役活动进行调整(附录 B)。本计划可同环境健康与安全计划相结合，应包括但不限于以下内容：

- 在任务或序列发生变化时正在进行的危害识别和风险分析研究，特别是交叉作业；
- 工程方法说明和相关任务风险评估、作业安全分析(JSA)；
- 将区域或系统移交给拆除承包商；
- 逐步退役程序；
- 安全作业规程，包括作业许可；
- 专用拆卸设备(如起重机、遥控潜水器等)；
- 安全设备；
- 认证(员工、设备)；
- 员工教育培训；
- 现场周边路障、围栏和警告标志；
- 安全监管；
- 防火和保护；
- 事件报告和调查；
- 应急预案。

11.2.5 公用工程

退役承包商需要一些公用设施，如电、水、下水道和通信，即使设施被完全解构或拆除。退役计划应考虑到这一点，或提供其他临时用品。开工前，应确定、保护、关闭或重新安置管线。在美国，国家拆迁承包商协会推荐使用彩色编码的公用线路：绿色表示拆除；红色表示保留。

地下管线或电缆位置隐蔽，可能没有图纸或图纸不符合竣工标准。尽管如此，地下设施应使用本地一次呼叫系统或同等系统进行识别和标记。架空公用线路也应关闭、隔离或保护。

11.2.6 重新设计

为了退役工作的顺利推进，一些现有系统可能需要重新设计或更换为新系统。例如，一个大型海洋石油平台的退役工作需要持续数年之久，过程中可能需要改变燃料供应(柴油代替产品气)，安装相关的储油罐和发电管道以及消防水泵。其他变化可能包括替换消防水泵(柴油机代替电动)，增加工业用水、高压交流电和平台起重机的需求量。另外，也需考虑现有发电机、泵和起重机的可靠性和容量，以及是否需要更换。

新系统的设计需符合目的，即使是临时或撬装式结构的，也必须安全可靠。这些变更将通过项目的变更管理过程进行管理(见下文第 11.5.10 节)，并且可能偏离基于更长资产寿命的现有公司标准，这种标准对临时作业可能不具有成本效益。

11.3 退役程序

为保障从地面和地下储罐到高分馏塔和结构的每项设备的逐步退役，需要制定详细的退役程序。该程序应反映工程调研、工程方法说明和危险源辨识与风险分析研究中建议的保障措施中确定的退役方法。此外还应制定一个任务序列，以便于解构或拆除每项设备。

大型装置的退役需要几年才能完成。例如，大型炼油厂或海上石油平台从停产到装置解构到彻底拆除需要长达 5 年的时间。对于海上平台，还需要拆除相关海底设备，耗时要更久。

尽管要退役的装置是不同的，但通常退役程序至少应解决以下问题：

- 后期运营；
- 停止生产；
- 清洁和去污；
- 解构和拆除；
- 移除和补救。

某些司法管辖区会严格监管这些阶段的许可、废物处理和场地修复过程，因此，计划和程序应符合减少环境敏感性工艺系统的要求。

这些程序需要处理许多任务，包括但不限于：减压、脱催化剂、隔离、净化、惰化、清洁、去污、解构或拆卸、拆除和移除。下面将详细讨论这几个阶段。

11.3.1 后期运营

在后期运营期间会对一些原料、中间工艺流程和产品逐步进行去库存，为最终退役做准备。例如，炼油厂可以改为低硫原油，以便关闭硫回收装置和相关胺系统，或者化工厂可以停用某些管道或储罐，并将管道内容物或罐底残留物转移到其他储罐进行加工或出口。在脱油后，应隔离、清洗和清洁设备。如果拆卸时需要动火，则需要对设备进行惰化和气体测试。

其他设备应保持正常运行，并定期进行维护，可适当减少一些非关键设备的预防性维护任务。安全关键设备的预防性维修工作不能延迟或停止。对于可能被封存或重复使用的任何设备，也应进行预防性维修。

退役期间，预防性维修可以保持一些其他正常工作设备的可靠性。例如，废水处理系统处置化学品时必须符合排放许可，但最终一些残余液体(如清洗液)可能需要到受监管的废物处置场进行场外处置，以避免违反排放许可。计划应包括：(i)取样残余液体以确定成分；(ii)尽量减少交叉污染和清洗液的体积以降低废物处理成本。有关老化设备考虑因素的进一步指导，请参阅以下 CCPS 出版物：《处理老化工艺装置和基础设施》[*Dealing with Aging Process Facilities and Infrastructure*（CCPS 2018d）]。

11.3.2 停产

彻底停产的工艺装置的停机程序与正常关停或设备维修、周转程序不同。在停止生产之前，要尽一切努力逐步处理所有（或尽可能多的）原料和中间产物。系统应通过火炬释放压力。对于便携式柴油驱动泵和柔性软管，需要进行变更管理和临时操作程序，以便从各种储罐和压力容器的底部以及管道的低点回收液体。所有未经处理的剩余工艺流体需要从工艺容器和罐中取出并妥善处理。

11.3.3 清洁和去污

在脱油后，应隔离、清洗和清洁设备。含有危险材料的设备通常需要对所有系统和互连进行正隔离。一些设备移除若涉及动火作业，则需要在惰化后用蒸汽、氮气和气体进行吹扫。互相连接的设备之间要采用正隔离以消除火灾和爆炸危险，尤其是在容器之间有空气间隙的情况下。大型储罐有时会出现气体释放问题，需要长时间的吹扫和通风进行气体置换。在其他退役活动开始之前，应清除所有残留的石棉。

清洁和去污可以简单用水冲洗（在某些情况下使用洗涤剂）并将其排放到废水系统。但是，有些设备可能需要加热、化学处理或机械清洁，以避免人员接触，并从准备重复利用的设备中清除不需要的化学品，以备再次使用。例如，有些系统可能需要中和酸或碱，或小心地清除和处置含有重金属或天然放射性物质的沉积物或污泥。容器和管道在清洗后可能会保留一些自然产生的放射性，应加以识别。

净化应按系统划分、在系统基础上进行，以避免交叉污染，并分阶段进行，以达到所需的“清洁”状态。通常，最初的化学清洗阶段是水冲洗，然后是蒸汽、氮气和压缩空气吹扫。每一个阶段之间，应对残余物质样品进行分析。如果残留物仍然很高，则重复该阶段。当残留物水平达到可接受标准时，再继续进行下一阶段。

11.3.4 设备设施封存

由于各种原因，设施或设备可能会暂时停止使用，然后将来再被重新启用。这些所谓的“封存”设施和设备需要特殊的退役程序，包括减压、去库存和清洁，再加上额外的保护措施和持续的检查、测试，以及为保持完整性和接近就绪状态而需要执行的预防性维护（检查）任务。这些措施可能包括保持适当的内部气体（例如干燥氮气）以防止腐蚀，并应贴上标签，警告工人：容器和其他设备内存在不安全气体。

一些设施有一个区域，用来存放已拆除（或超出当前要求）的设备，以便日后使用，这些“墓地”面临诸如资产完整性管理问题，应保留这些设备项目的设计和检查文件。

一些被封存的设施和单场设备再也无法启动，最终将走向永久退役。但是，如果封存的设施或设备确实会在后期启动，则应准备特别的重新试车程序，并完成检查、测试和预防性维护任务，以确保资产的完整性。设施或设备也应在启动前接受运行准备审查。

11.4 解构和拆除

在清洁和净化之后，就要对设施进行解构或拆除。解构和拆除活动需要各种专用设备，包括但不限于：起重机、载人升降机、履带锄、履带装载机、钢筋吊桶和拖车、切割设备

(液压剪、火炬、等离子弧、空气弧等)、抓斗、磁铁和混凝土处理器。这些和其他拆除设备需要经验丰富的工人才能安全操作。解构和拆除面临同样的危险，需要严格执行限制性商业惯例的某些要素，下文将对这些要素进行介绍。

11.4.1 解构

尽管解构看起来与施工相反，但任务顺序不是简单地将原始施工顺序反转，期间涉及许多额外危险(IChemE 2018)。解构涉及拆卸和分离潜在的可重复使用的设备和适合回收利用的材料。因此，解构的劳动力比拆除更为密集，而且可能比拆除更加耗时。当靠近相邻装置的一个工艺装置处于使用寿命结束且必须拆除时，这是首选的退役方式。

准备拆卸的设备应检查其内部是否存在污染物。如果分析结果显示样品不符合污染物的可接受标准，应使用化学品、水或蒸汽再次清洁设备，直到达到可接受标准。

在二次净化之后，可对设备进行检查和测试，以确定其未来再利用的价值，并在适当的情况下，将其分解成部件。如果检查和测试结果表示设备适合再次使用，则可在其他公司出售或使用。

案例分析：工艺装置退役

待退役的工艺装置带有一个很高的分馏塔，并且处在其他在役工艺装置的包围中。合同规定解构装置，但退役承包商请求作业许可以推倒分馏塔。工厂经理和作业许可证管理部门拒绝给予许可，并强调了合同要求。

第二个周末，当工作人员不在场时，承包商在没有任何作业许可证的情况下推倒了分馏塔。塔楼倒在一条工厂道路上，却没有设置路障以防止车辆和行人通过。庆幸的是没有人员受伤，其他工艺装置也在振动冲击中幸存下来，没有被中断操作或损坏。但是，一条含油污水管道被损坏。稍有偏差后果可能就要严重很多。值班人员召集了工厂管理人员，并对退役承包商进行了纪律处分。

可能在其他地方重复使用的设备应移除、贴上标签、隔离、检查，并采用适当的保存措施进行储存，包括持续到装置废弃处置的检查、测试和预防性维护任务。此外，应保留该设备的设计信息和检查记录，设备在运输时也要进行包装和其他附加措施进行保护。有关工艺设备再利用的进一步指导，请参阅以下 CCPS 出版物：《资产完整性管理指南》[*Guidelines for Asset Integrity Management*(CCPS，2017)]。

完成所有必要的解构作业后，可拆除剩余结构。

11.4.2 拆除

拆除比解构的劳动密集度低，涉及大量的大型设备、专用机械和回收设备。据报道，拆除和解构中，适合回收利用的材料百分比相似，高达90%，可以抵消退役成本。

大多数拆除活动涉及使用水力剪切机进行低能切割、大型设备挖掘地下管道，以及切割和铲平结构。司机在驾驶室内受到保护的情况下，可以使用配有液压剪的长距离履带锄或挖掘机，安全地将钢管、储罐和一些结构切割成小块；也可使用空气电弧(亦称空气碳弧)切割和其他动火作业切割设备。即使使用了液压剪也要监测是否存在去污剂，这很重要，特别是在储罐拆除过程中的易燃蒸气。有些项目还需要监测爆炸性粉尘的含量。

在拆除过程中，有一小部分工作是用炸药高效、省时地推倒或内爆结构。该部分工作要求工作人员有丰富的经验，并注意不要损坏需要退役的任何邻近设施、下水道和其他地下设施。爆破不适用于选择性拆除工艺设施的一部分，例如由其他装置包围的单个工艺装置。

主管人员应在拆除过程中持续检查，以辨识因工艺设备、结构和建筑物减弱而产生的任何危险。安全员还应持续监督，以识别其他危险，并确保作业许可要求和其他安全措施到位。为保持道路和其他工作区域的清洁，应监控清除拆除的钢筋、混凝土和其他碎片的清扫工作。

11.5 退役过程安全

实施过程安全管理体系对于确保退役活动(解构或拆除)在不损害人身、财产或环境的情况下安全进行至关重要。虽然该体系主要围绕危害识别、安全作业规程和详细的退役程序建立，但也包含一些其他很重要的过程安全要素，如下所述。

11.5.1 承包商管理

如前文所述，大多数公司不具备退役工作方面的专业知识，因此工艺设施的解构或拆除应首先选择具备项目所需能力、经验和资源(劳动力、专用设备)的承包商。理想情况下，承包商的能力应包括但不限于：

- 工程勘测；
- 编制竣工图；
- 熟悉如何净化、解构和拆除相关类型的设施、结构和建筑物(如化工厂、钢罐、管道、变压器等)；
- 了解如何安全地消除异常危害(如石棉、重金属、天然放射性物质等)；
- 准备解构和拆除程序；
- 安全执行解构和拆除任务，包括操作大型和专用设备；
- 拆卸、隔离和跟踪设备以供再次使用或出售；
- 回收、分离和出售可回收材料；
- 生产、储存和妥善处置液体和固体废物；
- 地表和地下污染的环境复原。

与承包商领导召开动员前会议，讨论环境健康与安全以及过程安全期望、规则和程序。在现场动员时，退役工作人员(包括任何分包商)应在首次进入现场时接受入职培训。此后，应每天向工作人员简要介绍其工作的危害以及工作现场附近的任何危害，可以通过工前安全会议、参与开发 JSA 或其他方式来实现。应强化定期安全会议程序，并分享从已发生的事故中吸取的教训。

项目和承包商雇佣足够数量的安全专家和解构、拆除监督员应在现场周围保持持续的文明施工，以确保合同工人安全履行工作，合同服务不会增加风险。承包商车辆和大型设备符合项目安全标准，保持安全工作秩序，并始终由合格的操作人员操作是管理的关键目标。对于不遵守安全政策、规则和程序的人或者行为，应当零容忍。

项目管理团队应定期审查承包商在满足环境健康与安全和过程安全期望、规则和程序方面的绩效，如果需要改进绩效，应迅速进行干预。管理评审过程还应确保承包商遵守合同条件。关于承包商管理的进一步指导见以下 CCPS 出版物：《基于风险的过程安全》[*Guidelines for Risk Based Process Safety* (CCPS 2007)]。

11.5.2 安全文化

在退役活动开始时，项目管理和承包商领导层应建立一个积极的环境，使各级承包商员工致力于安全工作。作业的开展与安全文化密切相关，领导层应设定解构和拆除任务的预期，以符合 EHS 和过程安全程序的深思熟虑、谨慎和结构化的方式执行。管理者应树立员工榜样，确保员工正确执行任务，并在出现偏离预期绩效的情况下执行高标准。

关于安全文化和操作行为的进一步指导可从参照以下 CCPS 出版物：《创建、加强和保持过程安全文化的基本规范》[*Essential Practices for Creating, Strengthening, and Sustaining Process Safety Culture* (CCPS 2018e)]；《基于风险的过程安全》[*Guidelines for Risk Based Process Safety* (CCPS 2007)]。

11.5.3 员工参与

员工广泛参与报告危险和改进退役活动，对安全文化构建有积极的推动作用。领导层应听取员工关心的事情，并考虑和解决与解构、拆除人员最相关的经验教训。

对一些员工来说，这可能是一个非常担忧的时期，因为他们的就业与正在退役的工艺装置直接相关，这些员工的工作重心可能不会始终放在工作上。因此，经理、主管和安全人员必须在退役期间定期巡视，以观察和激励员工。

有关员工参与的进一步指导，请参阅以下 CCPS 出版物：《基于风险的过程安全》[*Guidelines for Risk Based Process Safety* (CCPS 2007)]。

11.5.4 利益相关者

在退役前和退役期间，项目管理者团队应定期与其主要利益相关者举行会议，让他们了解情况，了解问题，寻求一致性，并获得监管部门的批准(如许可证)，以便顺利进行解构和拆除工作。例如，当地社区可能担心由噪声和每天进出现场的大量交通造成的干扰。除了退役工人的车辆外，可能还有大量卡车处理供再利用和可回收利用的设备，以及液体和固体废物。路线规划应尽量避免对当地社区造成干扰。主要项目利益相关者可能包括当地社区、监管机构、应急服务、员工、工会、合作伙伴和承包商。

关于利益相关者拓展的进一步指导可从以下 CCPS 出版物获得：《基于风险的过程安全》[*Guidelines for Risk Based Process Safety* (CCPS 2007)]。

11.5.5 风险评估

退役活动，如化学清洗、高处作业、近水或水上作业、大量起重机、动火作业、进入受限空间、使用爆炸物、挖掘、使用多辆车辆和移动机械，涉及许多危险。极接近的交叉作业进一步增加了复杂性，应进行交叉作业研究来识别和管理潜在的相互影响。

项目在规划阶段的初步危害识别和风险分析研究已经确定了一些退役危害和建议的保障措施。然而，危害识别和风险分析研究不可能认识到所有的解构和拆除危害。项目应确保严格执行安全作业规程，每个作业许可都应有任务危害评估支撑，如作业安全分析(JSA)。作业安全分析(JSA)，也称为作业危害分析(JHA)和任务危害分析(THA)，应由工作人员，最好是安全专家(如适用于特定任务的过程安全、职业安全、工业卫生学专家等)进行，以识别获批准工作每个步骤的潜在危害，并确定危害管控防护措施。

所有危险(包括工作现场附近的任何危险)和要求的防护措施必须传达给相关工作人员。

工作人员还应向其主管报告危险和不安全情况，以便引起项目管理人员重视。

关于危害识别和风险评估的进一步指导请参照以下 CCPS 出版物：《基于风险的过程安全》[*Guidelines for Risk Based Process Safety* (CCPS 2007)]；《危害评估程序指南》，第三版 [*Guidelines for Hazard Evaluation Procedures, 3rd edition* (CCPS 2008)]。

11.5.6 安全作业规程

严格执行安全作业规程至关重要，所有退役工作人员必须遵守业主或项目规定或要求的、获批的安全作业规程，业主或项目规程可能比当地法规更严格。

安全作业规程可包括但不限于：

- 现场进入控制；
- 作业许可；
- 动火作业(电弧和等离子切割、研磨、明火和火花等)；
- 能量隔离(上锁挂牌)，包括地下设施；
- 断路；
- 高处作业(脚手架、载人电梯、坠落防护等)；
- 动土作业(地下电缆或管道、支撑、斜坡等)；
- 进入受限空间(包括挖掘、污水坑、下水道等)；
- 重物吊装(起重机、升降机平面图、信号机、叉车等)；
- 电气系统(高压、架空或埋地电缆等)；
- 车辆和移动重型机械(挖掘机、卡车、起重机等)；
- 危害沟通(化学品安全说明书、化学清洗等)；
- 近水或水上作业；
- 异常危险(如石棉、多氯联苯、重金属、天然放射性物质等)；
- 处理和储存爆炸物；
- 废物处理；
- 个体防护装备(PPE)，包括眼、脸、头、手、脚、呼吸、听力、坠落防护等。

每一个退役人员都需要进行入职培训，内容涉及现场安全作业规程、应急响应计划和关键安全规则。此后，领导层应建立日常监管和定期审计(由项目主管和安全专家实施)，以确保安全作业规程落实，如果没有落实则进行干预以强制实施。如果屡次违反规程和程序规定，应给予纪律处分，甚至解雇。

某些区域只存在与承包商解构或拆除大型机械和车辆相关的风险，例如，在退役承包商控制下的围栏区域，这些区域可以适当签发“综合作业许可”。对于运营或项目团队已隔离和转移的区域或系统，应正式移交给承包商，移交内容应包括与工艺化学品、工艺设备和图纸相关的文件。在危险未发生变化的情况下，可定期更新综合作业许可，每一个作业许可均以 JSA 为支撑。每天应召开工前安全会议讨论当天的工作任务、危险、所需的防护措施和邻近活动。作业许可、JSA 和会议应以员工的母语进行沟通。

项目安全专家和承包商雇佣的人员应保持较高的安全标准，包括良好的内务管理、在大型起重和挖掘等作业的障碍物后面设置禁区。一名合格的工作人员应为每台大型起重机制定详细的起重计划，以管理其危害和风险。

有关安全作业规程的进一步指导，请参阅以下 CCPS 出版物：《基于风险的过程安全》

[*Guidelines for Risk Based Process Safety* (CCPS 2007)]。另外，美国 OSHA 和英国 HSE 官方网站也提供相关指导。

11.5.7 EHS 和过程安全流程

部分 EHS 和过程安全程序可由当地法律法规规定，为了满足业主或项目对 EHS 和过程安全的期望，需要额外制定更高的标准和附件流程，并涵盖第 11.5 节中讨论的所有要素。但所有退役项目所需的最重要的是以下几项：

- 风险评估(第 11.5.5 节)；
- 安全作业规程(第 11.5.6 节)；
- 资产完整性管理(第 11.5.9 节)；
- 变更管理(第 11.5.10 节)；
- 应急管理(第 11.5.12 节)；
- 事故报告和调查(第 11.5.13 节)。

各项目应仔细确定是否存在与退役活动相关的其他 EHS 和过程安全流程。

11.5.8 培训和能力保证

通常情况下，以资质和能力水平为标准来选择承包商和分包商，但有时会存在承包商资源过度紧张或失去关键人员的问题。项目应确保承包商具备履行承担工作所需的技能和资源，可通过审查工艺技能证书、审计和非正式面谈核实可调动资源是否具备所需的技能和经验。发现任何不足之处都应与相关承包商协商解决，并可能产生合同后果。

除了承包商负责提供受过训练、有能力的工作人员之外，项目还应确保每一位承包商作业人员(包括分包商)在进入施工现场之前，都接受了适合其工作任务的某种形式的入职培训。培训内容应包括但不限于：

- 业主和项目的过程安全和 EHS 期望；
- 现场安全规则；
- 现场安全作业规程(见上文第 11.5.6 节)；
- 现场应急响应计划(见下文第 11.5.12 节)；
- 与退役任务相关的现场特定危险。

在极少数情况下，特别是在需要雇用经验不足的承包商时，项目可能会提供额外的培训。

有关培训和能力保证的进一步指导，请参照以下 CCPS 出版物：《基于风险的过程安全》[*Guidelines for Risk Based Process Safety* (CCPS 2007)]；《定义过程安全能力要求指南》[*Guidelines for Defining Process Safety Competency Requirements* (CCPS 2015)]。

11.5.9 资产完整性管理

上文第 11.4.1 节中简要介绍了一些设备的潜在再利用价值。为了验证设备零部件是否适合销售或重复使用，应在停产、清洁、去污和移除后对其进行检查，可能还需要拆卸。此后，在设备储存直至出售或重新使用期间，有必要进行检查、测试和预防性维护任务以保持和维护设备质量和完整性。大型装置的退役持续时间较长，应遵守制造商的保护建议，以避免因老化(如腐蚀、疲劳和脆化)而退化。

在重新使用之前，需要进行各种质量管理规程(如变更管理、重新试车程序)来验证所用设备是否适合新服务，至少应考虑：

- 设备停用和储存的时间；
- 设备储存期间正在进行的检查、测试和预防性维护任务计划。

关于老化设备考虑因素的进一步指导请参照以下出版物：《处理老化工艺设施和基础设施》[*Dealing with Aging Process Facilities and Infrastructure* (CCPS 2018d)]；《设备老化、含危险液体或压力设备的管理》[*Plant Ageing, Management of Equipment Containing Hazardous Fluids or Pressure* (HSE 2006c)]；《老化设备管理：总结指南》[*Managing Ageing Plant: A Summary Guide* (HSE 2010b)]。

有关资产完整性管理和设备再利用的进一步指导，请参阅以下 CCPS 出版物：《资产完整性管理指南》[*Guidelines for Asset Integrity Management* (CCPS 2017)]。

11.5.10 变更管理

退役期间可能涉及变更问题，例如发现了先前未确认的危险，或某些拆除的机械因故障不可用，从而引起变更。无论什么原因，退役计划和程序的所有变更都应遵循与施工阶段类似的变更管理流程(详见第 7 章第 7.4.15 节)。

变更管理的重点是理解和管理变更风险，并遵循适当的分级管理审批流程。

有关变更管理的进一步指导，请参照以下 CCPS 出版物：《基于风险的过程安全》[*Guidelines for Risk Based Process Safety* (CCPS 2007)]；《过程安全变更管理指南》[*Guidelines for the Management of Change for Process Safety* (CCPS 2008)]。

11.5.11 运行准备审查

一些工艺公司在执行某些关键或危险退役任务之前，已实施了“安全停止”，证明风险已得到适当评估和缓解。这种做法类似于化工厂启动前的“通过或不通过”决策，通过制定适当的 What If 检查表进行。表 11.2 所示为液体转移检查表示例。

表 11.2 安全停止检查表示例*

液体转移 What If 或检查表问题	液体转移 What If 或检查表问题
转移的条件(惰化、接地等)是否正确?	污水能否安全排放，是否符合现场排放许可?
若混合可能会造成什么后果?	还有哪些转移可能同时进行?
由此产生的混合物是否安全(热化学、易燃性、可燃性等)并易处置?	

* Dixon-Jackson, K., Lessons Learnt from Decommissioning a Top Tier COMAH Site, Symposium Series No. 154, IChemE, Rugby, UK, 2008.

11.5.12 应急管理

退役现场的应急预案和必要的资源应在动员前阶段制定，并在动员或早期执行期间进行桌面或应急演习，以检验其有效性。该计划应解决与施工阶段类似的问题(见第 7 章第 7.4.16 节)，加上一些特殊的退役因素，例如但不限于：

- 现场疏散；
- 急救和医疗救护；
- 火灾和爆炸；
- 有毒化学物质释放；
- 碳氢化合物或化学品泄漏，包括防止地下水污染；
- 从高处、封闭空间或水中营救；

- 车辆或移动机械事故；
- 触电；
- 因滑倒、绊倒、摔倒、被撞击或挤压而受伤；
- 不稳定结构或建筑物；
- 安保事故(如非法侵入)。

一些现场面临的主要问题是应急资源有限。例如，在退役工作的某个阶段，公用设施供应，特别是消防水系统，可能被隔离或不足。同样地，劳动力可能会大幅减少，无法支持内部消防和应急管理小组。在实施退役前，应将结构或拆除活动情况通知外部机构，包括医务人员、消防部门、公用事业公司和地方当局，以备不时之需。

退役期间的另一个问题是如何维护现场周围通道。解构和拆除活动，特别是使用爆炸物的情况下，将封闭场地内的一些区域和道路，因此，应建立一个系统，以备应急服务部门对任何可能发生的事件迅速做出反应。

有关应急管理的进一步指导，请参照以下 CCPS 出版物：《基于风险的过程安全》[*Guidelines for Risk Based Process Safety* (CCPS 2007)]；《现场应急技术规划指南》[*Guidelines for Technical Planning for On-Site Emergencies* (CCPS 1995)]。

11.5.13 事故调查

项目应建立一个能上报所有事故的系统，包括但不限于在退役现场内发生的伤害、疾病、火灾、化学品泄漏和财产或车辆损坏，并要求所有承包商和分包商使用该系统立即报告事故。

项目还应确保对所有事故和未遂事件进行调查，以确定其根本原因，提出并跟踪落实预防措施防止再次发生，记录经验教训并传达给员工。

事故调查的进一步指导请参照以下 CCPS 出版物：《基于风险的过程安全》[*Guidelines for Risk Based Process Safety* (CCPS 2007)]；《化工过程事故调查指南》，第二版[*Guidelines for Investigating Chemical Process Incidents, 2nd edition* (CCPS 2003)]。

11.5.14 审计

除日常安全监督之外，为了更深入地调查解构和拆除活动，项目管理团队应定期进行 EHS 和过程安全审计。

这对于长期的退役工作(即多年任务)尤为重要，为提供客观的审查结果，这些审计最好由未分配到现场的独立审计员进行。

所有审计发现、建议和改进机会均应记录在案，并跟踪落实纠正措施。后续审计应验证纠正措施是否解决了原先发现的问题。

关于审计的进一步指导请参阅以下 CCPS 出版物：《过程安全管理体系审核指南》[*Guidelines for Auditing Process Safety Management Systems* (CCPS 2011)]。

11.5.15 废弃处置

在去库存、去污和退役过程中，需要处理各种蒸气、液体和固体材料。在排放许可范围内，大多数蒸气应燃烧，但有些蒸气可能需要焚烧。大多数液体应输送至现场污水处理系统，但必须经过分析，并确保不超过排放许可。如果废水和废液的特性超出许可令规定的标准，则应将其运至许可的工业危险废物处置场，这些场所能够处理(例如焚烧、氧化等)、储存和处置危险废物(例如注入井、地面蓄水等)。

项目管理团队和退役承包商应尽量减少送往废物处理设施的材料，并保存所有装运记录。

固体材料的处理过程有多种选择，包括：

- 将拆除的设施完全转移到另一个地点重新使用；
- 彻底拆除设施并进行回收或填埋处理；
- 部分出售或再利用、部分拆除或处置用于回收或填埋。

碳钢、合金、铜电缆、混凝土和其他固体材料应尽可能分离和回收。一些固体废物必须运到许可的填埋场或焚烧。项目管理团队和退役承包商应尽量减少运至垃圾填埋场的材料，并保存所有装运记录。

11.5.16 修复

项目的最后阶段涉及场地修复，以便将场地恢复为将来可能不同于原始退役设施的用途。

地表和地下污染的环境修复需要结合原位和非原位净化环境技术来去除有害物质。

多年来泄漏到地下的化学物质的净化将是一笔庞大的支出，包括地下水保护、受污染材料的挖掘、补救、回填和场地平整。在拆除设施并开始清理之前，可能无法知道污染程度。

> **案例分析：炼油厂退役**
>
> 炼油厂的退役和环境清理需要广泛的现场活动，包括石棉消除、危险废物清除和处置(包括四乙基铅和催化剂)、设施拆除和材料回收。修复被烃类物质污染的土壤和地下水需要一个由40多口井、空气喷射鼓风机和压缩机以及火炬组成的抽气系统。从炼油厂下面清除和销毁了超过1300t的烃类物质。

11.6 其他项目活动

除退役所需的各种过程安全和技术活动外，还需要许多其他活动来支持项目的顺利开展。其中一些活动会贯穿整个退役活动，如果退役周期很长，则需要项目管理团队和承包商之间执行良好的界面管理以定期更新。

11.6.1 EHS和过程安全计划

在开始退役前制定的EHS和过程安全计划(见第11.2.4节)应定期更新，以反映危险或退役活动的任何变化(见附录B)。

11.6.2 风险登记

应更新在计划阶段编制的项目风险登记簿(见第11.2.2节)，以了解在去库存、清洁或去污、退役期间发现的、任何新的或变更的危害或风险(见附录C)。将制定响应计划来管理每个项目的责任落实到个人，同时，项目管理团队应定期审查登记和响应计划。

11.6.3 行动项跟踪

项目管理团队应编制一个行动项跟踪数据库或电子表格，内容包括但不限于：任何具有法律约束力的监管或合同要求或承诺、专家研究的建议、事故调查、同行评审和其他保证过程。项目管理团队还应记录其承包商产生的行动项，并确保所有行动项逐步得到解决、结束和记录。

11.6.4 一般退役管理

除衡量进度和支出外，在退役期间还应继续开展一些其他一般管理活动，包括但不限于：

- 承包商人员的管理；
- 合同控制；
- 与承包商定期召开进度会议（通常每周一次）。

项目管理团队还应保存每日日志作为退役进度的记录，以详细说明重要活动领域。该日志应包括以下日期和细节：向承包商发布的文件、向承包商发布的区域和系统、现场劳动力数量和设备、成果、照片、劳资纠纷以及任何天气或其他延误。这些信息对于在合同完成时解决或质疑承包商索赔特别重要。

11.6.5 阶段关口审查

应进行一次或多次阶段关口审查，以评估项目组是否充分解决了退役的技术、过程安全和 EHS 方面的问题。按照行业惯例一般进行独立审查：

- 在计划评估退役准备工作之后；
- 在解构或拆除的早期阶段评估退役程序的实施情况。

这些审查大致等同于详细设计阶段（见第 6 章第 6.8 节）和施工阶段（见第 7 章第 7.9 节）（见附录 G）的阶段关口审查。表 11.3 列出了项目退役的阶段关口审查典型范围，但是，审查范围应根据退役项目的现场具体性质进行调整。

表 11.3　项目退役阶段关口审查范围

审查范围
确认退役项目计划是否充分
确认运营团队在必要时参与退役活动的准备工作
确认危险源辨识与风险分析研究已完成，所提建议得到圆满解决
确认已经进行了适当的专家评审，评审结果得到圆满解决，工程控制和检查均已到位
确认过程安全和 EHS 管理体系（包括过程安全和 EHS 计划）得到有效实施
确认已制定应急响应计划，用于解决与退役相关的过程安全风险
确认过程安全和 EHS 方面已得到充分考虑，适合退役
确认退役员工的培训、能力和绩效保证安排充分且正在实施
确认退役项目组有一个稳健的流程来进行与承包商的界面管理
确认包括质量管理在内的资产完整性管理过程足以维持结构和设备的完整性

应追踪针对审查建议所采取的行动项直到问题解决。

11.7 小结

工艺装置、结构或设备的退役是一个复杂的过程，需要一种结构化的退役方法。事实上，退役本身就应该被视为一个项目，有诸多危害和机会可能导致过程安全事件和不合规行为。为了保证无事故退役，需要正确的现场文化和承诺、项目和承包商的员工、详细的计划、严格的危害识别和风险分析、合格的承包商以及严格执行详细的解构和拆除程序和做法。每个要拆除的设施都有其独特的特点，需要根据其特点制定具体的退役程序，这些程序要比简单的“拆除”复杂得多。

12 文件

所有项目，无论大小，都需要、使用并生成大量信息。这些信息既可以是纸质副本，也会越来越电子化，并且可能存在多种形式，包括但不限于：

- 备忘录、信件。
- 程序和规范：
  - 项目程序(行政管理，人事管理等)；
  - 过程安全和 EHS 程序。
- 技术文书：
  - 报告书；
  - 技术指标；
  - 图纸；
  - 守则和标准；
  - 质量证明书。
- 法律和合同：
  - 许可证；
  - 合同(和合同修订)；
  - 订单。
- 数据库：
  - 行动项跟踪；
  - 风险登记簿；
  - 事件。

这些信息的开发和集成从早期开始，并在整个项目生命周期中持续进行。最终，必须将很大一部分信息移交给运营单位，以进行装置的持续运营、资产完整性管理和未来发展。

12.1 文件管理

文件管理包括有效处理项目开发带来的大量信息和文件所需的设备和程序。大多数项目都有一个由纸质文件和电子信息组成的系统，但是目前越来越趋向于电子化。大型资本项目使用 CAD 和 3D 建模系统进行设计和绘图，未来的进展可能会将更多的技术信息集成到这些软件系统中。最终，系统的选择取决于项目的规模、记录类型、用户数量、用户偏好以及现有的系统。

然而，无论是纸质、电子还是两者组合，所有的文件管理系统都需要配备一个优秀的文件索引系统，并注意文件格式，尤其是在运营单位拥有现存信息和文件管理系统的情况下，格式和索引(引用编号或编码)应该与该系统兼容。因此，项目信息和文件管理系统需要尽早设计，包括硬件、程序、目录或档案格式。一旦项目团队或代表他们的承包商开始整理和编码文档，再进行更改的话费用将会更加昂贵，并可能会破坏文档。

文件需准备妥当，以便随时能供工作人员参考，安全地执行工作。在项目环境下，必须在项目早期定义工艺安全信息和其他基本文件，即“正确的信息”在“正确的时间”可用，做出“正确的决定”，以便从工艺安全和技术角度优化装置设计。一些信息可能会被多个工程师频繁访问，而其他信息可能具有更高的历史价值。

案例分析：工厂扩建图纸缺失

大型工厂的扩建涉及多个蒸馏塔的塔板或填料新增。五年后，一个仿真培训项目需要扩建项目的文件和图纸，然而，相关图纸并不在工厂工程设备文件中。

首先联系原始项目组，确认图纸已存档。随后，两名工作人员花了几周时间，只找到大约一半数量的图纸，而且，这些图纸大多是“批准施工”而不是“竣工”，并以不同的方式存档：(ⅰ)安装塔板的承包商；(ⅱ)检查文件夹；(ⅲ)设备文件夹。所有图纸都不在与塔板制造商相关的文件夹中。当与制造商联系时，制造商可以为丢失的图纸提供一份新的图纸(非“竣工”状态)。

仿真培训项目如期进行，没有推迟。但是，除了产生与搜索相关的少量费用外，在紧急情况下(例如，过程异常或性能损失)，故障检修可能会折中，并影响产品质量或生产。

许多项目设计活动，特别是项目前期阶段(FEL)，都是迭代更新的，这意味着过程安全信息和其他文件是经常变化的。当新发布或更新法规、行业或公司标准时，也可能发生信息变化。因此，在使用过程安全信息之前，验证其准确性和时效性至关重要。项目变更管理程序要求变更控制文件或图纸，并确认有权访问的用户始终可以获得最新信息。

此外，文件控制需要复制和分发多份纸质副本。当在现场使用多份被取代的纸质文件或图纸时，施工和预试车期间的后期设计变更可能会遭遇困难。应制定特别程序，例如带有编号纸质副本的受控分发，以确认向潜在的大量用户提供了最新的信息。

项目，以及后来的运营单位，应该为每种类型的信息建立一个保留政策，国家或地方法规可能会规定某些信息的最短保留期限。就项目而言，大部分文件将移交给未来的运营单位，可能还需要保留部分信息用于其他目的，例如：

- 法定或可能的审计，例如确认设计标准；
- 履行法律责任和财务、税务审计；
- 用于未来项目的参考和估算，例如项目竣工报告或数据。

运营单位收到的移交文件将用于装置的持续运营、资产完整性管理和潜在的未来发展。因此，这些信息中的大部分应在装置的使用期限内妥善保留。运营单位还将生成与运营单位的过程安全和 EHS 管理体系相关的更新和附加文件，如危险源辨识与风险分析再验证、变更管理、事故调查等，更新和附加信息应遵守运营单位的保留政策。

大量过程安全信息和其他项目文件的创建需要耗费大量的工作，如果丢失，很难重新创建。因此，应保护项目和运营单位文件防止各种意外：

- 无意或未经授权的变更；
- 物理移除或归错档案；
- 环境损害，如水和烟雾损害；
- 全部损失，例如火灾；
- 由于缺少备份或计算机数据库更改不兼容而造成的电子文件丢失。

纸质文件应复制并储存在单独的位置或保护在防火保险箱或建筑物中(例如，根据 NFPA 232 记录保护，2017 版)。电子文件应定期备份在远程位置的冗余服务器上。应建立控制措施，以防止未经授权的更改、物理移除和错误归档。

更多信息和指南请参照以下 CCPS 出版物：《过程安全文件指南》[*Guidelines for Process Safety Documentation* (1995)]。

12.2 过程知识管理

根据本书的目的，本章的其余部分将集中于横贯项目生命周期的过程安全文件的制定、集成和管理。

过程知识对于理解项目中的固有危害和风险至关重要。因此，过程安全信息是基于风险的过程安全的基础，在项目的每个阶段由过程安全活动执行和生成。在过程早期识别危险并开发管理这些危险的风险范围是在安全、资本成本、可操作性和生命周期成本之间实现平衡的关键步骤。

每个项目的范围和管理基本不同，这会影响过程安全信息的时间、需求和生成。附录 F 提供了包含过程安全信息的综合列表，其中一些可能与项目范围有关。

下述讨论阐明了项目生命周期每个阶段的典型过程安全信息，一些项目在生命周期的一个或多个早期或后期阶段可能需要或产生相同的信息。

12.2.1 项目前期 FEL-1 阶段

项目前期 FEL-1 阶段实质上是项目评估或可行性研究阶段(见第 3 章)。在评估完符合公司战略的广泛发展方案之前，该项目的商业可行性是未知的。因此，替代技术、工艺流程和位置通常根据价值、风险(威胁和机遇)和不确定性进行评估。

过程安全考量必须在概念阶段的早期开始，以便优化目标，如安全和风险降低。每一种替代发展方案通常要基于高标准进行审查(因为不太可能获得详细信息)，以确定潜在危险和固有的安全技术。这需要一定范围的过程安全信息，包括化学危害(例如易燃性、毒性、反应性)、危险库存、适用的规范和标准，以及初步危险源辨识和概念风险分析(CRA)研究所需的其他数据，例如每个替代过程的操作参数(例如温度、压力)，以及特定位置的信息(如地形、气象)。表 3.1 列出了常见的审查问题和信息。

经过一番讨论，一些开发方案可能会被拒绝，但在安全、技术和商业可行性方面确定的最有希望的开发方案(如有)将进入项目前期 FEL-2 阶段进一步开发。尽管如此，所有经过考虑的方案及其被选择或拒绝的原因都应记录在案，并附上所用的所有过程安全信息、所做的假设和所获得的结果。最后，评估了所有方案的阶段性审查结果应予以报告。

12.2.2 项目前期 FEL-2 阶段

在项目前期 FEL-2 阶段，最有潜力的发展方案进一步细化和评估，以最大化地获得机会，并将威胁或不确定性降低到选择单个方案的程度(见第4章)。通过创建初步开发计划，包括场地、装置和基础设施要求，继续开发该方案，以推进项目前期FEL-3阶段。

通常，过程安全信息和其他文档的主要编辑始于项目前期FEL-2阶段。虽然关注的重点放在所选的单个方案上，仍应保留所有被拒绝的"有潜力方案"的相关文档。随着事态的发展，一些早期的过程安全信息将需要修订和更新。

项目前期FEL-2阶段典型文件，包括但不限于：

- 公司政策、标准和规范(包括过程安全、EHS、文件管理、保险要求)；
- 国家或地方法规；
- 工程规范和标准；
- 化学危害(易燃性、爆炸性、毒性、反应性、腐蚀性等)；
- 工艺技术(化学、危险品清单、流程框图、工艺流程图、质量或能量守恒等)；
- 工艺参数(安全上限、下限，偏差后果等)；
- 工艺设备(关键项目、施工初步材料、总图等)；
- 保护系统(针对重大危险)；
- 设计危害管理策略或过程(见第4章第4.2.1节)；
- 设计理念(如排污、泄压和火炬系统、火灾和气体等)；
- 位置特征(地形、气象、人口、基础设施等)；
- 初步研究(危险源辨识、概念风险分析、本质安全设计、装置选址、排污或泄压、火灾和气体等)；
- 初步计划(开发计划、过程安全计划、EHS计划等)；
- 危害或风险登记；
- 行动项跟踪数据库；
- 审核或审查报告(技术同行评议、阶段性审查等)；
- 可交付成果(需求说明、技术计划、设计大纲基础、长周期项目采购计划、成本估算、项目进度表)；
- 初步战略(项目组织、危害识别与风险分析、试车、运行和维护)；
- 社区外战略或计划，分区缓冲区(如相关)；
- 安全设计案例的其他信息(如适用)；
- 项目前期阶段性审查报告和后续记录。

大部分文件都是高层级、初步的设计，可能会有所变化。随着开发的进行，应该进行更新。

12.2.3 项目前期FEL-3阶段

在项目前期FEL-3阶段，为了确认项目选项，赢得项目资金支持(见第5章)，进一步定义了所选的开发方案。这涉及完成项目最终工程设计包，其中包含所有基本信息，如主要设备、施工材料、管道或接头、钢结构、布线、建筑物等的详细信息。为此，需要更新和最终确定项目前期FEL-2阶段的信息，准备初步图纸(如布局、工艺流程图、因果关系图)和工艺设备数据表。

过程安全信息和其他文件的编制，包括计算和设计假设，将在整个项目前期FEL-3阶段和项目实施过程中继续进行。随着设计的发展，早期的信息往往需要修改和更新。随着项目定义水平的提高，对重大危险源的评估涉及比先前可行的更详细的、定量的危险源辨识与风险分析研究。这样就可以通过应用本质安全设计原则和各种被动和主动设计安全措施来优化剩余风险。

项目前期 FEL-3 阶段典型文件，包括但不限于：

- 来自项目前期 FEL-2 阶段的修订或更新信息(见上文第 12.2.2 节)；
- 初步工艺流程图；
- 设计计算或假设；
- 主要设备和保护系统的采购规范(安全关键设备，包括安全仪表系统)；
- 工艺设备和保护系统数据表；
- 性能标准[安全关键设备(SCE)、安全仪表系统(SIS)，其他设计安全措施]；
- 工程规范和标准的偏差或例外和相关豁免；
- 项目基础工程设计包；
- 项目变更管理流程；
- 商业协议；
- 主要设备合同；
- 战略、计划：
  - 承包、采购；
  - 资源、培训；
  - 完整性管理、工程保证；
  - 质量管理；
  - 合作伙伴管理；
  - 监管审批管理；
  - 初步应急响应。
- 项目前期第 3 阶段性审查报告和后续记录。

尽管文档越来越详细，但仍可能会有所变化，应随着开发的进展而更新。

12.2.4 详细设计阶段

在项目前期和财务批准后，项目进入执行的第一阶段，即详细设计(见第 6 章)。许多项目前期工作需要改进和更新，以在采购和施工前完成设计。

因此，在整个详细设计过程中继续进行过程安全信息和其他文件的编制，包括计算和设计决策。期间必须对承包商、销售商和供应商的活动进行监控，以确保相关文件的顺利编制。其中一些运营团队所需要的文件对装置的持续运行和维护至关重要。

典型的详细设计阶段文件，包括但不限于：

- 来自项目前期 FEL-3 阶段的修订或更新信息(见上文第 12.2.3 节)；
- 项目实施计划；
- 项目实施记录(支出、计划、进展、质量、过程安全、EHS、行动项等)并向业主报告。

设计

- 设计研究和跟进(除项目前期之外，如安全关键设备脆弱性、风险评估方法、安全脆弱性分析、交叉作业、人为因素、腐蚀、结构、电气系统保护、管道完整性监测、退役、应急响应等)；

- 安全操作的设计限制；
- 关于装置如何运行的设计假设；
- 设计评审报告和行动项跟进(如工艺流程图、3D 模型、可操作性、跨学科、价值工程等)；
- 工艺设备检验和测试计划；
- 施工设计包(如设备、系统、建筑物、结构等的采购细节，以及施工图，如等距图、工艺流程图、电气单线图、因果图等)；
- 详细设计阶段性审查报告和后续记录。

采购

- 初始施工的合同或采购订单(例如拆除和场地清理、分级、通道、地基、临时建筑物和营地、服务等)。

施工准备

- 地方当局和监管机构的许可；
- 长周期设备的出厂验收测试；
- 可施工性报告和后续行动；
- 施工计划(如任务顺序、人力、施工设备、交叉作业、大型起重设备、运输、区域到系统过渡、工程支持等)；
- 施工承包商记录(例如，EHS/过程安全绩效指标、承包商管理体系、安全计划、安全作业规程、分包商、提供的设备等)；
- 动员前计划(如与承包商的会议、EHS 期望、危险和风险、程序、衔接文件等)；
- 施工现场组织计划(如办公室、住房、安保、公用设施、电信、废物处理、餐饮、照明、燃料、设计信息储存、堆放区、仓库等)；
- 施工承包商管理、入职培训和安全监督计划；
- 施工应急响应计划(如急救、火灾、救援、进出通道、程序等)；
- 预试车计划(如水压试验、冲洗或清洁、机械竣工证明、尾项清单、“竣工”文件、开车前安全审查报告等)。

试车和开车准备

- 试车、开车计划，包括试运行(如有)；
- 试车和操作程序计划；
- 资产完整性管理计划(如检查、测试和预防性维护程序、软件、备件等)；
- 运营单位的 EHS/过程安全管理体系和文件管理计划；
- 操作人员培训计划；
- 功能测试计划；
- 移交计划；
- 初步安全操作案例(如适用)。

虽然设计文件应在施工阶段开始前定稿并启动设计冻结，但施工和试车/开车的一些计划是初步的，后续可能会发生变化，任何设计变更的请求都应受到质疑并记录在案。

12.2.5 施工阶段

施工阶段的目标是安全建造一个能够安全开车和运行的装置，即按照旨在安全管理装置固有危险和风险的详细设计进行建造(见第7章)。项目应建立正式的系统，用于管理施工现场设计和技术规范信息的接收、存储、检索和更新。

后期设计变更会使情况变得复杂，特别是在现场使用多份纸质图纸和文件且必须更换时，若未能用更新的信息替换所有相关的现场文件，可能会导致过程安全事故或代价高昂的返工。

项目文件管理系统还应跟踪任何未完成的可交付成果，特别是试车前所需的文件。施工期间的一项关键活动是编制试车和随后移交运行所需的所有文件。

施工期间要求或生成的典型文件，包括但不限于：

- 详细设计信息的最新变更或修订(见上文第12.2.4节)；
- 工程设计图纸和技术规范(包括设计意图、规范和标准、性能标准等)；
- 项目实施计划。

采购

- 设备、材料和服务的合同或采购订单；
- 供应商质量管理计划，用于确定主要和关键设备的测试和质量控制。

施工和预试车

- 施工计划；
- 施工EHS计划；
- 变更管理记录和设计变更通知(例如，后期设计变更、现场变更)；
- 信息请求、信息申请；
- 施工承包商记录(例如，EHS和过程安全绩效指标、管理体系衔接文件、分包商、提供的设备等)；
- 设备、材料保存程序；
- 项目质量计划(包括检验和测试计划)；
- 材料可靠性鉴定记录；
- 制造质量记录(包括工厂验收测试、无损检测、焊缝射线照片、不合格项、证书、质量保证报告、技术员/检验员资格等)；
- 预试车质量记录(包括现场验收测试、无损检测、现场焊接射线照片、水压试验、冲洗/清洁/干燥、检查表、不符合项、基线数据、证书、质量保证报告、技术员/检验员资格等)；
- 机械竣工证书、档案；
- 尾项清单；
- EHS和过程安全程序：
    - 危险源辨识和风险分析以及交叉作业研究；
    - 安全作业规程、作业许可、作业安全分析；
    - 事故报告和后续记录；
    - 审计报告和跟踪记录；
    - 承包商能力和入职、培训记录；
    - 应急预案、程序、演练和跟踪记录；
    - 待运状态评审、开车前安全审查；

- 施工指标(如进度、财务、EHS/过程安全、变更、返工等);
- 利益相关者外联记录，包括对第三方(如监管机构、非政府组织、当地社区等)的承诺;
- 施工阶段性审查报告和后续记录。

试车和开车准备

- 地方当局和监管机构许可;
- 招聘和培训记录(如操作人员、技术人员、工程师、EHS 和安全管理人员等);
- 运营单位的 EHS 和过程安全管理体系(如程序、计划等);
- 运营单位文件管理系统;
- 供应商和销售商提供的操作和维护手册;
- 试车和操作程序;
- 资产完整性管理(如主设备清单、安全关键设备清单、检查、测试和预防性维护任务和频率、维护管理系统构建等);
- 合同/采购订单(EHS 设备、销售商支持、备件、消耗品、化学品、润滑剂、催化剂等);
- “竣工”文件(如图纸、技术信息)。

应尽快生成“竣工”图纸和技术信息(最好能够完成)，放于移交包中。如果不能按时完成，则应先提供红线设计图，继续加工直到提供最终的 CAD 图为止。

12.2.6 试车和开车阶段

作为项目执行的最后阶段，试车和开车将在装置机械竣工后开始(见第 9 章)。在试运行和初次开车期间，可能与预期的正常运行状态存在一些偏差，此时应更详细地报告操作日志、交接班记录和记录，为将来的故障排除做参考。

试车和开车期间要求或生成的典型文件，包括但不限于:

- 施工信息的最新变更或修订(见上文第 12.2.5 节);
- 国家、地方政府机构许可;
- 开车前阶段性审查报告和后续记录;
- 利益相关者外联，包括社区联络、报告、会议记录等;
- 试车和操作程序;
- 试车(使用安全化学品)报告;
- 试车团队操作日志、交接班记录和试车程序中每个步骤的记录;
- 每个系统和设备项目的综合文件，用以显示执行的每个试车步骤的状态;
- 开车(含工艺化学品)报告;
- 开车团队操作日志、交接班记录和启动程序中每个步骤的记录;
- 每个系统和设备项目的综合文件，用以显示执行的每个开车步骤的状态;
- 性能考核运行程序，包括操作参数、样品分析等;
- 每个设备项和每个系统的性能考核运行结果、数据、样本分析和后续记录;
- 紧急停车系统、跳闸、安全仪表系统和独立保护层的激活记录;
- 临时操作，如盲板和过滤器清单;
- 待操作人员接手的尾项清单项目;

- 待操作人员接手的未完成行动项；
- 准备移交的“竣工”文件(如图纸、技术信息)。

试车和开车后，项目准备移交给运营单位。

12.2.7 移交

在满足任何性能保证(通过试运行验证)和其他技术规范(包括过程安全，见第9章)后，装置已准备好投入商业运营并移交给运营单位。项目管理团队应在项目生命周期内编制大量文件，并与运营单位达成一致：

- 装置持续运行所需的信息；
- 信息的格式和内容，即纸质或电子、编码系统等；
- 纸质文件信息的副本数量，例如操作和维护手册。

此外，与技术许可方签订的合同应明确说明运营单位要求的所有相关文件。

良好的行业做法涉及核心信息的正式移交过程，包括详细的程序、检查表和责任移交表。这些程序应解决以下问题：(i)任何未完成的行动项；(ii)未来文件的更改和更新，包括危险源辨识和风险分析、技术控制。

移交包中的典型文件包括：

- 装置持续运行、维护和进一步发展所需的信息，包括：
    - 工艺化学品或材料、化学品安全说明书、反应基质；
    - 工艺技术；
    - 工艺设备，如设备数据表、计算书、规范和标准；
    - 操作和维护手册；
    - 操作程序；
    - “竣工”图纸和技术信息；
    - 设备质量证书(保留用于法定用途，未来变更)；
    - 初始或基线检查报告；
    - 安全关键设备和其他重要保障措施、性能标准；
    - 设备/系统试车/试运行报告；
    - 检查、测试和预防性维护程序、任务和频率；
    - 试车期间的紧急停车系统和其他跳闸激活记录；
- 设计意图或标准、验证、假设文件；
- 危险源辨识和风险分析报告最终版和后续记录；
- 安全技术研究报告最终版和后续记录；
- 待运状态评审和后续记录；
- 开车阶段性审查报告和后续记录；
- 试运行期间的安全化学品报告和后续记录；
- 开车过程化学品报告和后续记录；
- 通知、要求和合规义务；
- 商业协议，如许可证、原料、产品、消耗品等；
- 合同，如工程、技术许可方和供应商支持；
- 对利益相关者的承诺；

- 安全操作案例(如适用);
- 保留与法律责任、保证或担保、财务审计和税务要求有关的合同和财务文件;
- 借调给运营单位的任何项目员工的人力资源、培训和绩效保证记录;
- 其他项目文件,包括:
  - 盲板和临时过滤器清单;
  - 风险登记;
  - 事故报告;
  - 行动项跟踪数据,包括操作人员接手的未完成行动项;
  - 尾项清单,包括操作人员接手的任何项目;
  - 项目制定的技术标准和批准的弃权书(如有);
- 运营单位将接手的任何未关闭的行动项或高风险列表。

附录F列出了一份更全面的信息清单,根据项目范围,该清单可能适合纳入移交包中。

12.2.8 运营阶段

假设开车实现了与设计基础预期生产一致的稳态运行,那么该装置就可以投入商业运营(见第10章)。此时,由操作人员负责项目,并确保操作人员已收到移交包中的所有必要文件。此外,任何未完成的技术信息应尽快移交给操作人员,未完成的红线图也应更新为“竣工”状态并移交,除非运营单位同意承担更新责任。

移交文件应保存在操作人员的文件管理系统中,不仅能防止意外丢失(如火灾),还能为将来参考做准备。为保障安全地执行工作,任何需要信息的工作人员随时可以访问该系统。在项目生命周期的运行阶段,运营单位必须通过持续更新保持信息的准确性。

因此,运行期间的典型文件将与移交包中的文件相同(见上文第12.2.7节),包括但不限于:

- 过程知识管理计划、政策:
  - 文件管理系统,控制文件,保留政策,损失抑减、火灾防护等;
  - 对移交信息进行修改(见上文第12.2.7节),包括但不限于:
    ① 解决由操作人员接手的未完成的行动项;
    ② 解决由操作人员接手的尾项清单项目;
    ③ 化学品、工艺技术、工艺设备的变更;
    ④ 试车、开车和运行经验导致的操作程序变更;
    ⑤ 由操作经验导致的检查、测试和预防性维护程序、任务和频率变更;
    ⑥ 因消除项目工艺瓶颈改造带来的变更;
    ⑦ 项目过程安全和EHS风险登记簿,以解决向运营的过渡;
- 标准符合程序、公司政策和标准、国家和地方法规、引文或改进通知;
- 过程安全和EHS管理体系(如程序、安全作业规程、计划、目标等);
- 过程安全文化计划、文化评估和后续记录;
- 员工参与计划、角色或责任、记录;
- 利益相关者外联计划、目标、会议纪要、记录;
- 风险管理计划,包括危险源辨识和风险分析、方法程序、推动者或团队成员资格、风险管理理念、风险容忍标准、风险登记、再验证报告和后续记录、沟通记录;

- 操作程序计划、格式或内容、临时程序、检查表、定期审查记录等；
- 安全作业规程计划、程序、作业许可、作业安全分析、许可授权人资格、许可审查或审核；
- 资产完整性计划、程序、维护管理系统：
  - 主设备清单；
  - 关键性分析，安全关键设备列表；
  - 可靠性分析报告；
  - 质量管理计划；
  - 检查、测试和预防性维护任务计划、任务记录、技术人员或承包商资格、数据分析和计划更新，检查员建议跟进记录；
  - 工艺设备缺陷、故障分析报告及跟踪记录、修理/更换/重新评定程序或记录，技术员和承包商资质；
  - 备件、保存程序；
  - 控制软件(DCS 系统、PLC 控制系统、联锁等)；
- 承包商管理计划、筛选/选择程序、承包商 EHS/过程安全绩效记录、承包商资质、资格预审承包商名单、培训材料、监督、合同结束评估等；
- 培训和绩效保证计划、员工资格、培训矩阵、培训材料、培训师资格、验证测试/观察数据、计划有效性评估；
- 变更计划、程序、文件的管理，包括范围、设计信息、危险源辨识和风险分析研究、技术评审、授权、与待运营状态评审的链接等；
- 待运营准备审查计划、程序、报告、检查表等；
- 执行操作计划、程序、操作人员日志、交接班记录、检查表、设备标签或警告标志、内务管理等；
- 应急管理计划、响应计划、演习和后续记录、与利益相关者的联络沟通、应急设施、设备和个体防护装备的检查、测试和预防性维护等；
- 事件报告和调查计划、程序、报告、表格、检查表、调查/推动者资格、根本原因分析方法、趋势分析、建议跟进记录等；
- 测量和度量计划、程序、关键绩效指标记录、定期审查/分析和后续记录、沟通等；
- 审计计划、程序、计划、审计协议、定期自我评估/审计报告和后续记录等；
- 管理评审和持续改进计划、方针、程序、计划、评审会议信息、会议纪要和跟踪记录等；
- 运营阶段性审查报告和后续记录。

附录 F 列出了一份更全面的信息清单，根据项目范围，该清单可能适合在运行阶段进行记录。

12.2.9 退役阶段

装置退役(见第 11 章)时的文件在某种程度上取决于可能涉及的退役性质：

- 封存，即工艺装置或设备可能在后续重新投入使用；
- 解构，即拆解工艺装置，重新使用单个设备；
- 拆除，即工艺装置基本上是为了废料和潜在材料回收而销毁的。

装置退役时的典型文件可能包括但不限于：

- 国家、地方法规和行业标准，例如：29 CFR 1926，Subpart U，《爆破和爆炸物的使用》(*Blasting and the Use of Explosives*)；ANSI A10.6.《拆除安全要求》(*Safety Requirements for Demolition*)；BS 6187：2011《全面和部分拆除实施规程》(*Code of Practice for Full and Partial Demolition*)；
- 大型装置在使用后期的正常操作和维护程序或规范，同时清点准备退役的原材料、中间产物和产品；
- 不再重新启动装置的关闭程序；
- 为识别潜在危险(如过早坍塌、塌方等)的结构工程调查报告、原始结构图纸、计算等；
- 解构和拆除对周围装置影响的工程或安全研究；
- 解构和拆除危害的危险源辨识和风险分析研究、后续记录、风险登记；
- 解构和拆除的安全计划或报告，包括监督；
- 安全作业规程，包括作业许可、所有能源(特别是地下设施)的有效隔离、异常危险(例如石棉、多氯联苯、重金属、天然放射性材料等)、处理爆炸物、重型设备操作、废物处理等；
- 安保计划、现场周边路障、警告标志等；
- 解构和拆除应急响应计划；
- 退役程序、任务顺序、降压、清点剩余材料、清洁、去污、吹扫、惰化等；
- 资产完整性管理、保存程序、持续的检查、测试和预防性维护任务(如有必要)，以保持资产处于就绪状态或接近就绪状态等；
- 承包商管理、承包商资质或解构和拆除经验、承包商选择、入职培训、监督、分包商等；
- 解构和拆除程序、任务顺序、地下水保护、隔离设备和材料的再利用、回收和废弃等；
- 事故报告和调查程序、报告、记录；
- 补救程序；
- 封存工艺装置、设备的重新试车程序；
- 封存工艺装置、设备的运行准备审查。

如果要重复使用任何设备，应保留原始或修改的设计和检验文件。海上石油天然气生产设施的退役需要与水上、水下、水面附近作业和重型起重危险相关的附加文件。

12.3 小结

信息是项目的生命线，项目需要使用并生成大量的文档，这些文档中的很大一部分涉及工艺安全信息(PSI)，对已完成项目的设计和剩余风险至关重要。

项目应与未来的运营单位联系，尽早确定要保留的文件，以及要移交给运营单位的文件。在寻求投标时，合同应界定由承包商提供的信息，包括格式和编码。最重要的是，一些文件的可用时间对于风险管理决策和满足项目进度至关重要。

附录 A　典型的项目全生命周期过程安全研究

表 A-1 为某些过程安全研究和审查提供了指导，这些研究和审查可能适用于开发和交付安全可靠运行的装置项目。一般来说，没有完全相同的项目，它们可能在战略、范围、复杂性、位置、设计基础、当地法律法规和各种其他因素上有所不同。查看下表时，使用者应首先考虑项目特定的因素，然后再确定哪些过程安全研究和审查适用。

例如，一个较为简单的小型的改造项目*可能*只需要以下内容：

- 雇佣一个有能力、有经验的项目团队；
- 识别改造的固有危险(例如进行 HAZOP 和/或 What If 研究)；
- 了解各危害的过程安全风险(如，应用风险矩阵/风险分级)；
- 控制风险以符合法规和公司政策[例如，选择适当的工程标准；承包商管理；施工安全作业规程和质量管理；更新所有操作、资产完整性管理、过程安全和 EHS 程序；进行变更管理；在项目/变更方面培训员工；实施运行准备审查(ORR)等等]。

相反，一个重大的新建化工厂项目可能需要根据其范围进行表中所列的许多过程安全研究和审查。

基于项目策略(即传统、快速行动、内包、外包等)和/或公司/承包商的偏好，某些研究和审查的时间安排也可能因项目而异。表中显示的每项研究的时间安排(即项目生命周期的阶段)都是基于重大建设项目的传统策略(即制定计划并实施该计划)。

同样，表格的使用者应该考虑适合其项目的预期研究和审查时间。如果能得到所需的输入数据和信息，并且有助于制定适当的决策，则可以比下表规定的时间提前进行研究。如果有新的数据和信息，无论何时，均应更新所有研究。

表 A-1　项目全生命周期的典型过程安全研究

警告：在将本表中的信息用于特定项目之前，必须理解并遵循上述指南。

<table>
<tr><td rowspan="3">过程安全研究类别</td><td colspan="3">项目前期(FEL)</td><td colspan="3">项目执行</td><td rowspan="3">运行</td><td rowspan="3">停车</td></tr>
<tr><td>评价</td><td>选择</td><td>确定</td><td rowspan="2">详细设计</td><td rowspan="2">施工</td><td rowspan="2">试运行</td></tr>
<tr><td>FEL-1</td><td>FEL-2</td><td>FEL-3</td></tr>
<tr><td>过程安全计划</td><td colspan="8" rowspan="3">在整个基建项目阶段不断更新</td></tr>
<tr><td>风险登记册</td></tr>
<tr><td>行动项跟踪</td></tr>
</table>

续表

过程安全研究类别	项目前期(FEL)			项目执行			运行	停车
	评价	选择	确定	详细设计	施工	试运行		
	FEL-1	FEL-2	FEL-3					
风险识别	预先风险识别	风险识别	初步 HAZOP/What If/检查表*	最终 HAZOP/What If/检查表			重新验证/重新实施 HAZOP/What If/检查表	风险识别/What If/检查表
				最终 HAZOP 之后的设计变更通知/What If	设计变更通知的变更管理	临时管道等的变更管理	变更管理	变更管理
					JSA	JSA	JSA	JSA
					操作准备审查	操作准备审查*	操作准备审查	
后果评估		初步工厂选址研究/失效影响分析(FSS/FEA)	工厂选址研究/失效影响分析(FSS/FEA)	工厂选址研究/失效影响分析(FSS/FEA*)			重新验证工厂选址研究(FSS)	
		初步功能危险性评估	功能危险性评估	功能危险性评估*				
			烟气分析/现场避难所(SGIA/SIP)	烟气分析/现场避难所(SGIA/SIP)				
安全评估	初步本安设计	更新初步本安设计	本安设计	本安设计*				
		初步风险设计管理	风险设计管理	风险设计管理				
			人机工程分析(HFA)	人机工程分析(HFA*)				
		初步设计基础/PR/火炬	设计基础/PR/火炬	设计基础/PR/火炬*				
			初步危险区域划分风险评估方法	危险区域划分风险评估方法*			危险区域划分	
			关键安全设备	关键安全设备				
			SCEVA 疏散、逃生和救援研究(EERA)	SCEVA* 疏散、逃生和救援研究(EERA*)				
			DOA	DOA*	DOA*			
			安全初步设计案例	安全设计案例	安全操作案例		更新安全操作案例	
	初步安全脆弱性分析	安保脆弱性分析(Prelim SVA)	安保脆弱性分析*(SVA*)	安保脆弱性分析*(SVA*)				
		初步交叉作业(Prelim SIMOPS)	交叉作业(SIMOPS)	交叉作业*(SIMOPS*)	交叉作业*(SIMOPS*)	交叉作业(SIMOPS)	交叉作业(SIMOPS)	交叉作业(SIMOPS)
					审计	审计	审计	
							审查管理	

续表

过程安全研究类别	项目前期(FEL)			项目执行			运行	停车
	评价	选择	确定	详细设计	施工	试运行		
	FEL-1	FEL-2	FEL-3					
运输研究		初步管道高后果区分析	管道高后果区分析					
		初步道路分析	道路分析					
		初步铁路分析	铁路分析					
		初步海运/作业安全分析	海运/作业安全分析					
风险评估	概念风险分析(CRA)	更新概念风险分析					定期 IRE	
			初步定量风险评估 健康风险评估	定量风险评估	健康风险评估		重新验证定量风险评估	
			TRIA	LOS	LOS*			
风险消减			保护层分析	保护层分析*			重新验证保护层分析	
			SIS/SIL	SIS/SIL				
		初步火灾及气体(Prelim F&G)	火灾及气体(F&G)	火灾及气体(F&G*)				
		初步紧急停车(Prelim ESD)	紧急停车(ESD)	紧急停车(ESD*)				
		初步 FP	FP	FP				FP
		初步 FW	FW	FW*				
		初步 ER	ER	ER*	ER*		ER	ER
监管研究**				风险管理计划(美国) 设计安全案例(英国) 施工前安全报告(英国)	运行前安全案例(英国) 运行前安全报告(英国)		定期风险管理计划(美国)	拆卸安全案例(英国)
阶段关卡评审	概念审查	选择审查	技术定义审查	详细设计审查	建设审查	运行前审查	运行后审查	

*必要时更新过程安全研究。

**国外研究示例。使用者可以确定项目所需的任何国别研究。

(更清楚的表格请访问 CCPS 网站。)

附录 B　项目过程安全计划

项目过程安全计划贯穿于项目生命周期的各个阶段，应说明所有过程安全活动及其交付安全可靠运行装置所需的时间安排。对于大型项目，这些活动包括大量的研究、评估、能力和培训、文件、审查和检验，涵盖了基于 CCPS 风险的过程安全的所有要素，以及本质安全设计和设计危害管理。

一些公司将过程安全计划与项目 EHS 计划相结合，而另一些公司则制定了单独的计划。然而，重要的是，每个单独的过程安全和 EHS 活动都应视具体情况包括在项目前期和/或执行的总体项目计划中。下述典型项目过程安全计划的一般内容与健康和职业安全活动的内容有重叠，但环境问题并不是本书的重点，因此已省去。

附录 A 提供了典型重大项目按项目阶段划分的关键活动的时间安排，但根据项目的范围，有些活动可能并不相关。特定项目阶段的其他过程安全活动在第 3 章(项目前期 FEL-1)、第 4 章(项目前期 FEL-2)、第 5 章(项目前期 FEL-3)、第 6 章(详细设计)、第 7 章(施工)、第 9 章(开车)、第 10 章(运行)和第 11 章(退役)进行了讨论。应该注意的是，对于不同范围、复杂性、战略和公司偏好的项目，这些典型活动的时间安排可能有所不同。

以下内容并不意味着包含所有内容，也不意味着每个项目都应该包含每一项内容。

典型项目过程安全计划的通用内容

- 项目描述；
- 关键项目里程碑和关键过程安全活动的时间安排；
- 管理过程安全活动的人员和职责；
- 将过程安全整合到总体项目计划中，并促进安全的沟通、会议等；
- 过程安全文化(推广积极文化的活动)；
- 合规(法规、工程规范/标准、差异等)；
- 员工参与(职工融入过程安全和 EHS 中的活动，即项目人员、承包商、操作者等)；
- 利益相关者外联(监管者、应急服务、当地社区、非政府组织等)；
- 过程知识管理(化学品/材料、工艺技术、工艺设备等)；
- 危害识别和风险评估：
    - HAZID、HAZOP、What If 等；
    - 后果分析(火灾、爆炸、毒性、反应性、设备脆弱性等)；
    - 风险矩阵、保护层分析(LOPA)、定量风险评估(QRA)；
    - 装置选址(位置、占用建筑、场外影响等)；
    - 人为因素(人机工程、人为表现、人为失误等)；
- 本质安全设计和设计危害管理：
    - 设计策略和理念；

    ○ 技术研究(选址和布局、腐蚀、岩土工程、电阻率、可靠性、电气、可施工性等方面的过程安全输入);
    ○ 风险降低措施(预防/检测/控制/减缓设备);
    ○ 风险降低措施的性能标准;
- 操作程序(正常运行、开车、停车、操作限值等);
- 运行指导(常规指令、例行程序、交班、禁止/自动改手动/旁通等);
- 安全作业规程(办公、制造、安装/施工、试车、开车、运行、停车、交叉作业等);
- 资产完整性(检查、测试和预防性维护管理任务、安全关键设备、可靠性/可用性、质量管理、状态监控、防腐等);
- 过程安全能力和培训 & 绩效保证(过程安全 & 环境健康与安全、任务要求、评估、培训、某领域专家等);
- 变更管理(危害/技术审查、批准、设计变更通知、后期设计变更、机构变更等);
- 承包商管理(资格预审、评估、监督、界面管理等);
- 运营准备(开车前审查、可行/不可行决策等);
- 审计(阶段关口审查、承包商绩效、作业许可等);
- 指标和测量(伤害/疾病、泄漏、释放等);
- 应急计划(程序、警报、危机管理、疏散、就地避难、演习等);
- 事故/事件报告和调查(伤害、泄漏、财产损失、未遂事件、高危等);
- 管理审查和持续改进(项目和/或运营单位管理层的定期绩效审查);
- 行动项跟踪和解决方案(所有研究、审查、调查等);
- 风险登记(见附录 C);
- 文件(所有过程安全要素、存档和现场管理、过时/被替代文件、移交文件包等)。

把关者可以使用该清单作为指南,在每个阶段审查结束时核实过程安全方面的尽职调查。

附录 C　典型危害和风险登记

除了过程安全之外，项目危害和风险登记通常包含了技术、EHS、合同、商业、行政管理等方面的风险。理想情况下，应在大多数项目团队会议上审查登记入册，对于小型项目，至少在项目生命周期的每个阶段结束时进行审查。发现新的危害/风险，消除或减少现有风险时，应更新登记册。虽然所有项目团队成员都应有权查看风险登记册，但只有少数项目成员拥有编辑的权限。

通常采用以下全部或部分内容记录风险：

危害识别

通过 HAZOP 及其他危害识别研究来识别和分类危害。某些危害可以通过项目会议中的集体讨论或其他方式来识别。通常指定一个人负责危害管理(通过预防计划和应急计划——见下文)。危害识别的典型登记册内容包括：

- 危害说明(带有唯一的识别号和危险源，例如 HAZOP 研究)；
- 分类(即危害类型，如项目进度/预算、安全等)；
- 危害的负责人/所有者。

风险分析

某些公司使用风险矩阵来预估特定危害后果的风险等级。除了风险矩阵之外，后果分析、保护层分析和定量风险评估等定量方法可用于更准确地预估危害/风险发生的后果和/或概率。大多数公司根据危害/风险的程度，即后果和概率，对其进行排序。

风险分析的典型登记册字段包括：

- 后果/影响；
- 概率/可能性；
- 风险分级。

后果和可能性可以表示为：

- 定性(例如重大/高/中/低；红绿灯；等等)，特别是对于非过程安全风险，如对项目进度和预算的影响；
- 定量(例如热辐射/爆炸超压/毒物浓度导致潜在伤害/死亡/财产损失/环境损害的风险)。

风险管理

大多数项目都制定了防止非过程安全风险的计划。虽然这些计划侧重于预防，但一些项目也制定了风险确实发生时的应急计划。例如，若从特定供应商处接收设备/材料延迟，可能会启动替代采购的应急计划。

一些过程安全和 EHS 风险可能超出业主政策或可接受标准的范围。应制定这些情况的项目响应计划，风险负责人/所有者应管理降低风险的活动，并在实施风险降低措施后记录剩余风险。

风险管理的典型登记册字段包括：

- 剩余风险；
- 响应计划；
- 预防计划；
- 应急计划(以及启动的可能原因/触发因素)。

登记册电子表格

危害和风险登记册通常以数据库或电子表格的形式记录。大型项目一定会使用数据库，而小型项目使用电子表格(如表 C-1 中的例子)就足够了。

表 C-1　风险登记册示例

项目 ABC 危害与风险登记册									
编号	说明	类别	后果	可能性	等级	剩余风险	响应计划	预防/应急计划	负责人
1	…	安全	高	中	中高	低	…	…	J. Smith
2	…	进度	低	低	低	低	N/A	…	S. Adams
3	…	预算	低	高	中	低	…	…	A. N. Other

也可采用编号和类别命名。例如，安全风险可命名为 S1、S2、S3 等，预算风险为 B1、B2、B3 等。

也可使用颜色编码来突出等级，并在项目内迅速传达整体风险水平。

可以为以下内容添加额外的列：

- 行动和/或计划实施的状态；
- 关键里程碑(如新增风险的日期、实施风险降低措施的截止日期等)；
- 风险降低/减缓成本；
- 总体项目状态(如待解决、待定、进行中、已解决等)。

可向关键利益相关者(例如业主公司管理层)提供简化执行摘要版本的登记册，以便其快速了解总体项目风险。

虽然使用合并的项目危害和风险登记册可能很方便，但许多 EHS 和过程安全风险可能会持续到项目结束后，而其他项目风险(如进度和预算问题)根据定义会在项目结束时结束。如果使用合并登记册，应将任何剩余的待解决项传达给运营单位。

附录 D　工艺装置安全检查表

本安全检查表是根据多个参考文献编制而成，并不全面。检查表只是一个起点，使用者应考虑与本检查表各主题相关的危险，并针对其项目适当进行添加。

位置

1. 可达性。为避免场地有死胡同，应优先选择环形道路，避免道路和铁路的瓶颈以及出现交通拥堵，为所有生产装置周围提供连接的道路。应设置不止一处的主要入口。靠近主入口的设施用于正常的道路交通。

- 进出所有区域的紧急通道/出口。
- 工厂围栏、屏障等。

2. 交通——车辆和行人需要屏障控制。
3. 停车场——入口、出口、排水、照明和围墙。
4. 距离——铁路交通和车辆用建筑物(高度、宽度、转弯)，包括消防车。
5. 排水系统。
6. 道路位置，标志线。
7. 入口，出口——行人，车辆，铁路。
8. 变压器的位置应在比较安全的地区，使其最小可能受到火灾、事故、道路交通和机械设备的影响。
9. 锅炉、传热装置、火炬塔(禁止区域)的位置。
10. 危险源与人(外部公众、现场员工)的隔离。有毒和易燃物质在现场内外的扩散。

- 危险源与其他危险源之间的隔离(多米诺效应)。
- 易燃易爆危险源与点火源之间的隔离。
- 与其他建筑物、装置、相邻的火灾等特殊危险区域有良好的选址和间距。危险区域和有人区域的隔离。

11. 可能适用的重要安全规范和标准。
12. 倾斜位置的危险，油箱破裂和溢出(液体/重蒸气)，车辆失控。
13. 不必要的低洼区域(水浸、易燃液体的收集、有毒/易燃重蒸气的收集)。
14. 防止水浸，例如主要公用设施。
15. 气候和气象条件。
16. 毗邻内外场地的活动、外部道路。点火源、剧烈活动、机械移动、危险区域人员集中。
17. 冷却塔的位置。
18. 设备或容器被车辆损坏的可能。
19. 消防取水的位置，漏油的可能性，被淤泥、杂草、鱼类、贝类堵塞的可能性。
20. 防火墙可能存在的操作限制。

21. 针对当地特殊大气条件影响的设计，如盐雾、冻雾、冰量、雷暴、飓风/台风、地震带等。

22. 铁路设施对设备可能的损坏。

23. 职员单独出入。

24. 消防设施的战略位置。消防泵远离主要危险区域。

25. 主导风向。

26. 沙盘模型的实用性。

27. 过程、机械或控制一体化的效果。

28. 需要将实验室与办公室分开。

29. 主要火源的位置，如加热器、锅炉、维修车间。

30. 考虑未来的扩建。

31. 外部因素，如邻近的工艺设备、邻近的航线、基础设施等。

32. 排气管、工艺通风口和供暖通风与空气调节(HVAC)入口的位置。

33. 直升机紧急降落区。

建筑物

1. 风压、雪荷载、楼板荷载、地震设计。
2. 屋顶材料，锚固。
3. 屋顶的通风口、排水口和烟气控制。
4. 楼梯、坡道、照明。
5. 电梯和升降机。
6. 防火墙、开口、防火门。
7. 防爆装置，例如防爆泄压板。
8. 出口——防火通道、标识、安全踏板。
9. 记录存储器。
10. 通风——风扇、排风机、空调、有毒蒸气的洗涤、排气管入口位置、烟和热通风阻尼器、防火帘。
11. 照明保护，放电的结构与设备接地。
12. 建筑物加热器(危险或非危险区域)，通风口。
13. 更衣室包括存放工作用品和日常衣物需要的储物柜，每个需要的数量和换气量。
14. 建筑物排水系统——内部和外部。
15. 钢结构和设备(包括管廊)的耐火性。
16. 从外部进入楼顶的梯子、逃生梯、防火梯。
17. 地基承载力。
18. 可能适用的重要安全规范和标准。
19. 考虑可能发生的事故对控制室进行选址。
20. 控制室的设计，包括爆炸的考虑(防爆或抗爆)。
21. 应急服务(火灾、医疗、响应时间)和应急控制室/通信系统的选址。

喷淋装置、消防栓和水管

1. 供水包括二次供水、水泵、水库和储水池。

2. 水管——足够的回路，阴极保护，必要时防腐涂层和包裹保护，分段阀。
3. 消防栓——位置。
4. 自动喷淋系统——使用分类、湿系统、干系统、雨淋系统。
5. 竖管和贮水池。
6. 需要灭火器的型号、尺寸、位置和数量。
7. 固定自动灭火系统、二氧化碳、氮气、泡沫、干粉、卤代烷。
8. 特殊消防系统——温度报警、自动喷淋系统流量报警、光电烟雾和火焰报警、紫外/红外(UV/IR)、电池室氢气监测等。
9. 可能适用的重要安全规范和标准。
10. 独立的消防水系统，可能的工艺连接。
11. 适用于危险的固定消防设备、自动喷淋系统、蒸汽防火帘、水幕、固定监控器。
12. 消防水驱动泵。
13. 需要多处消防泵房。
14. 保护水管不受冰冻、机械或火灾损坏。
15. 需要固定监控器。
16. 水幕。
17. 定期对喷淋系统进行检查和清洗。
18. 移动式泡沫设备，泡沫仓库和库存。
19. 蒸汽帘、蒸汽枪。
20. 消防蒸汽系统。
21. 手提式灭火器(型号、位置、编号)。
22. 外部应急服务(设施、设备、响应时间等)。

电气

1. 危险区域的分类(在代码中没有涉及的特殊情况下使用分散计算)。
2. 关键断路器的可靠性。
3. 极化继电器和接地系统。
4. 关键设备和机器的开关及断路器。
5. 照明灯——危险或非危险区域、光强、核准的设备、应急灯。
6. 电话——危险或非危险区域。
7. 配电系统的类型——电压、接地或不接地、架空、地下。
8. 管道、水沟、外壳、腐蚀注意事项。
9. 电机和电路保护。
10. 变压器的位置和类型。围栏的必要性。
11. 防止自动重新启动的故障安全控制装置。
12. 临界负载的首选总线。
13. 安全和正确的定序设备、双馈路重要联锁。
14. 关键断路器和开关装置的可靠性。
15. 工艺管线和仪表盘暴露的火灾危害。
16. 可能适用的重要安全规范和标准。

17. 电力供应完全中断，需要备用的柴油发电机。

18. 防止火灾损坏的电缆保护、位置和阻燃剂。

19. 需要备用的电缆线路。

20. 地下电缆标识。

21. 消防泵电源。

排水渠

1. 化学排水渠——受限或易于接近的清理口、排空阀、位置、处置、爆炸危险、疏水罐、强制通风、自动可燃蒸气探测器和报警器。

2. 生活污水管/渠——处理、处置、陷阱、防水塞、清理口、排空阀。

3. 雨水排水管/渠。

4. 废物处理，可能来自河流污染的危险，包括泄漏到河流和湖泊的火灾危险。

5. 排水沟渠——敞开的、埋地的、易接近的清理口，所需挡板是否存在，工艺设备的暴露情况 。

6. 可能适用的重要安全规范和标准。

7. 废物处理、空气和水污染的保障措施。

8. 加热炉及易燃易爆设备的排水渠、抑制物、阻火圈、排水系统容量。

9. 维修区和气孔。

仓库

1. 一般的。

a. 可达性——入口、出口、尺寸。

b. 喷淋装置。

c. 过道空间。

d. 地面载荷。

e. 货架。

f. 货堆的高度。

g. 屋顶通风。

2. 易燃液体。气体、粉尘和粉末、烟雾和薄雾。

a. 密封系统。

b. 整个系统的安全环境。

c. 须配备喷淋装置或已配备喷淋装置的地方。

d. 紧急排空阀、阻火器、安全阀——包括火焰的安全排放位置。

e. 通往化学污水渠的地漏应适当地截留。

f. 通风——增压控制或设备等。

g. 罐、桶、地下和地上储仓、距离、防火支撑结构、堤坝和排水系统、惰性气体。

h. 特殊灭火系统，爆炸抑制泡沫、干化学品、二氧化碳。

i. 关键化学品的可靠制冷系统。

j. 互相反应物料之间的分离。

3. 原料。

a. 原料的危险分类，包括冲击敏感性。

b. 接收和储存设施，不相容材料的隔离，清晰的标签。
c. 鉴定和纯度试验。
d. 防止原料被放置在错误的容器中的规定。

4. 成品。
   a. 用以保护用户的标识和标签。
   b. 符合国际法典委员会(ICC)和其他装运规则。
   c. 有害物质的隔离。
   d. 防止污染，尤其是油罐车充装过程中。
   e. 船舶的标志。
   f. 危险货物的路线选择。
   g. 为业主提供安全信息的数据表。
   h. 安全储存设施、堆积的高度。
   i. 安全的集装箱。
5. 油罐故障。
6. 可能适用的重要安全规范和标准。
7. 与工厂有足够的距离。
8. 储罐有足够的堤坝。
9. 远程关断阀。
10. 中间储存仓库的位置在地面层，远离工艺单元。
11. 罐沸溢或物料转库。
12. 罐基础和土壤条件。
13. 空罐周围可能发生的洪水。
14. 罐污染，例如被水污染。
15. 高压的考虑。
16. 罐和管道的差异移动。

覆盖所有危险产品的惰性气体

1. 考虑原材料、中间体和产品。
2. 考虑存储、原料处理和工艺。
3. 可能适用的重要安全规范和标准。
4. 氮气及惰性气体供应设施的容量。

原料处理

1. 汽车装卸设备。
2. 铁路装卸设备。
3. 工业卡车和牵引车——汽油、柴油、液化石油气。
4. 铁路、油罐车、牵引车装卸码头的易燃液体接地系统。
5. 起重设备——移动式、吨位标记、过载保护、限位开关。
6. 仓库区——地面负荷和布局、喷淋系统、堆高、通风。
7. 传送带及其在生产区的位置。
8. 易燃液体的存储——涂料、油、溶剂。

9. 反应性或爆炸性仓库——数量。
10. 废物处理——焚烧炉、空气及水污染的防护措施。
11. 可能适用的重要安全规范和标准。
12. 管道轨迹追踪。
13. 船舶装卸设施。舱底水/压载水接收设施。
14. 用泵、风机或压缩机通过管道输送。
15. 机械搬运设备，如升降机、叉车、货车等。
16. 人工搬运准备。
17. 蒸气回收系统。
18. 台秤。

机械设备

1. 便于维护和操作。
   a. 防止过热，包括摩擦热。
   b. 机械故障对消防设备可能造成的损坏。
   c. 保护管道不受包括起重卡车在内车辆的伤害。
2. 紧急停止开关。
3. 可能适用的重要安全规范和标准。
4. 气体或液体泄漏的扩散。
5. 压缩机房通风。
6. 压缩机振动及轴向振动监测。

过程

1. 化学品——火灾和健康危害(皮肤和呼吸)、仪器、操作规程、维护、化学品相容性、稳定性等。
2. 临界压力和温度。
3. 减压装置和阻火器。识别高压/低压界面并最坏情况下低压泄压的设计。
4. 密闭容器及合适的管道材料。
5. 处理失控反应的方法。
6. 固定消防系统——二氧化碳、泡沫、水泡、卤代烷。
7. 容器通风良好，位置安全。
8. 永久真空清洗系统。
9. 爆炸阻碍和隔离。
10. 惰性气体覆盖系统——要覆盖的设备清单。
11. 紧急关闭阀、开关和警报、关键区域的位置、继电器动作时间。需要高完整性系统。
12. 金属支架的耐火性。
13. 换热器的安全装置——通风口、阀门和排水管。
14. 工艺蒸气管路的膨胀节或膨胀环。
15. 蒸汽伴热——在加热管线中防止热膨胀的装置。
16. 人员保护隔离——热处理、蒸汽管线和蒸汽追踪。

17. 压力容器和管道的静电接地。

18. 压力容器和储罐的清洗及保养——足够的人孔、平台、梯子、清扫口和安全进入许可程序。

19. 防腐蚀规定。

20. 管道施工和运行中的识别。

21. 包括消防人员个人防护的辐射危险——含有放射性同位素、X 射线等的过程和测量仪器。

22. 可能适用的重要安全规范和标准。

23. 合适的建筑材料。

24. 压力容器及其支撑结构的耐火绝缘。

25. 设备项目和厂房各部分之间应有足够的间距，可选择另一种“隔离”方法，例如蒸汽防火幕。

26. 通过公用管线处理污染物。

27. 清洗管道和阀门。

28. 将危险物质转移到错误的压力容器中。

29. 发生事故时的倾倒或排污设施。

30. 总冷却水故障，冷却系统备用容量。

31. 远程关断阀。

32. 低温、高温、高压、腐蚀性结构材料的监测。尽量减小应力腐蚀、脆化和蠕变的影响。适合紧急情况。

33. 可能的堆栈爆炸和需要惰性气体。

34. 加热炉的安全控制。

35. 压力容器过热时的减压。

36. 接头泄漏保护，如蒸汽骤冷环。

37. 泵的位置和维护。双密封的需要。

38. 任何需要高完整性保护系统的特殊危险。

39. 危险管道的隔离。

40. 高温处理系统中意外存在水。

41. 自燃材料。暴露和操作注意事项。安全储存/掩埋区域。

仪器仪表

1. DCS——高速冗余数据、网络安全等。
2. 安全仪表系统[手册、检查、测试和预防性维护(ITPM)计划等]。
3. 仪表的独立保护层(IPL)(报警、控制回路)。
4. 阀门位于火灾危险区外或防火安全区。
5. 阀门的失效保护位置。
6. 仪器仪表的危险区防护。
7. 仪器仪表防雷。
8. 电缆防火和/或失效防护电路。
9. 确定过程安全响应时间。

10. 操作人员对已识别警报的响应。

11. 旁路/抑制管理系统到位。

12. 不间断电源(UPS)系统。

安全设备设施

1. 医护室和设备。

2. 救护车。

3. 消防车。

4. 火灾报警系统。

5. 消防哨声和警报器——内部和外部。

6. 消防泵——核准。

7. 卫生和工艺废物处理。

8. 除雪及防冰设备。

9. 安全淋浴和洗眼器。

10. 安全梯和安全笼。

11. 应急设备的地点——防毒面具、防护服、防火毯、水管内的水流、担架等。

12. 实验室安全防护罩。

13. 看守站。

14. 消防水带储存室——类型、位置、水带和相关设备。

15. 仪器——可燃蒸气和气体、有毒蒸汽等的连续分析仪。

16. 通信——紧急电话、无线电、公共广播系统、传话系统、通信中心的安全位置和持续运作。

17. 可能适用的重要安全规范和标准。

18. 充足的压缩空气和仪表风供应。

19. 保障公共设备供应、紧急供应，例如电力和水。

20. 全职消防队长、全职消防员。

21. 足够的消防设备。

22. 产生的泡沫量。

23. 外部援助设施、时间，比如医疗援助。

24. 火灾和烟雾探测器。

25. 蒸气泄漏探测器。

26. 柴油机在危险区域的注意事项。高温排气/表面、阻火器、超速停车装置等。

27. 空压机进气口位置。

28. 保护非常重要的区域或单个设备元件，如按位置等。考虑公共故障、远程爆炸、洪水、车辆等。

封闭的泄压系统

1. 燃烧的辐射危害，与其他设备的距离，低级火焰。有毒辐射(人员和环境的影响)。

2. 需要单独的高压和低压火炬系统。

3. 水合物的形成。需要单独的湿式和干式气体火炬系统。

4. 泄压系统关断阀，需要远程驱动。

5. 需要热跟踪和/或低温规范。

6. 需要注入甲醇。

操作安全规程

1. 安全委员会，定期会议。

2. 定期进行工厂检查/审核。检查结果的正式回复及跟进。

3. 后勤部。

4. 维修。

5. 充分的、所有操作人员都能使用的、定期更新的、有应急指令操作说明。

6. 自动保护仪表的定期检定。

7. 作业许可制度。

8. 事件及未遂事件的报告、调查程序等。

9. 更新工厂关键文件，独立技术审核。

10. 充足的劳动质量。

11. 人员培训、进修课程、操作人员消防及安全培训、灭火器的使用、充足的急救消防、预计消防类型培训、精通防护装置。疏散和逃生训练。

12. 消防安全组织机构健全。

13. 消防安全策略；形成书面并展示消防安全政策；管理人员培训。

14. 严谨的应急计划。报警程序、快速关闭设备、系统，防护衣、应急设备、制定人员和代表、通信、指定安全集合点、指定灾难控制中心、与所有外部组织的部署、行为演练、抢救和其他应急安排。

15. 通知的策略性展示。

16. 防止设备故障的测试程序和设施，如液压试验、超声波测厚、射线探伤、内部观察设施、泄漏测试等。

17. 安全；围栏、警报系统、入口检查、识别、充足的照明。

18. 解除匹配部署。

技术安全规程

1. 损失预防。避免最危险的过程(极端参数、有毒/爆炸性材料等)。尽量减少危险库存。人员最少化(无人、减人、远程操作等)。危险、人员和点火源的隔离。

2. 风险识别。HAZOP(危险与可操作性分析)研究(工艺和公用设施)，FMEA(失效模式及影响分析)、检查表等。正式的行动项跟踪。后续设计变更后的重新HAZOP(危险与可操作性分析)。

3. 危害分析。重大危险源(火灾、爆炸、有毒、空载等)的后果分析、故障树、事件树等。

4. 风险分析、定量风险评价(QRA)、保护层分析(LOPA)、风险矩阵。

5. 人为因素。人为失误、人为干预、组织机构、报告关系、沟通、多任务、多技能、培训、任职资格、轮班和休假安排、承包商/员工比例和招聘、激励和士气激励、工作环境、人员连续性、人体工程学等。

6. 技术安全审计。阶段评审、客观评审、项目安全评审、主题评审。

7. 质量控制、质量保证程序(设计、采购、制造、施工、材料处理、维修、检验和测试)。

附录 D 参考资料

Dow's Safety and Loss Prevention Guide. Hazard Classification and Protection. Chemical Engineering Progress - Technical Manual.

D. F. Drewitt. The Insurance of Chemical Plants. I. Chem. E. Course on "Process Safety-Theory and Practice", Department of Chemical Engineering, Teesside Polytechnic, 12-15th July, 1976.

Commercial Union Risk Management Technical Report No. 2. Fire and Explosion Risk Control in the Petrochemicals Industry.

G. Armistead. "Safety in Petroleum, Refining and Related Industries". 2nd Edition 1959. John G. Simmonds & Co. Ltd.

Fawcett and Wood. Safety and Accident Prevention in Chemical Operations. John Wiley and Sons.

C. R. Spitzgo. Chem. Engr. P. 103, 27th September, 1975.

Safety and Reliability Directorate, Report No. R254.

附录E　现场特定退役检查表/调查表示例

基于1995年CCPS《安全过程操作和维护指南》(*Guidelines for Safe Process Operations and Maintenance*)中的检查表。

以下检查表为某些可能与退役项目相关的问题提供了指导，但并非详尽无遗。一般来说，没有完全相同的项目，现场的特定因素可能也有所不同。使用检查表时，使用者应首先考虑项目特定的因素，然后再确定适用的检查表项，并且有可能为其项目增加额外的内容。

审查工厂的准备是否充分

1. 谁负责勘查现场，并检查了建筑物和结构的状况？有没有报告有问题的地方？是否有设备/结构需要关于拆除方法的进一步特别建议？

2. 地板、楼梯等可以安全使用吗？

3. 所有相关方，即承包商环境健康与安全(EHS)部门、退役检查员和工厂人员之间建立了什么联系？在退役的各个阶段是否进行了检查，以确保正在实施安全措施？

4. 退役区域是否完全隔离？管道和服务(电力等)是否断开连接和/或关断？谁负责做物理检查？谁检查过任何改道的线路等？有工厂改造清单吗？此区域内有临时的运行中服务吗？清楚标识了吗？

5. 对此区域内的地下危险进行了哪些检查？排水管是否从一个工艺区经过另一个工艺区？吊车等所处位置的松软地面下面是什么？

6. 是否制定了综合化学品清单，包括在此区域内加工或存放的中间化合物在内？该清单是否包含所有相关易燃和毒性数据等？

7. 是否有有效的安全作业许可证制度，适用于打开每一件设备和管道进行清洁？拆除每件设备或管道是否有单独的许可证？

8. 是否所有的容器和管道已清洗，并可以轻易辨认？设备和管道是否有明确的标识系统(颜色代码)来表示其安全状态？例如，可以将其移至吹扫位置吗？

9. 是否有容器的内衬会造成工艺危险？

10. 负责签发许可证的工艺主管是否足够了解建筑物和其中处理的化学品？谁会接受许可？承包商还是公司检查员？

11. 工厂维护人员进行的工作和承包商进行的工作之间的界限在哪里？

12. 所有石棉隔热层都被拆除了吗？

13. 该区域是否会提供安全淋浴和洗眼瓶？

14. 是否对类似工艺设备退役期间发生的以往危险事件和一般事故进行过研究？工作程序是否能防止类似事件再次发生？

15. 安全靴、头盔、手套和护目镜是否是所有承包商人员的标配？安全装备的佩戴是强制性的吗？

16. 现场是否随时都提供安全带等？

17. 吹扫位置是否会与切割和破碎区域明显分开，以防止混淆的可能性？如何将设备从一个区域转移到另一个区域？

18. 乙炔、丙烷和氧气瓶存放在哪里？谁负责检查设备上的软管？

19. 采取了哪些措施来清除目前存放在退役区的所有材料？是否包含某些危险材料？

20. 油漆是否经过铅含量测试？如有必要，是否会对退役承包商的员工进行体检？谁来决定？

21. 是否就消防位置、报警位置、消防栓等咨询过消防官员？他/她认为应急通道很充分吗？消防站人员会在每个工作日结束时对现场进行检查吗？

22. 在选择动火作业地点时，是否考虑了周围区域的电气类别等？

23. 照明适合工作时间吗？

24. 退役区域是否有足够的指示牌？

a. 危险退役区；

b. 正在进行危险的石棉拆除作业；

c. 仅限退役工作车辆进出；

d. 退役控制办公室。

25. 在使用之前，其他公司人员要回收和认领的设备将存放在哪里？

26. 拆卸窗户和覆盖层需要特殊准备吗？覆盖层可由水泥或石棉制成吗？

27. 承包商和退役检查员是否可以获得设备和结构图纸，以确定每栋建筑物内的荷载和安全拆除方法？

28. 是否有任何容器或管道尚未清除有毒或易燃化学品？对这些项目进行了什么特别安排？

29. 如果在承包商拆除时某些物品正在释放气体，采取了哪些保护措施来防止工人暴露在烟雾中？

30. 工厂值班经理如何了解日常进展和问题？

审查工作方法和监督

1. 退役检查员是否对拆除工作以及建筑施工原则有透彻的了解？

2. 是否有详细资料显示过程安全管理体系(例如，安全作业许可证和参与退役工作的人员之间所需的协调)？现场是否随时都有负责的工厂维护主管？

3. 是否有参与退役工作的人员名单？是否需要进入退役区域？除了相关人员之外，其他人员是否需要进入退役区？其进入会受到控制吗？如果其中一名退役专家休班会发生什么？

4. 参与退役工作的所有人员是否完全理解工厂现行的过程安全管理体系？

- 安全作业许可证；
- 动火作业许可证；
- 变更管理；
- 过程安全信息；
- 应急计划和响应；
- 现场有副本吗？退役区域是否会提供特殊的警报系统？

5. 是否任命了结构工程师顾问？是否有获得这类专家建议的程序？

6. 工厂主管和承包商是否熟悉以下监管标准？

   a. 职业安全与健康管理局拆除标准 29 CFR 1926. 850-860；

   b. 职业安全与健康管理局履带吊和汽车吊标准 29 CFR 1910. 180；

   c. 职业安全与健康管理局材料处理标准 29 CFR 1910. 176；

   d. 职业安全与健康管理局施工作业标准 29 CFR 1910. 12；

   e. 职业安全与健康管理局疏散设施标准 29 CFR 1910. 37；

   f. 职业安全与健康管理局脚手架标准 29 CFR 1910. 29；

   g. 职业安全健康管理局医疗服务和急救标准 29 CFR 1910. 151；

   h. 职业健康安全管理局切割和焊接标准 29 CFR 1910. 252；

   i. 职业安全与健康管理局石棉标准 29 CFR 1910. 1101。

7. 谁检查过以确保符合所有这些规定？

8. 是否应该将所有相关的州/联邦法规和工厂标准写入合同？

9. 承包商是否有足够的保险来赔付所有可能的意外事件？

10. 承包商是否雇用了合格的人员，例如吊车作业的吊索工(对信号等有全面的了解)以及具有退役工作经验的认证吊车操作员？

11. 是否有显示退役顺序的总体计划？是否准确预测了每一步的结果？每一步的负责人是谁？谁承担总体责任？

12. 谁将确保现场所有施工设备处于良好状态，并定期接受检查，以满足所有工厂和监管要求？

13. 此类工作的内务标准是什么？是否考虑了安全通道、逃生途径、绊倒危险、地板上的洞等？入口/出口是否安全？他们会受到保护吗？

14. 是否会首先拆除所有的窗户和边缘覆盖层？

15. 会在建筑物内进行火焰切割吗？这项工作何时在工作范围内完成？建筑物内是否有易燃材料的潜在来源？

16. 是否有放下大型设备的既定程序？是否有必要会见其他邻近地区和工厂值班经理？

17. 是否会为任何目的签发“长期”许可证？如果是，在哪里，出于什么目的？

18. 谁将每天早上更新许可证，以便安全、及时进行工作？

19. 许可证将保存在哪里？每个人都了解许可证制度吗？

20. 建筑物内使用升降机是否有安全许可？

21. 发放许可证时，承包商将如何区分以下设备：

   a. 报废设备；

   b. 拆卸待售设备；

   c. 保留供公司在其他地点使用的设备。

22. 废料卡车是否会超载？它会经过称重站吗？

23. 储罐和容器将使用什么退役方法？

24. 以下各方将持有什么“事件”或“事故”文件：

   a. 工厂？

   b. 承包商？

25. 公司总部环境健康与安全(EHS)人员是否知晓这项工作？他们会定期检查吗？

26. 在拆除容器之前和进行动火作业之前，是否会对容器进行可燃性气体测试？

27. 在任何装置或设备被隔离之前，工厂运行值班主管是否会进行初步的气体检测(易燃性、毒性)，以辅助工作的连续性？此类测试将有助于确定隔离装置或设备以及工厂准备(吹扫)时所需的注意事项。显然，工厂实验室测试必须在任何动火作业或进入之前进行。

28. 是否会使用砂轮？如果是，是否指派了一名合格的人员检查和更换砂轮？

作业对工厂其他活动安全影响的研究

1. 退役会对周围的工艺装置、轨道、罐区等产生什么影响？

2. 周围区域的电气分类对退役方案有什么影响？

3. 如何保护在退役区工作的人员免受坠落碎片的伤害？

4. 许可证一签发，就会将废料运离现场吗？正门需要什么形式的“安全通行证”，并签字批准货物的检查和认证？

5. 如何防止消防设备被废料阻挡？

6. 此区域的道路可能很窄。预计会采取哪些措施来保持通畅？与退役工作无关的交通会重新安排到正常工作时间以外吗？

7. 工艺装置的退役会影响装车吗？

8. 该区域的所有许可证是否由周围区域内负责装置的操作值班主管会签？

9. 如何保护退役活动附近的轨道和管架免受坠落物体等的影响？

10. 工厂所有部门是否已知晓退役，因为这可能会影响其在该区域的运营？

11. 退役区域是否整个被围起来，或者工作区域的各部分是否被单独围起来(例如吹扫位置、废料收集区和碎石收集区)？

12. 任何材料(例如从桶中的容器回收的化学品)的移动是否可能使工厂内的人员接触到？如果桶被丢弃在工厂外，公众会受到任何危害吗？

13. 车辆离开工厂前，是否会检查负载？

14. 所有离开工厂的含石棉材料是否有适当的包装和标签？是否会在经批准的地点处理？

15. 是否会在工厂内处理碎石等材料？

16. 是否在工厂内明确了承包商车辆的路线？

附录 F 典型项目文件

项目文件包括过程安全信息和其他信息。所有与 CCPS《基于风险的过程安全》20 个要素相关的文件都作为过程安全信息。其他包含安全内容的项目文件也可归类为过程安全信息，如设计研究和计算和阶段关口审查报告。与商业协议和财务相关的项目文件不太可能被归类为过程安全信息。

表 F-1 列出了*可能*适用于工程项目的典型文件，但不可能所有文档都是具体项目所必需的。

此表并不全面，具体项目可能还需要额外的文件。

表 F-1 典型项目文件

文件类别	典型项目文件
项目文件	• 项目程序(如变更管理、文件管理等) • 战略/计划： ○ 开发计划； ○ 技术计划； ○ 监管批准； ○ 设计危害管理策略； ○ 危害识别和风险分析计划； ○ 完整性管理/工程保证； ○ 承包/采购； ○ 质量管理，包括工艺设备检查/功能测试； ○ 功能安全管理计划； ○ 施工计划、施工现场组织计划、施工环境健康与安全计划； ○ 预试车计划； ○ 资源/培训； ○ 试车/开车计划，包括试运行； ○ 过程安全计划、环境健康与安全计划； ○ 安保计划。 • 开发方案： ○ 工艺技术方案； ○ 位置详细信息(例如基础设施、人口、气象、地形等)。 • 交付成果： ○ 技术说明； ○ 设计基础； ○ 费用概算； ○ 工程进度； ○ 前端工程设计包；

续表

文件类别	典型项目文件
项目文件	○ 项目实施计划； ○ 施工设计包； ○ 移交文件包。 • 设计理念： ○ 运行和维护； ○ 放空、泄压和火炬系统、火气检测、消防、过程控制、报警管理、施工等。 • 设计研究、计算、假设、设计意图： ○ 本质安全设计； ○ 间距和布局； ○ 放空/泄压/火炬； ○ 火灾 & 气体检测和抑制； ○ 消防水分析； ○ 安全关键设备脆弱性、可靠性、可用性和可维护性研究； ○ 安保脆弱性分析； ○ 交叉作业； ○ 安全仪表系统评估； ○ 安全完整性等级(SIL)的确定/验证； ○ 设施选址(爆炸、火灾、有毒)； ○ 临时避难/就地避难评定； ○ 人为因素分析； ○ 腐蚀； ○ 结构； ○ 电气系统保护、电气负载、短路、接地； ○ 管道完整性监控； ○ 应急响应/疏散、逃生和救援分析； ○ 坠物； ○ 退役等的跟踪记录。 • 设计审查： ○ 工艺流程图、3D 模型、可操作性、可施工性；跨学科、价值工程、工程标准偏差等跟踪记录； ○ 安全设计案例； ○ 设备、材料、服务的合同/采购订单； ○ 关于法律责任、保证/担保、财务审计和税务要求的合同和财务文件。 • 商业协议 • 施工： ○ 信息请求、信息申请； ○ 尾项清单。 • 试车： ○ 试车报告(使用安全化学品)； ○ 试车团队操作日志、轮班交接记录以及试车程序中每个步骤的记录； ○ 每个系统和设备项的综合文件，显示执行的每个试车步骤的状态； ○ 开车报告(使用工艺化学品)； ○ 试车团队操作日志、交接班记录和开车程序中每个步骤的记录； ○ 每个系统和设备项的综合文件，显示执行的每个开车步骤的状态。

续表

文件类别	典型项目文件
项目文件	• 项目绩效： ○ 支出、进度、进展、质量、返工、过程安全、环境健康与安全、报告、记录。 • 地方当局和监管机构的许可 • 项目危害/风险登记册 • 行动项跟踪数据库 • 技术同行评审、报告、跟踪记录 • 阶段关口审查、报告、跟踪记录
运营文件	• 公司数据库：从类似工厂经验中获得的知识/信息 • 过程安全和环境健康与安全管理体系、政策、程序、目标 • 文件管理体系、程序、控制文件、保留政策、损失/消防等 • 招聘记录、资格等(例如操作人员、技术员、工程师、环境健康与安全员、管理员) • 操作人员接手的尾项清单未完成项、跟踪记录 • 操作人员接手的未完成行动项、跟踪记录 • 借调给运营单位的任何项目员工的人事、培训和绩效保证记录 • 运营阶段关口审查、报告、跟踪记录 • 结构工程测量报告，以识别解构和/或拆除、原始结构图、计算等的潜在危险 • 解构和/或拆除对周围设施影响的工程/安全研究 • 解构和/或拆除的安全计划/报告，包括监督 • 安保计划、现场周边路障、警告标志等 • 解构和/或拆除程序、任务顺序、地下水保护、设备和材料的隔离以供再利用、回收和/或废弃等
过程安全文化	• 过程安全文化方案 • 文化评估和跟踪记录
符合标准	• 符合标准方案 • 国家/地方法规 • 公司政策、标准、规范 • 行业规范和标准 • 项目制定的技术标准(如有) • 差异/豁免批准，记录 • 引用/改进通知
过程安全能力	• 过程安全能力方案、标准、记录
员工参与	• 员工参与方案 • 角色/职责 • 计划、程序、记录
利益相关者外联	• 利益相关者外联方案、目标、计划 • 对第三方的承诺 • 与利益相关者的会议、会议记录、行动、跟踪记录
过程知识管理(包括项目设计文件)	过程知识管理方案、政策、危险化学品信息： • 化学品安全说明书(火灾/爆炸、人类/环境毒理学、腐蚀性、热危害、易燃性、粉尘/粉末危害等) • 反应矩阵 • 其他来源

续表

文件类别	典型项目文件
过程知识管理(包括项目设计文件)	• 工艺技术: ○ 流程框图; ○ 工艺流程图; ○ 工艺说明; ○ 工艺化学; ○ 质量/能量平衡; ○ 化学品库存; ○ 偏离正常工艺条件的后果评估记录; ○ 温度、压力、流量、液位、成分和其他关键参数的安全上限和下限; ○ 安全运行的限制。 • 工艺设备: ○ 总图; ○ 工艺流程图(P&ID); ○ 管道服务索引和管道服务规范; ○ 管道轴测图; ○ 仪表索引和规格,包括操作条件、施工材料、工艺流体的说明: ◇ 仪表回路图; ◇ 接线图; ◇ 位置图; ◇ 控制叙述; ◇ 网络图; ◇ 控制方案。 • 因果图 • 电气/危险区域划分图 • 电气单线图 • 设备数据表/规范,包括施工材料、适用规范参考等 • 泄压系统设计和设计基础、压力安全阀尺寸计算 • 控制室和工艺建筑设计、防火/防爆 • 与过程安全(烟气粉尘控制)相关的暖通空调系统 • 保护系统: ○ 安全关键设备清单; ○ 安全仪表系统; ○ 安全要求规格书; ○ 安全系统(例如联锁、检测或抑制系统); ○ 性能标准; ○ 安全完整性等级验证计算; ○ 安全逻辑程序因果图。 • 用于设计的设计规范和标准 • 设计基础文件,符合遵守良好工程规范 • 防火区,被动/主动防火 • 供应商和供货商的设备操作和维护手册 • 竣工图和技术信息

续表

文件类别	典型项目文件
危害识别和风险分析（HIRA）	• 危害识别和风险分析方案、计划、报告、跟踪记录 • 风险评估： ○ HAZOP； ○ HAZID； ○ What if/检查表； ○ 失效模式与影响分析(FMEA)； ○ 交叉作业； ○ 后果分析(例如火灾/爆炸、烟雾/有毒气体、运输等)。 • 风险分析： ○ 风险矩阵； ○ 定量风险评估(QRA)政策、规范； ○ 概念风险分析(CRA)报告、跟踪记录； ○ 定量风险评估报告、跟踪记录； ○ 公司风险容忍度准则； ○ 风险管理理念(例如，本质安全设计、工程与行政控制)。 • 装置选址研究报告、跟踪记录 • 人为因素分析、报告、跟踪记录(例如人机工程学、人员表现) • 所使用的每种危害识别和风险分析方法/技术的程序 • 危害识别和风险分析服务商资格 • 危害识别和风险分析团队成员——资格记录、初始培训和进修培训 • 危害识别和风险分析再验证报告、跟踪记录 • 解构/拆除的危害识别和风险分析和跟踪记录 • 危害识别和风险分析研究的信息(如相关事故/事件、过程变化等) • 工程控制、行政管理控制清单 • 沟通记录(如所有受影响员工的结果/变化、培训和程序的变化)
操作程序	• 操作程序方案、格式/内容等 • 供应商和供货商的操作手册 • 试车和开车程序 • 试车团队操作日志、交接班记录和开车程序中每个步骤的记录 • 性能考核运行程序，包括操作参数、样品分析等 • 性能考核运行结果(每个设备项和每个系统)、数据、样本分析和跟踪记录 • 根据试车、开车和操作经验对操作程序进行的变更 • 操作程序： ○ 开车程序； ○ 维护/检修后的开车程序； ○ 正常操作程序； ○ 停车程序； ○ 不再启动的装置停车程序； ○ 紧急程序； ○ 临时程序； ○ 退役程序、任务顺序、减压、排出剩余材料、清洁、净化、吹扫、惰化等； ○ 封存工艺装置/设备的再试车程序； ○ 检查表。 • 主管/操作人员日志 • 交班程序 • 维护程序的制定 • 定期程序审查记录

续表

文件类别	典型项目文件
安全作业规程	● 安全作业规程方案 ● 常规工作程序 ● 安全作业规程程序、作业安全分析、记录，包括但不限于： ○ 冷作/安全作业许可证； ○ 动火作业许可证； ○ 能量隔离(上锁/挂牌)； ○ 受限空间进入许可、救援计划； ○ 管道破裂； ○ 排水和筑堤； ○ 挖掘； ○ 大型起重设备； ○ 移动式重型机械/车辆； ○ 高压电气系统； ○ 高处作业； ○ 放射性、天然放射性物质； ○ 水上/临水作业； ○ 潜水； ○ 石棉、多氯联苯、重金属； ○ 搬运爆炸物； ○ 非操作人员进入工艺装置/设施。 ● 作业许可证、作业安全分析记录 ● 作业许可证审计报告 ● 作业许可证管理机构/签发者的培训/资格记录
资产完整性和可靠性	工艺设备完整性： ● 质量管理方案、程序 ○ 制造质量记录，包括出厂验收测试、无损检测、焊缝射线照片、不符合项、证书、质量保证报告、技术员/检验员资格等； ○ 制造商/供应商文件、证书、工厂测试等； ○ 预试车质量记录，包括现场验收测试、无损检测、现场焊缝射线照片、水压试验、冲洗/清洁/干燥、检查表、不符合项、基线数据、证书、质量保证报告、技术员/检验员资格等； ○ 质量控制记录、证书、材料可靠性鉴别、不符合项和跟踪； ○ 质量保证报告、跟踪记录； ○ 初始/基线检验报告、记录。 ● 安装记录、机械竣工证书/档案 ● 主设备清单、仪表索引 ● 危害性分析、报告、安全关键设备清单 ● 设备数据表/规范，包括施工材料、规范和标准、设计计算 ● 分布式控制系统、可编程逻辑控制器、安全仪表系统、联锁、软件、功能规范等的控制系统记录 ● 独立保护层的性能要求，包括安全仪表功能、安全仪表功能验证测试程序、安全完整性等级分析报告、安全完整性等级验证 ● 功能安全评估 ● 报警清单、设定值、报警涌现研究 ● 泄压和通风系统记录

续表

<table>
<tr><th>文件类别</th><th>典型项目文件</th></tr>
<tr><td>资产完整性和可靠性</td><td>
• 管道系统记录
• 每个系统和设备的记录每步试车步骤的执行情况的综合文件
• 每个系统和设备的记录每步开车步骤的执行情况的综合文件
• 可靠性分析、报告、跟踪记录
• 紧急停车、跳闸和保护系统启动记录
• 资产完整性管理程序：
○ 制造商、供应商和供货商的维护手册；
○ 设备/材料保存程序、记录；
○ 检查、测试和预防性维护(ITPM)管理计划、程序、任务、频率、记录、技术员/承包商资格、数据分析和计划更新、检查员建议跟踪记录、根据操作经验进行的变更；
○ 紧急维护程序。
• 维护管理体系、程序、软件
• 备件清单、保存程序
• 工艺设备缺陷：
○ 设备故障分析、报告、跟踪记录；
○ 缺陷纠正记录、修理/更换/重新评级程序/记录、技术员/承包商资格。
• 检查、测试和预防性维护(ITPM)管理人员：
○ 检查、测试和预防性维护管理资格、培训、材料、记录；
○ 承包商检查、测试和预防性维护管理资格记录。
• 规范和标准合规记录
• 封存设备：
○ 保存程序、持续的检查、测试和预防性维护管理任务(如有必要)，使资产处于就绪状态或接近就绪状态
</td></tr>
<tr><td>承包商管理</td><td>
• 承包商管理计划
• 资格预审程序、筛选/选择、记录
• 承包商资格/能力、环境健康与安全/生产安全绩效、记录
• 通过资格预审承包商名单
• 施工/检修进场前计划
• 承包商记录：
○ 环境健康与安全/生产安全绩效指标、承包商管理体系、安全计划、安全作业规程、分包商、供应设备等；
○ 衔接文件。
• 承包商管理、入场/培训、材料、记录
• 安全监督计划、程序、绩效记录
• 合同结束评估报告、记录
</td></tr>
<tr><td>培训和绩效保证</td><td>
• 培训和绩效保证方案、程序、培训矩阵/时间表、初始/进修
• 员工资格/能力记录
• 员工(和承包商)培训记录、验证(书面测试或其他方式)
• 培训师资格
• 培训程序、材料
• 培训方案的有效性评估
</td></tr>
</table>

续表

文件类别	典型项目文件
变更管理	• 变更方案的管理： ○ 项目变更管理程序、设计变更通知、记录； ○ 操作人员对变更程序、文件(包括范围、设计信息、危害识别和风险分析研究、技术审查、授权、跟踪记录、运行准备状态审查环节等)的管理。 • 沟通记录
运行准备	• 运行准备审查方案、程序 • 运行准备审查/开车前安全审查报告、检查表、记录
操作行为	• 操作方案、程序、检查表的指导 • 日常任务： ○ 操作人员巡视、检查表、日志； ○ 交班记录； ○ 整洁检查记录； ○ 个体防护装备审查。 • 定期系统评估： ○ 保护系统旁通/抑制程序、记录； ○ 开启/锁定的阀门检查； ○ 爆破片和泄压阀之间的间隙压力检查； ○ 安全设备检查(灭火器、安全淋浴/洗眼器、自给式呼吸器、个体防护装备等)； ○ 工作时间表、轮班、小时数、加班防疲劳记录。 • 维护的实体系统： ○ 操作限制、替代安全措施记录； ○ 软管/连接/跨接线使用记录； ○ 设备标签/警告标志、照明等的检查、记录； ○ 建筑物加压系统检查、紧急停车程序。 • 试车临时操作，例如盲板和过滤网清单
应急管理	• 施工现场应急预案、程序、演练和跟踪记录 • 应急管理计划 • 应急响应计划： ○ 报告和警报； ○ 疏散/逃生程序、路线、召集/集合点、人数； ○ 应急设备、个人防护装备、救援、消防等； ○ 厂区、召集点、疏散路线、风标、控制室、救援和消防设备位置等的现场平面图； ○ 轻微泄漏响应计划； ○ 关键人员组织结构图和工作说明书。 • 就地避难建筑程序 • 应急设施、警报、照明、设备和个体防护装备等记录的检查、测试和预防性维护管理 • 应急演习和桌面演练，以及跟踪记录 • 外部机构协调计划 • 社区平面图，显示所有支持机构的位置和联系信息 • 与利益相关者(如当地社区)的联络/沟通 • 解构和/或拆除应急响应计划

续表

文件类别	典型项目文件
事件调查	• 事故报告和调查方案 • 事故/未遂事件报告程序、报告、表格、记录 • 证据保全程序 • 事故调查程序、报告、跟踪记录 • 根本原因分析方法/技术 • 调查组成员(培训和资格记录) • 事故和根本原因趋势分析、跟踪记录
测量和指标	• 测量和指标方案、程序 • 关键绩效指标记录 • 定期审查/分析和跟踪记录
审核	• 审核方案、政策、计划、程序 • 审核协议 • 定期自我评估/审核报告 • 审核行动项跟踪记录
管理评审和持续改进	• 管理评审和持续改进方案、政策、程序、计划 • 评审会议信息、会议记录和跟踪记录

附录 G 过程安全阶段关口评审协议

简介

制造工业中的许多运营企业在项目生命周期重要的关键节点会进行评审。这些评审有多种叫法，如阶段关口评审、“冷眼”评审、同行评审、项目技术安全评审等，通常由一个熟悉相关装置/工艺和技术的独立且经验丰富的多学科团队进行。不同公司的目的和范围也不同，但都非常注重过程安全，尽管也可能包括技术和环境健康与安全(EHS)问题。更详细的描述包含在第 2 章 2.10 节。

项目生命周期每个阶段的评审中，典型的过程安全范围都会在适当的章节中讨论。下面的表格代表了典型问题，评审团队可以作为协议覆盖每个阶段的范围。没有哪两个项目是相同的，协议也无需面面俱到。使用者可以忽略不相关的问题，并根据他们的特定项目添加新问题。

阶段关口：项目前期准备第一阶段(FEL-1)

审查工艺和流程，以发现潜在的过程安全风险。

- 物料(进料、产品、中间体和排放物)的危险属性(毒性、可燃性、放射性)。
- 工艺复杂性和操作条件严苛性。
- 重大事故风险的可能性(有毒/易燃物的库存、高温/高压操作、物流、地点因素，例如对公众和员工的潜在影响)。
- 类似技术的历史事故。
- 类似技术的危险源辨识与风险分析(HIRA)。

确保所有项目选项进行了本质安全设计(ISD)评估。

- 替代/小型化/适度/简化。
- 风险消除/预防/控制/缓解。
- 被动的/主动的/程序性降低风险。

检查所有可能的地点，以确定其对邻近设施、当地社区和环境可能产生的过程安全影响。

- 确认项目已识别出环境风险(例如受保护/敏感区域等)，并确定这些风险可以得到充分缓解，以符合公司政策并符合适用的法规。
- 监管和许可关注点。
- 地质灾害。
- 潜在的安全风险(例如设备/管道安全)。
- 危机管理和应急准备。
- 原材料和产品的物流/运输风险。

检查对过程安全有显著影响的项目选项问题

- 承包商、合伙人、合资公司、其他利益相关者，包括安全尽职调查。
- 与公司政策/公众承诺的影响/冲突。
- 场所、设备和产品的生命周期。
- 施工风险。

续表

确定每个项目选项的过程安全的不确定性/未知事件。

- 中试装置测试需要。
- 反应性和化学不稳定性风险。
- 腐蚀性数据。
- 毒理学数据，长期暴露的影响。

阶段关口：项目前期准备第二阶段(FEL-2)

确认已查明拟议发展中值得特别注意的固有过程安全危害，或需要进一步调查的不确定因素。

- 需要考虑的典型主题包括：
  ⅰ. 工艺物料的性能[所有原材料、产品、中间体都需要化学品安全说明书(SDS)]；
  ⅱ. 化学品混合反应矩阵和反应性风险；
  ⅲ. 工艺条件(正常、开停车、偏离)；
  ⅳ. 工艺库存、火灾和爆炸的可能，储存能量、毒性释放的可能；
  ⅴ. 对公司政策、承诺、目标和策略的影响；
  ⅵ. 本质安全设计的项目策略；
  ⅶ. 运输风险。
- 项目审查计划以收集以前事故的信息，以及从类似工艺的资产完整性报告中吸取教训，并在设计中解决这些问题。
- 审查拟开发项目对现有设备的影响，以及对工地内外设施的影响。检查新设备和现有设备之间的接口。
- 审查拟建设地点，以确保任何涉及重要过程安全的特征都得到确认，比如利益相关者、当地社区、当地环境、声誉影响、安保风险、地理特征、地质灾害(海啸、地震等)、水文、气象条件等。
- 审查预期的排放量和自然资源的使用。以下情况通常需要在所有可能的条件下加以考虑，即稳态、开停车、紧急排放、批次变更、正常、最大、结束运营等。审查减排方案并检查预期的减排技术是否符合公司经验，是否满足公司政策并符合所有适用的法规。识别以下的不确定性：
  ⅰ. 排空阀、含油废物、废水、有害和无害的固体和污泥；
  ⅱ. 燃烧和释放到大气的释放物；
  ⅲ. 噪声、气味、视觉影响；
  ⅳ. 点源和不易收集的排放；
  ⅴ. 温室气体、NO_x、SO_x和挥发性有机化合物(VOC)排放；
  ⅵ. 厂区外处理处置能力；
  ⅶ. 稀缺/不可再生资源(包括淡水供应的可持续性)的使用。
- 审查施工草案，包括工人数量、现场入口、交叉作业、临时施工设备的位置、现场和场外交通路线、施工过程中可能遇到的重大危害和环境影响，包括使用有害健康的物质/物料，以及适用的法律。

确认风险和不确定性的可接受解决方案经可用的，或者确保能够在项目的时间线和组织内被开发出来。

确保所有与项目的整个生命周期、新技术和位置性质的过程安全问题已识别。

确认已识别所有适用的法规、标准和公司相关的期望值。

- 审查项目资产完整性管理(AIM)方法，包括批准的参数、规范和标准清单。结合当前的行业惯例、公司的工程和技术实践，确保这些内容的适用性。
- 审查项目的计划以保证设计的质量，包括明确业务需求、能力、工程承包商选择、项目组的关键技能、专家支持和交付设计质量的验证。
- 审查承包商选择及采购策略，并与公司期望保持一致。

续表

• 审查公司过程安全程序和资产完整性管理(AIM)标准的符合性。 • 审查项目的策略，以确保项目劳动力的安全，包括： ⅰ. 公司安全期望和规则的应用； ⅱ. 作业许可程序； ⅲ. 其他公司相关标准。 • 审查地方和国家的监管要求，项目获得“经营许可证”的总体建议，以及获得许可的计划。
确认建立了适当的过程安全计划，并与项目团队进行了沟通，得到了后续阶段管理团队的认可。 • 审查项目的过程安全计划如下： ⅰ. 已确定和安排充分的外部、内部、专家和同行协助/审查和过程安全审计； ⅱ. 确定是否需要进行额外研究、中试工厂试验等，以解决过程安全的不确定性； ⅲ. 已经制定了一项进行阶段关口检查的计划； ⅳ. 过程安全研究的采购、执行和评审的计划和组织已经到位； ⅴ. 研究计划在适当的时候完成，以确保可以在设计中纳入行动，并有足够的资源可用于开展工作。 • 审查由过程安全研究引起的行动项的追踪意图，包括所做的任何承诺。 • 审查为员工提供资源和培训的计划安排。
确认建立了足够的过程安全风险管理策略，包括未来的危害辨识与风险评估。 • 审查重大过程安全事故的可能性，并在发现重大潜在危险时启动概念风险分析(CRA)。 • 审查项目对重大事故风险的评估以及处理已识别风险的计划。项目如何影响现场的风险概况与公司的风险准则？项目如何证明风险的持续降低？ • 审查安全和安保风险控制及缓解措施的设计原则，包括： ⅰ. 过程控制； ⅱ. 单元分隔/布局； ⅲ. 在保证安全的前提下，征地和使用土地； ⅳ. 保护系统[即安全仪表系统(SIS)、泄放系统、防火系统等]； ⅴ. 隔离原则； ⅵ. 个体防护； ⅶ. 应急救援规定/应急响应计划； ⅷ. 实体安保需求——关键点和脆弱点的识别。 • 审查项目危害/风险登记的开发计划。 • 审查项目策略，以确保在设计过程中解决本质安全设计(ISD)问题。 • 审查外包设施的过程安全风险管理策略。 • 审查项目策略，以确保全面和高质量的危险源辨识与风险分析(HIRA)[如危险与可操作性分析(HAZOP)]和安全完整性等级(SIL)评估，包括领导和团队的资源配置、能力/操作经验、工艺管道和仪表流程图(P&IDs)和设计信息的质量、过程安全信息和文档要求。 • 审查相关建议，以确保危险源辨识与风险分析(HIRA)研究范围包括开发的所有方面，包括具有重大潜在危险的供应商工艺包、设施选址研究等。 • 审查项目解决问题的策略，包括项目职责分配和处理职责之外的建议。 • 审查拟议的危险源辨识与风险分析(HIRA)研究的时间安排，特别是将研究结果纳入早期采购项目规范的安排。 • 审查项目的变更管理策略以及对危险源辨识与风险分析(HIRA)之后的变更进行的危害审查。

阶段关口：项目前期准备第三阶段(FEL-3)

确认过程安全研究(包括专家评审)，得到令人满意的处理和跟进。

- 审查之前阶段关口评审和其他过程安全研究包括危险源辨识与风险分析(HIRA)[如危险与可操作性分析(HAZOP)、概念风险分析(CRA)、安保脆弱性分析(SVA)等]提出的建议/承诺的进展情况。
- 确定是否建立了一个系统来登记和跟进所有过程安全建议，包括承诺和为解决建议而采取行动的完整文档。
- 审查项目范围是否有变更，并确认相关的过程安全研究已经更新。
- 审查任何有关危害识别的项目研究。确认新设施的所有区域以及与邻近设施的相互作用都已被考虑。应该包括在正常、启动、关闭、维护、瞬态和紧急操作以及与施工相关的操作期间可能出现的危险。
- 在既定的项目时间范围和组织范围内，审查项目解决已识别的危险的能力。
- 在适当的情况下，确定已开始进行专家评审，例如仪表与控制、物流、安保、人为因素、人机工程学。
- 审查项目的研究计划，以提高过程安全性能，比如噪声评估、空气排放模型、安保设计、安全施工设计、人体工程学以及对人员危害、可达性和安全设备位置布局进行三维模型审查。

确认工程设计中与过程安全相关的方面符合或超过法规要求，并确定了令人满意的项目规范和标准，建立了设计理念。

- 审查项目的技术参数、规范和标准清单，确认其是否合适；考虑工程技术实践与现场实践是否一致。验证设计是否符合这些技术参数、规范和标准。
- 确定设计基础(BOD)是否认可已建立的良好实践和有关技术应用中的“经验教训”。
- 对所有可能影响过程安全性能、监管要求、公司政策和外部承诺的单个系统的设计基础(BOD)进行审查。
- 审查在设计范围内维护操作的建议方法，并识别和评估任何特殊特性。
- 确定在设计中是否已识别并适当考虑了通过仪表全部或部分完成高压(HP)、低压(LP)接口和主要的压力保护。
- 审查项目对本质安全设计(ISD)的应用，以及与过程安全性能相关的设计理念。这些措施通常包括超压释放/超温保护、隔离、控制和关闭系统、安全仪表系统、火灾和气体检测、防火保护、排放控制、污染预防、噪声控制/消除，以及检测和纠正排放的方法。
- 审查火炬系统的设计基础(BOD)，包括布局、施工材料和用于减少火炬负荷的仪器。
- 审查项目确定安全仪表系统安全完整性级别(SIL)的方法，以及是否收到了适当的专家意见。确定在建议的硬件配置中是否考虑了计算的SILs，以及是否编制了安全要求规格书(SRS)。
- 审查关键安全设备(SCE)标识。
- 审查项目对重大事故风险的评估，以评估可能对工地的风险状况造成的影响以及结果的处理方法。审查所有已占用建筑的设计理念，确认设计将为人员提供足够的个人保护，并符合所有法规和建筑位置规范。确认对爆炸超压情况进行了彻底的分析。
- 确定设施的设计是否涉及安保问题，包括安保脆弱性分析(SVA)、控制系统的网络安全等。
- 审查项目过程安全管理体系，确保项目符合公司程序。
- 审查取得“经营许可证”既定策略的进展。
- 审查在设计开发过程中，所采用的安装和施工方法是否得到处理，包括风险评估。
- 为详细设计和施工检查项目的系统顺序，并确定是否考虑了预试车、试车和开车的顺序，以最小化风险。

确认所有与项目全生命周期特征、新技术和位置性质相关的过程安全问题均已识别。

- 需要特别注意的是审查设计，确认工艺和位置的所有安全特性。
- 尤其需要审查任何可能影响过程安全性能的新特性，以及基于供应商的任何特殊注意事项。

确认资产完整性管理(AIM)/工程保证流程已经到位。

- 根据公司的资产完整性管理AIM标准，审查项目的授权规则。确定设计的技术权限级别是否已在项目程序中明确确立，并在各个级别得到理解和应用。
- 审查对于不符合公司标准/政策的情况，得到相应级别的审查、记录和批准。确定是否存在这样一个系统：当设计承包商或供货商偏离规定的标准时，该偏离得到工程部门审查和批准，并包含在项目的设计档案中。
- 审查项目的设计质量管理(QM)计划。确认设计完整性关键人员的能力已得到检验。确认已经建立了确保设计期间关键人员连续性的流程。
- 审查多个设计者、供货商和多个现场之间的界面管理。审查设计的跨专业检查过程。
- 出于过程安全和设计完整性的考虑，审查承包商、分包商、主要供货商和外包设施的选择标准，并检查是否对承包商进行了尽职调查评估。

续表

确认已执行变更管理程序。 ● 审查拟议的变更控制程序，以应用于所有可能影响过程安全绩效和设备完整性或预期开发的危险源辨识与风险分析(HIRA)完整性的变更。 ● 验证危险源辨识与风险分析(HIRA)后，对工艺管道和仪表流程图(P&ID)、因果图、危险区域划分图(HAC)等的变更，得到适当控制和授权。 ● 审查设计变更的跨专业检查流程。
确认已达到文件要求 ● 审查提供过程安全信息和业主现场操作和维护系统所需的其他相关文件的规定。 ● 检查数据管理建议并将其传输到现场系统(例如，维护管理、工程记录)。 ● 审查项目和工程承包商计划，以便从供货商处获得所有设备的机械完整性建议程序。 ● 检查泄压和火炬系统的文件要求。审查安全关键设备(SCE)登记册的编制意见。
确认已制定了资源和培训策略。 ● 审查项目将如何达到相关操作能力要求。 ● 审查操作和培训策略大纲，以确保与安全相关设计假设一致。应包括制定： ⅰ. 操作、维护和安全程序； ⅱ. 人员配备水平； ⅲ. 培训规定(例如仿真模拟培训)； ⅳ. 预防性维护(PM)频率； ⅴ. 检查频率； ⅵ. 运营的应急响应能力和应急演练。 ● 审查施工过程安全支持的资源计划、所需的培训资源以及使施工承包商具有正确安全意识的计划。
确认项目计划能确保为开始施工做好过程安全准备。 ● 审查项目计划，进行现场的进场前审查，以便在进场施工之前，核实项目和承包商的准备情况。
确认已经为项目建立了风险登记册，并由合格人员跟踪和正式审查与过程安全相关的风险。 ● 审查项目的危害/风险登记册，其中记录了与项目开发相关的危害以及降低风险的安全措施。

阶段关口：详细设计

确认已顺利完成最终危险源辨识与风险分析(HIRA)[如危险与可操作性分析(HAZOP)]及其建议。 ● 检查包括供货商工艺包在内的所有系统是否顺利完成了危险源辨识与风险分析(HIRA)，是否及时采纳了建议，是否适当记录了其完成状态。 ● 审查不采纳危险源辨识与风险分析(HIRA)建议的理由。
确认正在采用变更控制程序，并且已经启动适当的变更风险审查，以保持过程安全完整性。 ● 通过检查项目文件，如工艺管道和仪表流程图(P&ID)以及危险源辨识与风险分析(HIRA)后的因果图，验证已实施适当的变更控制程序。 ● 评估拟议变更控制程序，以解决所有可能影响危险源辨识与风险分析(HIRA)完整性和预期开发过程安全绩效的变更。确定范围是否有任何变化，并确认相关过程安全研究已更新。 ● 审查项目计划和安排，以管理施工期间的现场变更。
确认已经进行了适当的专家评审，结果得到了令人满意的解决。 ● 审查项目前期阶段关口审核和其他过程安全研究的建议的状态和解决方案(包括实体安保调查及定量风险分析(QRA))以便完成和关闭行动项。 ● 确定是否进行了现场的进场前审查，以及所有建议是否得以实施。 ● 确定是否进行了适当的专家评审，并将结果纳入评审。例如： ⅰ. 仪表和控制；

续表

ⅱ. 物流；
ⅲ. 安保；
ⅳ. 人为因素；
ⅴ. 人体工程学；
ⅵ. 警报管理。
- 确定是否对可访问性、布局和人体工程学进行了三维模型评审，并将结果纳入其中。

确认进行了适当的工程控制和检查。
- 验证有效执行了项目的授权规则，在项目程序中明确建立了设计的技术权限级别并被理解/应用到设计变更中。
- 检查是否使用经批准的规范、规程和标准进行设计。确定项目工程主管部门是否识别、审查并批准了与规定标准的偏差，包括供货商的偏差，并将其包括在项目的规范偏差登记册中。
- 确定是否遵循了设计质量管理(QM)程序，是否核实了技术完整性关键人员的能力。
- 识别和审查多个设计者和供货商之间的任何界面控制程序。
- 审查设计和设计变更的跨专业检查流程。
- 审查识别、验证和符合法定要求的责任，并获得运营设施所需的许可。审查提交进度。

确认有效实施了包括过程安全计划在内的过程安全管理体系。
- 审查项目的过程安全计划，并验证其将为项目提供有效的过程安全管理体系(PSMS)。确认其实施情况，包括资源配置、过程安全支持、承包商参与以及与现场的协调。
- 审查施工安全计划。评估该计划是否具备了必要的组成内容，以推动施工期间所需的安全绩效。
- 检查是否建立了健全的危害识别和风险管理流程，以解决和减轻潜在的施工安全风险。
- 审查施工安全计划，以符合现场的安全作业规程和程序。核实是否将公司安全规则纳入计划。
- 审查建筑工人培训和现场教育的项目计划。
- 检查承包商、分包商和主要供货商的选择标准，以及是否采用并遵守了该标准，包括评估其活动对技术完整性至关重要的承包商的能力。审查与出于安全考虑使用当地劳动力和材料供应相关的任何合同承诺。
- 审查安全运输工人往返作业现场的安排。
- 审查项目的安保计划，包括实体安保、损失预防以及与现场和社区安全的协调。
- 检查测量和监控计划以及安全关键绩效指标(KPI)。
- 审查施工安排，如堆放区的位置、大型设备的运输、高风险活动等。
- 在进场之前，检查项目过程，以确保承包商和分包商的安全准备状态。

确认正在顺利实施资产完整性管理(AIM)方案。
- 核实项目工程主管部门的职责确保了设计的完整性，并具有在制造、施工和安装过程中保持设计目的的计划/程序。
- 审查项目的质量管理计划，并确认所有活动都接受系统和合规性审计，并跟踪和解决审计结果。应对所有设计、采购和制造活动进行分包商和供货商审计跟踪。

确认在详细工程产品中已充分考虑了过程安全内容，并且其适用于施工。
- 审查工艺管道和仪表流程图(P&ID)以及轴测图的完整性和施工准备情况。
- 根据轴测图和供货商数据，审查安全关键设备(SCE)登记册，更新泄压/火炬系统计算。
- 审查安全仪表系统(SIS)所需的安全完整性等级(SIL)、部件测试频率以及是否符合操作原理。
- 审查高压(HP)与低压(LP)之间的接口，确定是否识别了主要压力保护(完全或部分由仪表实现的)，并在设计中予以适当考虑。
- 审查项目的危害/风险登记册，并确认项目已纳入设计保障措施，以减轻已识别的危害。

续表

确认项目开车计划中包括程序制定、培训、预试车和试车活动。 • 审查整理和传输所有必要信息的安排，以确保将来设施的安全高效运行。 • 核实是否制定了将新设施程序纳入业主现场程序和计划的策略。 • 核实操作、维护和过程安全程序的制定进展。 • 审查培训和确保现场人员安全启动和运行设施能力的建议。 • 审查检查、测试、预试车和运行准备审查的建议，以确认它们提供了充分的过程安全和资产完整性管理。 • 审查管理压力测试、预试车和试车的项目策略，包括处置测试、验证、酸洗和清洁活动产生的废物。
确认已确定过程安全信息(PSI)的范围，并且已经制定了正式交付运营的计划。 • 审查过程安全信息(PSI)的计划和移交运营的其他重要文件。 • 审查在开车前提供竣工文件的安排。
确认已制定或更新应急响应计划，并解决与开车和运行相关的过程安全风险。 • 审查施工现场的应急计划、程序和设备，包括培训、疏散/就地避难、演习和练习。 • 审查施工期间常规和紧急医疗支持计划。

阶段关口：施工

确认有适当的施工人员培训、能力和绩效保证安排，且正在实施。 • 检查现场入场教育的实施情况，包括危害识别培训。确定其是否应用于所有与项目相关人员、承包商和分包商。 • 审查所有行业的能力保证程序的充分性、实施和应用情况。
确认有适当的施工过程安全管理体系，并正在实施。 • 审查施工期间的应急计划，并将其与现有现场应急程序整合。核实项目应急程序是否有人员统计的规定。 • 检查是否建立了安全作业系统，是否完全符合现场安全作业规程，包括以下方面： a. 作业许可； b. 高处/脚手架作业； c. 吊装； d. 挖掘/挖沟； e. 工艺和电气设备的隔离； f. 进入受限空间； g. 动火作业/点火控制； h. 重型机械/车辆； i. 基于任务的风险分析。 • 确定是否在必要时评估并实施了交叉作业(SIMOPS)等现场特定程序的要求。 • 检查项目是否在进场之前实施了确保承包商和分包商安全准备的流程，以及所有问题是否已圆满解决。 • 检查是否正在实施项目的承包商安全管理体系评估程序。 • 审查是否在整个施工组织中有效实施了安全管理体系，包括下级分包商。 • 检查制定和批准了作业的施工方案中是否包括已识别的危害和 JSA。确认项目已对 JSA 中识别的危害实施了防护措施，风险得到有效控制。 • 审查是否全面实施了安保计划。 • 核实医疗服务是否就位。 • 审查程序，以确保所有适用于施工建设的法规已被识别并正在实施。 • 审查跟踪和报告安全绩效的程序。确认已制定适当的保证方案，并且正在推动绩效的改进。审查事故调查和吸取的教训。 • 审查与目标开车日期相关的监管提交进度。 • 审查设备冲洗、清洁、蒸汽吹扫、干燥等程序，以及是否考虑了安全因素(例如，液体的处理以及是否有合适的方法来处理释放物/排放物/废物，噪声控制等)。

续表

确认业主、承包商和供货商清楚其机械竣工的范围和责任，并且施工团队拥有健全的管理所有界面的流程。

- 审查各方对机械竣工中角色和责任的理解，并将其划分给不同的部门。确认理解与合同中的工作范围一致。
- 审查制造、施工和安装承包商和分包商的项目界面管理。
- 检查项目和制造、施工和安装承包商与分包商之间存在的监督和程序。

确认包括质量管理在内的资产完整性管理(AIM)流程足以实现设计意图和设备完整性。

- 核实项目工程主管部门的职责确保了施工的完整性，并实施了在制造、施工和安装过程中保持设计意图的程序。
- 审查项目和承包商的质量计划和审计方案，并确认正在实施这些计划和方案。
- 审查与检查、测试和材料控制相关的项目内部控制和程序。确认它们保证施工、制造和材料管理活动按照设计进行。
- 审查尾项清单的安排，包括资源配置、培训和未完成项的处理程序。

确认正在应用变更管理。

- 确认有适当的变更控制程序，以管理与规程、标准、规范、承诺的偏差，以及在项目、承包商/分包商组织中影响工艺管道和仪表流程图(P&ID)的所有变更。
- 审查项目文件控制程序。
- 检查是否建立、理解并应用了工程授权以及授权变更的各个技术级别。
- 审查规范偏差的登记记录。
- 审查“工作面”和现有系统中是否有最新的设计信息，以确定是否始终有最新信息可用。

确认预试车、试车和预开车的项目计划是否充分。

- 审查项目预试车和试车计划及程序。确认已确定预试车和试车的所有方面都并包含在程序中。
- 核实施工进度表、机械竣工计划移交顺序和预试车/试车计划之间的一致性。
- 确认已识别并已控制潜在的安全风险，包括预试车期间的安全问题。
- 审查预试车活动中产生的废水的正确处理和处置程序，如水压试验、设备预处理和清洁等。
- 确定是否正在制定或更新应急程序和应急演习，以考虑从项目重大事故风险评估和项目危害/风险登记册中吸取经验教训。
- 审查完成前一阶段关口审查、危险源辨识与风险分析(HIRA)及其他过程安全研究建议的进展。评估开车前完成所有措施的能力。
- 审查开车前阶段关口评审和运行准备审查(ORR)的项目计划。确认项目检查表有效涵盖了确保施工完整性和开车准备的所有方面。
- 审查实体安保技术规范。

确认操作培训和操作程序的制定(或更新)进展顺利。

- 检查是否为预期运营建立或更新了能力管理体系。
- 审查设施的培训以及操作程序制定/更新的状态。

确认运营团队在必要时参与预试车和试车活动的准备工作。

- 审查确保参与预试车和试车活动的所有人员都具有相关的能力，并且运营商也有类似的标准来确保工厂的长期安全运行。
- 审查已提供给试车人员(包括运营团队)的资源、技能和培训水平。

确认有适当的现场过程安全管理体系和程序计划。

- 审查现场管理体系的计划，以确保针对新设施进行更新。项目的任何变更不应影响现场满足业主过程安全方案预期的能力。
- 审查设施过程安全管理方案的完整性、执行性、人员培训，并在适当的情况下纳入现有的现场方案中。这涵盖了现场安全方案的所有要素，包括变更管理(MOC)程序。

确认已实施文件管理体系，并按预期运行。

- 检验文件管理体系是否适当，并保证工厂已按照设计建造和预试车。
- 审查竣工文件和过程安全信息(PSI)的移交计划，以及运营商后续对其的控制。

阶段关口：预开车

确认预试车已圆满完成，设施已准备好进行试车。

- 审查预试车活动的完成情况。核实预试车期间遇到的所有问题都已圆满解决，并且设施已准备好试车。
- 检查尾项清单系统，以及系统是否得到了有效的实施。试车前，审查所有高优先级(A类)项目的完成情况。
- 审查项目试车计划，并确认发现并缓解了试车期间的安全问题。
- 在工厂开车前，审查将全面试车的公用设施、保护性安全装置和支持系统，包括适当的测试。
- 审查试车活动中产生的废水是否得到正确处理。
- 确定是否有足够的备件用于工厂的试车和初始运行。
- 确定是否对实体安保系统进行了试车，以及它们是否符合原始规范。

核实项目和/或现场是否正在实施一个全面的流程，以确认准备情况(如运行准备审查)并获得开车许可。

- 审查项目/现场运行准备审查(ORR)的详细计划，并评估其充分性和执行性。
- 核实项目是否已实施了所有前期阶段关口审查、危险源辨识与风险分析(HIRA)和其他过程安全研究得出的建议，已实施的措施并记录在册，还包括项目期间做出的所有承诺。
- 确定项目是否合理减轻了项目危险/风险登记册中确定的所有危害/风险。
- 确定是否已获得运营许可证的必要批准。

确认是否维持了设计的完整性，是否合理解决了与设计的偏差，并且不会损害过程安全绩效。

- 审查项目变更和工程部门记录以及规范偏差登记册，以确认所有设计变更都已在移交给运营商的文件中得到正确评估、批准和记录/更新。
- 评估工厂中可能影响安全绩效的各个方面在整个项目中是否没有重大变化
- 确定项目如何确认在同时考虑一些细微变化的影响时，不会产生重大风险。
- 确定竣工检查中识别的变更是否经过了适当的危害审查程序。
- 建立适当的移交系统，提供保证和书面证明，表明工厂已按照设计建造和预试车。
- 审查项目的安全关键设备(SCE)登记册是否完成并移交至现场。
- 审查竣工文件和过程安全信息的交付，以及现场对其的后续控制。

确认试车、开车和运行团队受过充分培训、配置齐全且胜任，并且所有必要的程序都可用。

- 审查试车程序。确认已经为设施的开车、停车、正常运行、紧急停车、维护和测试准备了充分的试车和后续运行系统和程序。这包括所有运行阶段的程序，包括临时运行。
- 审查安全作业规程程序是否完成，并核实员工已经接受过这些程序的全面培训。
- 审查向试车人员提供的资源、技能和培训水平，包括针对现场的安全教育和培训。通过面谈核实员工是否对操作和安全程序有清晰的理解，并具备安全开车和操作的能力和技能。
- 审查确保参与试车活动的所有人员都具有相关的能力，并且运营商也有类似的标准来确保工厂的长期安全运行。
- 检查是否为所有机械、仪表、电气和控制设备提供了必要的供货商支持。

确认业主/现场已经为开车做好充分准备。

- 审查现场的管理体系，确保已经或将要针对新设施进行更新。项目的任何变更不得影响现场满足业主过程安全方案预期的能力。
- 检查设施过程安全管理方案的完整性、执行性、人员培训，并在适当的情况下纳入现有的现场方案中。包括公司安全方案的所有要素，包括变更管理(MOC)程序。
- 审查管理责任从项目到现场的移交，例如：

  a. 变更管理(MOC)；

  b. 安保；

  c. 承包商监督；

  d. 许可证制度等。

续表

- 审查项目期间所做的承诺，以便将其贯彻到现场的管理体系中。
- 审查运营商的维护管理系统，确保输入了所有必要的维护数据，并对系统已经进行了测试。
- 检查高完整性保护系统定期测试程序的可用性。核实该测试周期是否符合之前进行的任何可靠性分析。
- 确定是否有管理安全关键设备(SCE)登记系统，包括识别文件所有人的身份、技术权限和维护责任的分配。
- 检查适当时是否已安排好扩展合同服务。
- 审查特殊试车安排的任何程序，如分阶段试车、临时功能等。
- 审查是否符合法规要求。
- 对危害、清理现场、安全设备安装和开车准备情况进行彻底的现场检查。
- 审查现场将如何应对运营阶段关口审核。

确认已制定了应急响应安排和程序。

- 核实应急计划和程序是否到位，角色和责任以及沟通渠道是否明确。
- 检查应急响应程序和安排是否完全符合危险源辨识与风险分析(HIRA)研究的结果。
- 审查应急程序，确保设施有足够的操作人员，以便在紧急情况下使装置处于安全状态。确认开车前已针对已识别风险进行了应急演习。
- 确认是否有测试应急响应程序有效性的程序，并反馈经验教训。
- 如果合适，评估与上级应急响应联动机制的可用性，该计划将各种应急计划联动在一起，包括与地方/国家应急服务的联动。

阶段关口：运行

确认已正确实施适当的过程安全管理体系。

- 确定是否已建立一个针对现场过程安全计划所有要素的管理体系。
- 审查现场方案，以满足公司过程安全标准的要求。
- 核实是否实施了所有先前项目阶段关口审查和其他过程安全研究得出的建议，是否实施了措施并记录在册。
- 审查可能影响生命周期结束时安全绩效及责任的因素和策略。

确认运行设施的过程安全性能符合设计意图。

- 审查现场安全性能数据，包括噪声、环境空气质量、粉尘、排放物、指标等。
- 审查释放/排放/废物情况，并与设计和监管许可值进行比较。
- 审查安保安排的充分性以及经验教训。

核实对任何过程安全事故和前期运行期间发生的过程异常的响应是否充分。

- 审查任何与设计、运行或维护相关的问题、超出安全界限的偏差、事故以及为克服这些问题而采取的措施。
- 审查事故以及经验教训。

核实是否足以解决前期运行期间出现的任何资产完整性问题的方案。

- 识别与安装相关的资产完整性管理(AIM)问题和经验教训。
- 确认现场已顺利实施了维护设备持续完整性的方案。

根据原始设计意图，确认前期运行期间进行的任何变更/修改的理由。

- 审查开车后的修改记录以及对危害和风险的潜在累积影响。
- 了解变更的基本原理和原始设计意图。

确认已记录并分享从设施前期运行中吸取的经验教训。

- 确定从开发中获得的经验教训，并确保通过公司网站和文件系统广泛分享这些经验教训。

阶段关口：项目终止

确认项目退役计划是否合适

- 审查将要退役的设施、结构和/或建筑物的工程测量。
- 审查确保已识别并应用所有适用于退役法规的程序。
- 检查是否有制定和批准退役任务的施工方案中包括已识别的危害。
- 审查退役安排，如封存/转售设备的堆放区位置、任何危险材料和大型物件的运输、高风险活动(如爆炸物的储存和使用)等。
- 审查项目的退役现场安保计划。

确认运营团队在必要时参与退役活动的准备工作。

- 审查运营、项目和退役承包商与分包商之间的联系。
- 审查运营方对退役计划的输入，尤其是在可能交叉运行(SIMOPS)的情况下。

确认已顺利完成危险识别和风险分析研究及其建议。

- 检查是否建立了健全的危险识别和风险管理流程，以解决和减轻潜在的退役安全风险。
- 检查是否对所有将要退役的系统、结构和建筑物顺利进行了危险识别和风险分析研究。
- 检查建议是否得到了及时解决，并正确记录在册。
- 审查危险源辨识与风险分析(HIRA)建议不采纳的理由。

确认已经进行了适当的专家评审，审查结论得到圆满解决，包括进行的工程控制和检查。

- 确定是否对退役团队/承包商进行了现场进场前审查，以及所有建议是否得以实施。
- 确定是否进行了适当的专家评审，并吸纳评审意见。例如：
  ⅰ. 设施、结构和建筑物的稳定性；
  ⅱ. 危险材料的识别和处理；
  ⅲ. 现场安保。
- 检查是否使用经批准的规范、规程和标准制定退役计划。确定项目工程部门是否识别、审查并批准了与规定标准的偏差，并将其包括在项目的规范偏差登记册中。
- 审查识别、验证和符合法规要求的责任，并获得拆解设施所需的许可。审查提交的进度。

确认包括过程安全计划在内的过程安全管理体系正在有效实施。

- 审查退役项目的过程安全计划，并验证它将为项目提供有效的过程安全管理体系(PSMS)。确认其实施，包括资源配置、过程安全支持、承包商参与以及与现场的协调。
- 审查退役安全计划。评估该计划是否具备了必要的组成内容，以推动退役期间所需的安全绩效。
- 审查退役安全计划，以符合现场的安全作业规程和程序。验证公司的安全准则已涵盖在该计划中。检查是否建立了安全作业系统，是否完全符合安全作业规程，包括以下方面：
  ⅰ. 作业许可；
  ⅱ. 高处/脚手架作业；
  ⅲ. 吊装；
  ⅳ. 挖掘/挖沟；
  ⅴ. 工艺和电气设备的隔离；
  ⅵ. 进入受限空间；
  ⅶ. 动火作业/点火控制；
  ⅷ. 重型机械/车辆；
  ⅸ. 爆炸物的使用。
- 确定现场特定程序[如交叉作业(SIMOPS)]的要求是否已根据需要进行了评估和实施。
- 检查项目评估承包商安全管理体系的程序是否正在实施。

续表

- 检查是否有针对已识别危害的任务执行作业安全分析(JSA)的系统。确认项目实施了针对作业安全分析(JSAs)中确定的危害的防护措施，并对风险进行了有效管理。
- 审查跟踪和报告安全绩效的程序。确认已制定合适的保障计划，并且正在推动绩效改进。回顾事故调查和吸取的教训。
- 审查设备去污的程序(如冲洗、清洁、惰化等)，以及是否考虑了安全因素(例如，废液的处理以及是否有合适的方法来处理排放物/废物；噪声控制等)。

确认已经制定了应急响应计划，并解决了与退役相关的过程安全风险。

- 审查退役期间的应急计划，并将其与现有的现场应急程序整合。核实项目应急程序是否有人员统计的规定。
- 审查紧急医疗支持的安排。

确认已充分考虑过程安全各个方面，且其适用于退役。

- 审查工程图纸和其他过程安全信息(PSI)的准确性、完整性以及退役准备情况。
- 审查项目的危害/风险登记册，并核实项目是否将其纳入退役保障措施以减轻已识别的危害。

确认有适当的退役人员培训、能力和绩效保证安排，且正在实施。

- 检查承包商和分包商的选择标准，以及是否采用并遵守了该标准，包括评估其活动对安全至关重要的承包商的能力。
- 审查退役人员培训和现场入场教育的项目计划。
- 在进场之前检查项目过程，以确保承包商和分包商的安全准备状态。

确认退役项目团队有一个可靠的流程来管理与承包商的几面。

- 审查退役承包商和分包商的项目界面管理。
- 检查项目和退役承包商与分包商之间存在的监督和程序。

确认包括质量管理在内的资产完整性管理(AIM)流程足以实现结构和设备完整性。

- 核实项目工程主管部门在退役前和退役期间确保了设施、结构和建筑物的完整性。
- 审查与封存/转售设备的检查、测试和保存相关的项目内部控制和程序。
- 审核可循环再造物料的物料处理(即隔离)安排。

参考文献

ACC et al, *Site Security Guidelines for the U. S. Chemical Industry* , American Chemistry Council, Chlorine Institute, and Synthetic Organic Chemical Manufacturers Association(SOCMA), 2001.

AIA(American Insurance Association), *Hazard Survey of the Chemical and Allied Industries, Technical Survey No. 3*, New York, 1968.

Andrew, Steve, *Demolition Man: Expert observations of demolition dangers and how to avoid them* , The Chemical Engineer, Issue 920, Feb 2018.

ANSI(American National Standards Institute), *Safety and Health Program Requirements for Demolition* , ANSI/ASSE A10. 6-2006, Washington, DC, 2006.

API 2001a(American Petroleum Institute), *Recommended Practice for Design and Hazards Analysis for Offshore Production Facilities, 2nd edition* , API RP 14J, American Petroleum Institute, 2001.

API 2001b(American Petroleum Institute), *A Manager's Guide to Reducing Human Errors, Improving Human Performance in the Process Industries* , API Publication 770, 1st Edition, 2001.

API 2003a(American Petroleum Institute), *Security Vulnerability Assessment Methodology for the Petroleum and Petrochemical Industries* , American Petroleum Institute and National Petroleum Refiners Association (NPRA), 2003.

API 2003b(American Petroleum Institute), *Security for Offshore Oil and Natural Gas Operations, 1st Edition* , API RP-70, American Petroleum Institute, 2003(revised 2010).

API 2004(American Petroleum Institute), *Security for Worldwide Offshore Oil and Natural Gas Operations, 1st Edition* , API RP-70I, American Petroleum Institute, 2004(revised 2012).

API 2006(American Petroleum Institute), *Recommended Practice for the Design of Offshore Facilities Against Fire and Blast Loading* , API RP 2FB, American Petroleum Institute, 2006.

API 2007 (American Petroleum Institute), *Management of Hazards Associated With Location of Process Plant Portable Buildings* , API RP 753, American Petroleum Institute, Washington, DC, 2007.

API 2009 (American Petroleum Institute), Management of Hazards Associated with Location of Process Plant Buildings, 3rd edition, API RP 752, American Petroleum Institute, 2009.

API 2012 (American Petroleum Institute), Recommended Practice for Classification of Locations for Electrical Installations at Petroleum Facilities Classified as Class I, Division I and Division 2, 3rd Edition, API RP 500, American Petroleum Institute, 2012.

API 2014(American Petroleum Institute), Management of Hazards Associated with Location of Process Plant Tents, API RP 756, American Petroleum Institute, Washington, DC, 2014.

API 2016(a)(American Petroleum Institute), Guide to Reporting Process Safety Events, Version 3. 0, American Petroleum Institute, Washington D. C., 2016.

API 2016 (b) (American Petroleum Institute), Process Safety Performance Indicators for the Refining & Petrochemical Industries, Part 2: Tier 1 and 2 Process Safety Events, API RP 754, 2nd edition, American Petroleum Institute, Washington D. C. , 2016.

APM 2004, (Association of Project Management), Project Risk Analysis and Management Guide, 2nd edition, APM Publishing Ltd, 2004.

ARIA(Analysis, Research and Information on Accidents), Leak and Ignition of Toluene, Manufacture of Basic Pharmaceutical Products, N° 14500(03/12/1998, Saint Vulbas, Ain, France), ARIA database; Ministry of Ecology, Sustainable Development and Energy, France.

ASME(The American Society of Mechanical Engineers), Performance Test Codes, New York, NY.

- PTC1-1999-General Instructions
- PTC2-1985-Code on Definitions and Values
- PTC4-1998-Fired Steam Generators
- PTC4. 2-1997-Coal Pulverizes
- PTC4. 3-1991-Air Heaters
- PTC4. 4-1992-Gas Turbine Heat Recovery Steam Generators
- PTC5-1949-Reciprocating Steam Engines
- PTC6-1996-Steam Turbines
- PTC6A-2001-Test Code for Steam Turbines-Appendix to PTC 6
- PTC6-Report-Guidance for Evaluation of Measurement Uncertainty in
- Performance Tests of Steam Turbines
- PTC6-S-Procedures for Routine Performance Test of Steam Turbines
- PTC7. 1-1969-Displacement Pumps
- PTC8. 2-1990-Centrifugal Pumps
- PTC9-1997-Displacement Compressors, Vacuum Pumps and Blowers
- PTC10-1997-Test Code on Compressors and Exhausters
- PTC11-1995-Fans
- PTC12. 1-2000-Closed Feed Water Heaters
- PTC12. 2-1998-Steam Surface Condensers
- PTC12. 3-1997-Deaerators
- PTC12. 4-1997-*Moisture Separator Reheaters*
- PTC17-1997-Reciprocating Internal-Combustion Engines
- PTC18-1992-Hydraulic Prime Movers
- PTC18. 1-1984-Pumping Mode of Pump/Turbines
- PTC19. 1-1998-Measurement Uncertainty
- PTC19. 2-1998-Pressure Measurement
- PTC19. 3-1998-Temperature Measurement
- PTC19. 5-1972-Application, Part II of Fluid Meters: Interim Supplement on Instruments and Apparatus
- PTC19. 5. 1-1964-Weighing Scales
- PTC19. 7-1988-Measurement of Shaft Power
- PTC19. 8-1985-Measurement of Indicated Power
- PTC19. 10-1981-Flue and Exhaust Gas Analyses
- PTC19. 11-1997-Steam and Water Sampling, Conditioning, and Analysis in the Power Cycle
- PTC19. 14-1958-Linear Measurements
- PTC19. 22-1998-Digital Systems Techniques
- PTC19. 23-1985-*Guidance Manual for Model Testing*
- PTC20. 1-1988-*Speed and Load-Governing Systems for Steam TurbineGenerator Units*

- PTC20. 2-1986-*Over speed Trip Systems for Steam Turbine-Generator Units*
- PTC20. 3-1986-*Pressure Control Systems Used on Steam Turbine Generator Units*
- PTC21-1991-*Particulate Matter Collection Equipment*
- PTC22-1997-*Performance Test Code on Gas Turbines*
- PTC23-1997-*Atmospheric Water Cooling Equipment*
- PTC24-1982-*Ejectors*
- PTC25-1994-*Pressure Relief Devices*
- PTC26-1962-*Speed Governing Systems for Internal Combustion Engine Generator Units*
- PTC28-1985-*Determining the Properties of Fine Particulate Matter*
- PTC29-1985-*Speed-Governing Systems for Hydraulic TurbineGenerator Units*
- PTC30-1998-*Air Cooled Heat Exchangers*
- PTC31-1991-*Ion Exchange Equipment*
- PTC32. 1-1992-*Nuclear Steam Supply Systems*
- PTC33-1991-*Large Incinerators*
- PTC33-1979-*Large Incinerators Codes and Appendix Package*
- PTC33A-1980-*Abbreviated Incinerator Efficiency Test*
- PTC36-1998-*Measurement of Industrial Sound*
- PTC38-1985-*Determining the Concentration of Particulate Matter in a Gas Stream*
- PTC39. 1-1991-Condensate Removal Devices for Steam Systems
- PTC40-1991-Flue Gas Desulfurization Units
- PTC42-1998-Wind Turbines
- PTC46-1997-Overall Plant Performance
- PTCPM-1993-Performance Monitoring Guidelines for Steam Power Plants

Broadribb, M. P. , What have we really learned? Twenty-five years after Piper Alpha. Process Safety Progress, Volume 34: Issue 1: Pages 16-23. doi: 10. 1002/prs. 11691, 2015.

Broadribb, M. P. , Currie, M. R. , HAZOP/LOPA/SIL, Be Careful What You Ask For! Proceedings of the 6th Global Congress on Process Safety, San Antonio, Texas, 2010.

Broadribb, M. P. , Do You Feel Lucky? Or Do You Want to Identify and Manage Safety Critical Equipment?, Proceedings of the 12th Global Congress on Process Safety, Houston, Texas, 2016.

BSI(British Standards Institute), Code of Practice for Full and Partial Demolition, BS 6187: 2011, British Standards Institute, London, United Kingdom, 2011.

CCME, National Guidelines for Decommissioning Industrial Sites, CCMETS/WM-TRE013E, Canadian Council of Ministers of the Environment, Canada, 1991.

CCPS 1989(Center for Chemical Process Safety), Workbook of Test Cases for Vapor Cloud Source Dispersion Models, American Institute of Chemical Engineers, New York, NY, 1989.

CCPS 1994a(Center for Chemical Process Safety), Guidelines for Evaluating the Characteristics of Vapor Cloud Explosions, Flash Fires, and BLEVEs, American Institute of Chemical Engineers, New York, NY, 1994.

CCPS 1994b(Center for Chemical Process Safety), Guidelines for Preventing Human Error in Process Safety, American Institute of Chemical Engineers, New York, NY, 1994.

CCPS 1995(a)(Center for Chemical Process Safety), Guidelines for Chemical Transportation Risk Assessment, American Institute of Chemical Engineers, New York, NY, 1995.

CCPS 1995(b)(Center for Chemical Process Safety), Guidelines for Process Safety Documentation, American Institute of Chemical Engineers, New York, NY, 1995.

CCPS 1995(c)(Center for Chemical Process Safety), Guidelines for Technical Planning for On-Site Emergencies, American Institute of Chemical Engineers, New York, NY, 1995.

CCPS 1996(a)(Center for Chemical Process Safety), Guidelines for Integrating Process Safety Management, Environment, Safety, Health, and Quality, American Institute of Chemical Engineers, New York, NY, 1996.

CCPS 1996(b)(Center for Chemical Process Safety), Guidelines for Use of Vapor Cloud Dispersion Models, 2nd edition, American Institute of Chemical Engineers, New York, NY, 1996.

CCPS 1996(c)(Center for Chemical Process Safety), *Guidelines for Writing Effective Operating and Maintenance Procedures*, American Institute of Chemical Engineers, New York, NY, 1996.

CCPS 1998(a)(Center for Chemical Process Safety), *Estimating Flammable Mass of a Vapor Cloud*, American Institute of Chemical Engineers, New York, NY, 1998.

CCPS 1998(b)(Center for Chemical Process Safety), *Guidelines for Pressure Relief and Effluent Handling Systems*, American Institute of Chemical Engineers, New York, NY, 1998.

CCPS 1999(Center for Chemical Process Safety), *Guidelines for Consequence Analysis of Chemical Releases*, American Institute of Chemical Engineers, New York, NY, 1999.

CCPS 2000(Center for Chemical Process Safety), *Guidelines for Chemical Process Quantitative Risk Analysis, 2nd edition*, American Institute of Chemical Engineers, New York, NY, 2000.

CCPS 2001(a)(Center for Chemical Process Safety), *Layer of Protection Analysis: Simplified Process Risk Assessment*, American Institute of Chemical Engineers, New York, NY, 2001.

CCPS 2001(b)(Center for Chemical Process Safety), *Making EHS an Integral Part of Process Design*, American Institute of Chemical Engineers, New York, NY, 2001.

CCPS 2001(c)(Center for Chemical Process Safety), *Revalidating Process Hazard Analyses*, American Institute of Chemical Engineers, New York, NY, 2001.

CCPS 2002(Center for Chemical Process Safety), *Wind Flow and Vapor Cloud Dispersion at Industrial and Urban Sites*, American Institute of Chemical Engineers, New York, NY, 2002.

CCPS 2003(a)(Center for Chemical Process Safety), *Guidelines for Analyzing and Managing the Security Vulnerabilities of Fixed Chemical Sites*, American Institute of Chemical Engineers, New York, NY, 2003.

CCPS 2003(b)(Center for Chemical Process Safety), *Guidelines for Fire Protection in Chemical, Petrochemical, and Hydrocarbon Processing Facilities*, American Institute of Chemical Engineers, New York, NY, 2003.

CCPS 2003(c)(Center for Chemical Process Safety), *Guidelines for Investigating Chemical Process Incidents, 2nd edition*, American Institute of Chemical Engineers, New York, NY, 2003.

CCPS 2003(d)(Center for Chemical Process Safety), *Understanding Explosions*, American Institute of Chemical Engineers, New York, NY, 2003.

CCPS 2004(Center for Chemical Process Safety) *Guidelines for Safe Handling of Powders and Bulk Solids*, American Institute of Chemical Engineers, New York, NY, 2004.

CCPS 2005(Center for Chemical Process Safety), *Building Process Safety Culture: Tools To Enhance Process Safety Performance*, American Institute of Chemical Engineers, ISBN #0-8169-0999-7, New York, NY, 2005.

CCPS 2006(Center for Chemical Process Safety), *The Business Case for Process Safety*, Second Edition, American Institute of Chemical Engineers, New York, NY, 2006.

CCPS 2007(a)(Center for Chemical Process Safety), *Guidelines for Performing Effective Pre-Startup Safety Reviews*, American Institute of Chemical Engineers, New York, NY, 2007.

CCPS 2007(b)(Center for Chemical Process Safety), *Guidelines for Risk Based Process Safety*, American Institute of Chemical Engineers, New York, NY, 2007.

CCPS 2007 (c) (Center for Chemical Process Safety) *Guidelines for Safe and Reliable Instrumented Protective Systems* , American Institute of Chemical Engineers, New York, NY, 2007.

CCPS 2007(d) (Center for Chemical Process Safety), *Human Factors Methods for Improving Performance in the Process Industries* , American Institute of Chemical Engineers, New York, NY, 2007.

CCPS 2008(a) (Center for Chemical Process Safety), *Guidelines for Chemical Transportation Safety, Security, and Risk Management* , American Institute of Chemical Engineers, New York, NY, 2008).

CCPS 2008(b) (Center for Chemical Process Safety), *Guidelines for Hazard Evaluation Procedures, 3rd edition* , American Institute of Chemical Engineers, New York, NY, 2008.

CCPS 2008(c) (Center for Chemical Process Safety), *Guidelines for the Management of Change for Process Safety* , American Institute of Chemical Engineers, New York, NY, 2008.

CCPS 2009 (a) (Center for Chemical Process Safety), *Continuous Monitoring for Hazardous Material Releases* American Institute of Chemical Engineers, New York, NY, 2009.

CCPS 2009(b) (Center for Chemical Process Safety), *Guidelines for Developing Quantitative Safety Risk Criteria* , American Institute of Chemical Engineers, New York, NY, 2009.

CCPS 2009(c) (Center for Chemical Process Safety), *Guidelines for Process Safety Metrics* , American Institute of Chemical Engineers, New York, NY, 2009.

CCPS 2009 (d) (Center for Chemical Process Safety), *Inherently Safer Chemical Processes: A Life Cycle Approach* , 2nd edition, American Institute of Chemical Engineers, New York, NY, 2009.

CCPS 2010(a) (Center for Chemical Process Safety), *A Practical Approach to Hazard Identification for Operations and Maintenance Workers* , American Institute ofChemical Engineers, New York, NY, 2010.

CCPS 2010(b) (Center for Chemical Process Safety), *Guidelines for Vapor CloudExplosion, Pressure Vessel Burst, BLEVE and Flash Fire Hazards, 2nd edition* , American Institute of Chemical Engineers, New York, NY, 2010.

CCPS 2011 (a) (Center for Chemical Process Safety), *Conduct of Operations and Operational Discipline: For Improving Process Safety in Industry* , American Institute of Chemical Engineers, New York, NY, 2011.

CCPS 2011(b) (Center for Chemical Process Safety), *Guidelines for Auditing Process Safety Management Systems* , American Institute of Chemical Engineers, New York, NY, 2011.

CCPS 2011(c) (Center for Chemical Process Safety), *Process Safety Leading and Lagging Metrics… You Don't Know What You Don't Measure* , American Institute of Chemical Engineers, New York, NY, 2011.

CCPS 2012(a) (Center for Chemical Process Safety), *Guidelines for Engineering Design for Process Safety, 2nd edition* , Center for Chemical Process Safety, American Institute of Chemical Engineers, New York, NY, 2012.

CCPS 2012(b) (Center for Chemical Process Safety), *Guidelines for Evaluating Process Plant Buildings for External Explosions, Fires and Toxic* Releases, 2nd edition, Center for Chemical Process Safety, American Institute of Chemical Engineers, New York, NY, 2012.

CCPS 2013(a) (Center for Chemical Process Safety), *Guidelines for Enabling Conditions and Conditional Modifiers in Layer of Protection Analysis* , American Institute of Chemical Engineers, New York, NY, 2013.

CCPS 2013 (b) (Center for Chemical Process Safety), *Guidelines for Managing Process Safety Risks During Organizational Change* , American Institute of Chemical Engineers, New York, NY, 2013.

CCPS 2013(c) (Center for Chemical Process Safety), *Process Safety Leading Indicators Industry Survey* , American Institute of Chemical Engineers, New York, NY, 2013.

CCPS 2015 (a) (Center for Chemical Process Safety), *Guidelines for Defining Process Safety Competency Requirements* , Center for Chemical Process Safety, American Institute of Chemical Engineers, New York, NY, 2015.

CCPS 2015(b) *Guidelines for Initiating Events and Independent Protection Layers in Layer of Protection Analysis* , American Institute of Chemical Engineers, New York, NY, 2015.

CCPS 2016(a) (Center for Chemical Process Safety), *Guidelines for Implementing Process Safety Management, 2nd edition* , American Institute of Chemical Engineers, New York, NY, 2016.

CCPS 2016(b) (Center for Chemical Process Safety), *Guidelines for Integrating Management Systems and Metrics to Improve Process Safety Performance* , American Institute of Chemical Engineers, New York, NY, 2016.

CCPS 2017 (a) (Center for Chemical Process Safety), *Guidelines for Asset Integrity Management* , American Institute of Chemical Engineers, New York, NY, 2017.

CCPS 2017(b) (Center for Chemical Process Safety), *Guidelines for Safe Automation of Chemical Processes* , 2nd edition, American Institute of Chemical Engineers, New York, NY, 2017.

CCPS 2018a (Center for Chemical Process Safety), *Guidelines for Siting and Layout of Facilities, 2nd edition* , American Institute of Chemical Engineers, New York, NY, 2018.

CCPS 2018b (Center for Chemical Process Safety), *Process Safety During Transient Operations (Start - Up/ Shutdown)*, American Institute of Chemical Engineers, New York, NY, 2018.

CCPS 2018c (Center for Chemical Process Safety), Bow Ties in Risk Management - A Concept Book for Process Safety), American Institute of Chemical Engineers, New York, NY, 2018.

CCPS 2018d (Center for Chemical Process Safety), Dealing with Aging Process Facilities and Infrastructure, American Institute of Chemical Engineers, New York, NY, 2018.

CCPS 2018e (Center for Chemical Process Safety), Essential Practices for Creating, Strengthening, and Sustaining Process Safety Culture, American Institute of Chemical Engineers, New York, NY, 2018.

CII 1996 (Construction Industry Institute), Project Definition Rating Index (PDRI), RR113 - 11, Austin, TX, June 1996.

CII 1998 (Construction Industry Institute), Planning for Startup, Implementation Resource (IR) 121 - 2, Austin, TX, 1998.

CII 2004 (Construction Industry Institute), Application of Lean Manufacturing Principles to Construction, James E. Diekmann, Mark Krewedl, Joshua Balonick, Travis Stewart, and Spencer Won, Austin, TX, 2004.

CII 2006 (Construction Industry Institute), Constructability Implementation Guide, 2nd Edition, Special Publication SP34-1, Austin, TX, 2006.

CII 2010 (Construction Industry Institute), Implementing and Improving Quality Management Systems in the Capital Facilities Delivery Industry, IR254-2, Austin, TX, 2010.

CII 2010 (Construction Industry Institute), Best Practices in Quality Management for the Capital Facilities Delivery Industry, RS 254-1, Austin, TX, 2010

CII 2012 (Construction Industry Institute), CII Best Practices Guide: Improving Project Performance, Implementation Resource 166-3, Version 4.0, Austin, TX, February 2012.

CII 2014 (Construction Industry Institute), Benchmarking & Metrics Summary Report, BMM 2013 - 1, Austin, Texas, 2014.

CII 2015 (Construction Industry Institute), Achieving Success in the Commissioning and Start - up of Capital Projects, Implementation Resource 312-2, Austin, TX, 2015.

CMPT, Guide to Quantitative Risk Assessment for Offshore Installations, The Centre for Marine and Petroleum Technology, 1999.

CSA (Canadian Standards Association), Land use planning for pipelines: A guideline for local authorities, developers, and pipeline operators, Plus 663, CSA G roup, Canada, 2004.

CSB (U. S. Chemical Safety and Hazard Investigation Board), T2 Laboratories, Inc., Runaway Reaction, Report

Number 2008-3-I-FL, Washington, DC, 2009.

Deming, W. Edward, Out of the Crisis, Massachusetts Institute of Technology, Cambridge, MA, 1982.

Dixon-Jackson, K., Lessons Learnt from Decommissioning a Top Tier COMAH Site, Symposium Series No. 154, IChemE, Rugby, UK, 2008.

Duguid, I. M., Analysis of Past Incidents in the Process Industries, Symposium Series No. 154, Institution of Chemical Engineers, Rugby, UK, 2008.

EI 2007 (Energy Institute), Guidelines for the Management of Safety Critical Elements, 2nd edition, London, UK, 2007.

EI 2013 (Energy Institute), Guidance on Meeting Expectations of EI Process Safety Management Framework, London, UK, 2013.

EI 2015(Energy Institute), Model Code of Safe Practice Part 15: Area Classification Code for Installations Handling Flammable Fluids, EI 15(formerly IP 15), 4th edition, Energy Institute, London, UK, 2015.

EPA (U. S. Environmental Protection Agency), Accidental Release Prevention Requirements: Risk Management Programs, 49 CFR Part 68, Washington, DC, 1996.

Hicks, D. I., Crittenden, B. D., Warhurst, A. C., Design for decommissioning: Addressing the future closure of chemical sites in the design of new plant, Process Safety and Environmental Protection, 78(6), pp. 465-467, 2000.

HM Government 1992, The Offshore Installations (Safety Case) Regulations 1992, Statutory Instruments, 1992 No. 2885, Health and Safety, UK, 1992. [Subsequently replaced by The Offshore Installations (Safety Case) Regulations 2005, (HM Government 2005)].

HM Government 1995, The Offshore Installations (Prevention of Fire and Explosion, and Emergency Response) Regulations 1995, Statutory Instruments, 1995 No. 743, Health and Safety, UK, 1995.

HM Government 1996a, Equipment and Protective Systems for Use in Potentially Explosive Atmospheres Regulations, Statutory Instruments, 1996 No. 192, Health & Safety. UK, 1996.

HM Government 1996b, The Pipelines Safety Regulations 1996, Statutory Instruments, 1996 No. 825, Health and Safety, UK, 1996.

HM Government 2002, The Dangerous Substances and Explosive Atmospheres Regulations, Statutory Instruments, 2002 No. 2776, Health & Safety, UK, 2002. HM Government 2005, The Offshore Installations (Safety Case) Regulations 2005, Statutory Instruments, 2005 No. 3117, Offshore Installations, UK, 2005.

HM Government 2015, The Construction (Design and Management) Regulations (CDM, 2015), Statutory Instruments, 2015 No. 51, Health And Safety, UK, 2015.

HSE 1993(Health & Safety Executive), Offshore Gas Detector Siting Criterion Investigation of Detector Spacing OTO 93 002, Health & Safety Executive, Bootle, UK, 1993.

HSE 1999(Health & Safety Executive), Reducing Error and Influencing Behaviour, 2nd Edition, HSG48, Health & Safety Executive, Bootle, UK, 1999.

HSE 2006a(Health & Safety Executive), Step-by-Step Guide to Developing Process Safety Indicators, HSG 254, Bootle, UK, 2006.

HSE 2006b (Health & Safety Executive), Guidance on Risk Assessment for Offshore Installations, Offshore Information Sheet No. 3/2006, Health & Safety Executive, Bootle, UK, 2006.

HSE 2006c(Health & Safety Executive), Plant Ageing, Management of Equipment Containing Hazardous Fluids or Pressure, Research Report RR509, Health & Safety Executive, Bootle, UK, 2006.

HSE 2010a(Health & Safety Executive), Human Factors & COMAH, A Gap Analysis Tool, Health & Safety Executive, Bootle, UK, 2010.

HSE 2010b(Health & Safety Executive), Managing Ageing Plant: A Summary Guide, Research Report RR823, Health & Safety Executive, Bootle, UK, 2010.

HSE 2013 (Health & Safety Executive), Modelling Smoke and Gas Ingress into Offshore Temporary Refuges, Research Report RR997, Health & Safety Laboratory, Buxton, UK, 2013.

HSE 2016 (Health & Safety Executive), Prevention of fire and explosion, and emergency response on offshore installations. Offshore Installations (Prevention of Fire and Explosion, and Emergency Response) Regulations, 1995. Approved Code and Practice and Guidance, L65, 3rd Edition, Health and Safety Executive, Bootle, UK, 2016.

HSE 2017(Health & Safety Executive), COMAH Guidance, Technical Measures, Operating Procedures, Bootle, UK, http://www.hse.gov.uk/comah/sragtech/techmeasoperatio.htm accessed October 2017.

ICC 2012, International Fire Code(IFC), International Code Council, Washington, DC, 2012.

ICC 2018, International Building Code(IBC), International Code Council, Washington, DC, 2018.

IChemE 2011 (Institution of Chemical Engineers), Chemical and Process Plant Commissioning Handbook: A Practical Guide to Plant System and Equipment Installation and Commissioning, 1st edition, Rugby, UK, 2012.

IChemE 2018(Institution of Chemical Engineers), Demolition Man, Expert Observations of Demolition Dangers and How to Avoid Them, The Chemical Engineer, Issue 920, February 2018, Rugby, UK, 2018.

IEC 2015, Explosive Atmospheres-Part 10-1: Classification of Areas-Explosive Gas Atmospheres, IEC 60079-10-1, 2nd edition, International Electrotechnical Commission, Geneva, Switzerland, 2015.

IEC 2016, Functional Safety: Safety Instrumented Systems for the Process Industry Sector-Part 1: Framework, definitions, system, hardware and application programming requirements, IEC 61511, International Electrotechnical Commission, Geneva, Switzerland, 2016.

IGEM, Hazardous area classification of Natural Gas installations, 2nd edition, SR25, Communication 1748, Institution of Gas Engineers & Managers, Safety Recommendations, UK, 2010.

IOGP 2006, Human Factors … a means of improving HSE performance, International Association of Oil and Gas Producers, London, UK, 2006.

IOGP 2010, HSE Management-Guidelines for Working Together in a Contract Environment, Report No. 423, International Association of Oil & Gas Producers, London, UK, 2010.

IRI, Plant layout and Spacing for Oil and Chemical Plants, IRInformation Manual IM 2.5.2, Industrial Risk Insurers, Hartford, Connecticut, 1991.

ISA, Functional Safety: Safety Instrumented Systems for the Process Industry Sector, ANSI/ISA 84.00.01 (IEC 61511 modified), Durham, NC, 2004.

ISA 2010, Guidance on the Evaluation of Fire and Gas System Effectiveness, TR84.00.07, International Society of Automation, Durham, NC, 2010.

ISA 2015, Performance-Based Fire and Gas Systems Engineering Handbook, International Society of Automation, Durham, NC, 2015.

ISO 1998 (International Organization for Standardization), Petroleum and Natural Gas Industries-Control and Mitigation of Fires and Explosions on Offshore Production Platforms-Requirements and Guidelines, ISO/FDIS 13702, Geneva, Switzerland, 1998.

ISO 1999(International Organization for Standardization), Petroleum and Natural Gas Industries-Offshore Production Installations-Guidelines on Tools and Techniques for Identification and Assessment of Hazardous Events, ISO/DIS 17776, Geneva, Switzerland, 1999.

ISO 2009(International Organization for Standardization), ISO 9004: 2009, Managing for the sustained success of an organization-A quality management approach, Geneva, Switzerland, 2009.

ISO 2010(International Organization for Standardization), ISO/TS 29001: 2010, Petroleum, petrochemical and natural gas industries-Sector-specific quality management systems-Requirements for product and service supply organizations, Geneva, Switzerland, 2010.

ISO 2011(International Organization for Standardization), ISO 19011: 2011, Guidelines for auditing management systems, Geneva, Switzerland, 2011.

ISO 2015a (International Organization for Standardization), Quality Management Principles, Geneva, Switzerland, 2015.

ISO 2015b (International Organization for Standardization), ISO 9001: 2015, Quality management systems - Requirements, Geneva, Switzerland, 2015.

Kidam, K. and Hurme, M., Analysis of Equipment Failures as Contributors to Chemical Process Accidents, Process Safety and Environmental Protection, 91, 61-78, 2013.

Killcross M., Chemical and Process Plant Commissioning Handbook, Institution of Chemical Engineers, Rugby, UK, 2011.

Kletz, T. A. and Amyotte, P., Process Plants: A Handbook for Inherently Safer Design, 2nd Edition, 2010.

MFB, A Best Practice Approach to Shelter-in-Place for Victoria, Metropolitan Fire and Emergency Services Board, Victoria, Australia, 2011.

MTI (Materials Technology Institute), Twigg, R. J., Guidelines for Mothballing of Process Plants, MTI Publication No. 34, The Materials Technology Institute of the Chemical Process Industries, Inc., St. Louis, MO, 1989.

NFPA 2014, Standard on Explosion Prevention Systems, NFPA 69, National Fire Protection Association, Quincy, MA, 2014.

NFPA 2015a, Flammable And Combustible Liquids Code, NFPA 30, National Fire Protection Association, Quincy, MA, 2015.

NFPA 2015b, Uniform Fire Code(UFC), NFPA 1, National Fire Protection Association, Quincy, MA, 2015.

NIST, Airtightness Evaluation of Shelter-in-Place Spaces for Protection Against Airborne Chemical and Biological Releases, NISTIR 7546, National Institute of Standards & Technology, U. S. Dept. of Commerce, Gaithersburg, MD, 2009.

OSHA 1972 (U. S. Occupational Safety and Health Administration), Explosives and Blasting Agents, 29 CFR 1910. 109, Washington, DC, 1972.

OSHA 1992(U. S. Occupational Safety and Health Administration), Process Safety Management of Highly Hazardous Chemicals, 29 CFR 1910. 119, Washington, DC, 1992.

Ostrowski, S. W. and Keim, K. K., Tame Your Transient Operations; Use a Special Method to Identify and Address Potential Hazards, Chemical Processing, June, 2010.

PMI(Project Management Institute), A Guide to the Project Management Body of Knowledge(PMBOK Guide), 5th Edition, Newtown Square, PA, 2013.

Sanders, R. E., Chemical Process Safety, Learning from Case Histories, 4th edition, IChemE (Elsevier), Rugby, UK, 2015.

Seveso, Council Directive 82/501/EEC of 24 June 1982 on the Major-Accident Hazards of Certain Industrial Activities(Seveso Directive), Council of the European Union, 1982. This was subsequently amended by Council Directive 96/82/EEC of 9 December 1996 on the Control of Major-Accident Hazards Involving Dangerous Substances(Seveso Ⅱ), Council of the European Union, 1996. This in turn was repealed and replaced by Directive 2012/18/EU of the European Parliament and of the Council of 4 July 2012 on the Control of MajorAccident Hazards Involving Dangerous Substances (Seveso Ⅲ), European Parliament, Council of the

European Union, 2012.

Stapelberg, R. F., Handbook of Reliability, Availability, Maintainability and Safety in Engineering Design, 2009.

UKOOA (UK Offshore Operators Association), Guidelines for Fire and Explosion Hazard Management, UKOOA, 1995.

U. S. Army, Product Assurance, Reliability, Availability, and Maintainability, Army Regulation 702 - 19, Headquarters, Department of the Army, Washington, DC, 2015.

USCG (U. S. Coast Guard), 33 CFR 127 Waterfront Facilities Handling Liquefied Natural Gas and Liquefied Hazardous Gas (subpart 007 Letter of Intent and Waterway Suitability Assessment), 2005.

Wintle, J. et al., Plant Ageing: Management of Equipment Containing Hazardous Fluids or Pressure, U. K. Health and Safety Executive Research Report RR509, HSE Books, 2006, www.hse.gov.uk.

其他可供参考的出版物：

Amyotte, P. R., Goraya, A. U., Henershott, D. C. and Khan, F. I., Incorporation of Inherent Safety Principles in Process Safety Management, Process Safety Progress, Vol. 26, No. 4, 2007.

Anles, M. K., Miri, M. F., and Flamberg, S. A., Selection and Design of Cost - Effective Risk Reduction Systems, Process Safety Progress, Vol. 20, No. 3, 2001.

API, Guide For Pressure - Relieving And Depressurizing Systems, RP 521, 6th Edition, American Petroleum Institute, Washington, DC, 2014.

API, Fire Protection in Refineries, RP 2001, 9th Edition, American Petroleum Institute, Washington, DC, 2012.

API, Protection Against Ignitions Arising Out of Static, Lightning, and Stray Currents, RP 2003, 8th Edition, American Petroleum Institute, Washington, DC, 2015.

API, Application of Fixed Water Spray Systems for Fire Protection in the Petroleum and Petrochemical Industries, RP 2030, 4th Edition, American Petroleum Institute, Washington, DC, 2014.

API, Fireproofing Practices in Petroleum and Petrochemical Processing Plants, RP 2218, 3rd Edition, American Petroleum Institute, Washington, DC, 2013.

Corvaro, F., Giacchetta, G., Marchetti, B. and Recanati, M., Reliability, Availability, Maintainability (RAM) study, on reciprocating compressors API 618, Petroleum 3, 266-272, 2017.

Cox, A. W., Lees, F. P. and Ang, M. L., Classification of Hazardous Locations, 1993. Dow, Fire & Explosion Index, Hazard Classification Guide, Sixth edition, Dow Chemical Company, available from the American Institute of Chemical Engineers, New York, NY, 2010.

EEMUA, A practitioner's handbook - Electrical installation and maintenance in potentially explosive atmospheres, Publication No. 186, 7th Edition, The Engineering Equipment and Materials Users Association, London, UK, 2016.

Gupta, V. and Borserlo, B., Retrofit Experiences with a 32-Year Old Ammonia Plant, Process Safety Progress, Vol. 21, No. 3, 2002.

Hendershott, D. C., An Overview of Inherently Safer Design, Process SafetyProgress, Vol. 25, No. 2, 2006.

House F. F., An Engineer's Guide To Process-Plant Layout, Chemical Engineering, McGraw Hill, New York, NY, July 28, 1969.

Lees F. P., Loss Prevention In The Process Industries, 4th Edition, Volumes 1 & 2, Butterworths, Boston, MA, 2012.

Mecklenburgh J. C., Process Plant Layout, John Wiley & Sons, New York, NY, 1985.

NFPA, Liquefied Petroleum Gas Code, NFPA 58, National Fire Protection Association, Quincy, MA, 2017.

NFPA, Hazardous Materials Code, NFPA 400, National Fire Protection Association, Quincy, MA, 2016.

NFPA, Standard for Purged And Pressurized Enclosures For Electrical Equipment, NFPA 496, National Fire Protection Association, Quincy, MA, 2017.

NFPA, Recommended Practice for the Classification of Flammable Liquids, Gases, or Vapors and of Hazardous (Classified) Locations for Electrical Installations in Chemical Process Areas, NFPA 497, National Fire Protection Association, Quincy, MA, 2017.

NFPA, Standard for the Prevention of Fire and Dust Explosions from the Manufacturing, Processing, and Handling of Combustible Particulate Solids, NFPA 654, National Fire Protection Association, Quincy, MA, 2017.

Slye O. M. Jr., Loss Prevention Fundamentals For The Process Industry, Loss Prevention Symposium, American Institute of Chemical Engineers, New York, NY, March 1988.

Tam, V., Moros, T., Webb, S., Allinson, J., Lee, R. and Bilimoria, E. Application of ALARP to the Design of the BP Andrew platform against Smoke and Gas Ingress and Gas Explosion, Journal of Loss Prevention in the Process Industries, 9, 317-322, 1996.

索　　引